新工科建设之路·计算机类规划教材

C 语言程序设计

孙 军　曹芝兰　主 编

卫春芳　张 威　刘 莹　副主编

电子工业出版社

Publishing House of Electronics Industry

北京·BEIJING

内 容 简 介

本书全面、系统地介绍了 C 语言的基本概念、基本语法、数据类型、程序结构及高级语言程序设计的方法和常规算法，既考虑了全国计算机等级考试大纲主要内容，又结合了具体的程序设计综合要求。本书根据初学者的特点，在内容安排上由浅入深，循序渐进，旨在帮助学生掌握 C 语言程序设计的基本方法，理解、领会 C 语言的特点和本质，提高学生运用 C 语言解决实际问题的综合能力。作者在各章中精选了配合各个知识点的相应案例程序，并给出完整的注释、运行结果和分析说明，案例程序由浅入深，强化了知识点、算法、编程方法与技巧。全书运用计算思维的方法设计程序，以案例程序为导向，拓宽学生思维，引导学生自主思考，使学生逐步掌握程序设计的一般规律和方法。

本书除了可以作为程序设计语言教材，还可以作为全国计算机等级考试的教材或参考书。对于从事计算机专业的工作者，本书也是一本难得的参考书。

图书在版编目（CIP）数据

C 语言程序设计/孙军，曹芝兰主编. —北京：电子工业出版社，2021.2

ISBN 978-7-121-40538-9

Ⅰ．①C… Ⅱ．①孙… ②曹… Ⅲ．①C 语言－程序设计－高等学校－教材 Ⅳ．①TP318.2

中国版本图书馆 CIP 数据核字（2021）第 025928 号

责任编辑：孟 宇
印　　刷：湖北画中画印刷有限公司
装　　订：湖北画中画印刷有限公司
出版发行：电子工业出版社
　　　　　北京市海淀区万寿路 173 信箱　　邮编：100036
开　　本：787×1092　1/16　印张：18.5　字数：474 千字
版　　次：2021 年 2 月第 1 版
印　　次：2021 年 2 月第 1 次印刷
定　　价：49.80 元

凡所购买电子工业出版社图书有缺损问题，请向购买书店调换。若书店售缺，请与本社发行部联系，联系及邮购电话：（010）88254888，88258888。

质量投诉请发邮件至 zlts@phei.com.cn，盗版侵权举报请发邮件至 dbqq@phei.com.cn。

本书咨询联系方式：mengyu@phei.com.cn。

前　言

计算机出现至今，不过短短数十年，它的发展却令所有人叹为观止。未来 10 年，将是世界经济新旧动能转换的关键 10 年。人工智能、大数据、量子信息、生物技术等新一轮科技革命和产业变革正在积聚力量，催生大量新产业、新业态、新模式，为全球发展和人类生产、生活带来翻天覆地的变化。为了迎接这些新变化和新挑战，我们要武装自己成为信息技术新人类。而计算机程序设计就是一门重要的信息技术课程。

C 语言是一种通用的程序设计语言，是公认的高效、表达能力很强的语言。本书通过对高级语言程序设计体系的讲解，系统地介绍 C 语言的基本概念、基本语法、数据类型、程序结构及高级语言程序设计的方法和常规算法等。在传统的基本语法、基本概念、基本方法上，还注重启发和培养读者分析问题、解决问题的逻辑思维。本书适合初学者由浅入深地理解和掌握程序设计的技巧，为后续学习打下基础。

本书以标准 C（C99）为框架，以 Microsoft Visual C++ 2010 为编译环境，按照紧扣基础和面向应用的原则，介绍 C 语言程序设计的基本规范、思路和方法。从培养学生的实际编程能力出发，注重实例教学和实践练习，突出重点讲解和难点分析，逻辑清晰，条理通畅，易于理解。每章后面均附有习题，帮助读者巩固重点知识。

全书共 12 章。第 1 章～第 3 章介绍程序设计与 C 语言的基础知识；第 4 章和第 5 章介绍选择、循环两种程序设计结构及常用的基本算法；第 6 章～第 9 章介绍数组、函数、指针和字符串，由浅入深地介绍 C 语言的语法，并通过经典算法示例逐步讲解程序设计方法；第 10 章～第 12 章主要介绍编译预处理和动态分配、结构体和共用体、文件等。

本书由孙军、曹芝兰任主编，卫春芳、张威、刘莹任副主编。第 9 章、第 10 章、第 11 章由孙军编写，第 1 章、第 5 章、第 6 章由曹芝兰编写，第 4 章和第 12 章由卫春芳编写，第 2 章和第 7 章由张威编写，第 3 章和第 8 章由刘莹编写，全书由孙军统稿。

因时间仓促，作者水平有限，书中难免存在不妥之处，恳请广大读者批评指正，作者的联系邮箱是 ssjjulia@hubu.edu.cn。

作者
2020 年 12 月

目　　录

第1章　程序设计基础 ·· 1

1.1　程序和程序设计语言 ··· 1

　　1.1.1　程序 ··· 1

　　1.1.2　程序设计语言 ·· 1

　　1.1.3　程序设计语言的发展历史 ·· 1

　　1.1.4　语言处理程序 ·· 3

1.2　C 语言的发展及特点 ··· 3

1.3　C 和 C++语言 ·· 4

1.4　简单的 C 程序介绍 ··· 5

1.5　Microsoft Visual C++ 2010 学习版开发环境的使用 ·· 8

　　1.5.1　开发 C 程序的基本步骤 ··· 8

　　1.5.2　使用 Microsoft Visual C++2010 学习版开发简单的 C 程序 ······················· 9

　　1.5.3　开发 C 程序的常见问题 ·· 13

习题 1 ··· 15

第2章　基本数据类型、运算符和表达式 ·· 17

2.1　字符集和标识符 ·· 17

2.2　数据类型 ·· 19

　　2.2.1　整型 ··· 21

　　2.2.2　实型（浮点型） ··· 23

　　2.2.3　字符型 ·· 26

2.3　运算符和表达式 ·· 30

　　2.3.1　算术运算 ·· 30

　　2.3.2　自增运算和自减运算 ·· 31

　　2.3.3　赋值运算 ·· 32

　　2.3.4　数据类型的转换 ··· 33

　　2.3.5　逗号运算 ·· 37

　　2.3.6　位运算 ·· 37

　　2.3.7　sizeof 运算 ·· 40

习题 2 ··· 41

第3章　数据的输入和输出 ·· 45

3.1　单个字符的输入和输出 ··· 45

　　3.1.1　函数 getchar() ··· 45

　　　　3.1.2　函数 putchar() ·· 45

　　3.2　数据的格式化输出和输入 ·· 47

　　　　3.2.1　数据的格式化输出 ·· 47

　　　　3.2.2　数据的格式化输入 ·· 52

　　3.3　顺序结构程序举例 ·· 57

　　习题 3 ··· 61

第 4 章　选择结构 ··· 64

　　4.1　关系运算 ·· 64

　　　　4.1.1　C 语言的逻辑值 ·· 64

　　　　4.1.2　关系运算符 ·· 64

　　　　4.1.3　关系表达式 ·· 65

　　4.2　逻辑运算 ·· 67

　　　　4.2.1　逻辑运算符 ·· 67

　　　　4.2.2　逻辑表达式 ·· 68

　　　　4.2.3　逻辑表达式求值的优化 ·· 69

　　4.3　if 语句 ··· 70

　　　　4.3.1　单分支 if 语句 ·· 70

　　　　4.3.2　双分支 if 语句 ·· 71

　　　　4.3.3　多分支 if 语句 ·· 73

　　　　4.3.4　条件运算符 ·· 77

　　4.4　switch 语句 ·· 79

　　4.5　选择结构程序举例 ·· 82

　　习题 4 ··· 85

第 5 章　循环结构 ··· 90

　　5.1　while 语句 ·· 90

　　5.2　do…while 语句 ·· 97

　　5.3　for 语句 ·· 102

　　5.4　循环结构的嵌套 ·· 107

　　5.5　break 语句和 continue 语句 ·· 110

　　　　5.5.1　用 break 语句提前终止循环 ··································· 110

　　　　5.5.2　用 continue 语句提前结束本轮循环 ···························· 113

　　习题 5 ··· 114

第 6 章　数组 ·· 121

　　6.1　一维数组 ·· 121

　　　　6.1.1　一维数组的定义 ·· 121

　　　　6.1.2　一维数组元素的访问 ·· 122

   6.1.3 一维数组元素的初始化 ························· 123

   6.1.4 一维数组应用举例 ····························· 124

  6.2 二维数组 ·· 130

   6.2.1 二维数组的定义 ······························· 130

   6.2.2 二维数组的访问 ······························· 131

   6.2.3 二维数组的初始化 ····························· 132

   6.2.4 二维数组应用举例 ····························· 133

  习题 6 ·· 135

第 7 章 函数 ··· 141

  7.1 函数的定义 ·· 142

  7.2 函数的调用 ·· 144

  7.3 函数的声明 ·· 145

  7.4 函数调用时的数据传递 ································· 146

   7.4.1 函数的设计方法 ······························· 146

   7.4.2 函数调用时的数据传递举例 ··················· 147

   7.4.3 函数调用时的类型转换 ······················· 148

  7.5 函数的嵌套调用和递归调用 ··························· 149

   7.5.1 函数的嵌套调用 ······························· 149

   7.5.2 函数的递归调用 ······························· 150

  7.6 数组作为参数的用法 ··································· 153

   7.6.1 数组元素作为函数实参 ······················· 153

   7.6.2 数组名作为函数实参 ·························· 154

   7.6.3 二维数组名作为函数实参 ····················· 156

  7.7 函数 main()的参数 ···································· 157

  7.8 变量的作用域和生存期 ································· 158

   7.8.1 变量的作用域 ································· 159

   7.8.2 变量的生存期 ································· 161

  7.9 内部函数和外部函数 ··································· 165

  习题 7 ·· 167

第 8 章 指针 ··· 172

  8.1 变量地址与指针 ······································· 172

   8.1.1 变量的地址 ··································· 172

   8.1.2 指针的概念 ··································· 173

  8.2 指针的定义与使用 ····································· 173

   8.2.1 定义指针变量 ································· 173

   8.2.2 指针变量赋值 ································· 174

   8.2.3 使用指针 ····································· 176

8.3   指针与函数 ·· 177
    8.3.1   指针作为函数参数 ·· 179
    8.3.2   指针作为函数返回值 ··· 181
8.4   指针与数组 ·· 183
    8.4.1   数组首地址与数组元素地址 ··· 183
    8.4.2   指针与数组元素 ··· 185
8.5   指针和二维数组 ·· 191
    8.5.1   二维数组元素的地址 ··· 191
    8.5.2   使用指针访问二维数组元素 ··· 196
    8.5.3   二维数组作为函数参数 ··· 199
8.6   函数指针 ·· 200
习题 8 ··· 202

第 9 章   字符串 ··· 206

9.1   字符数组表示字符串 ·· 206
    9.1.1   字符数组的初始化 ··· 206
    9.1.2   字符串的结束标志 ··· 207
    9.1.3   字符串的整体输入和输出 ··· 208
9.2   字符指针表示字符串 ·· 211
    9.2.1   字符指针指向字符串常量 ··· 211
    9.2.2   字符指针作为函数参数 ··· 212
    9.2.3   字符指针数组 ··· 215
9.3   字符串处理和应用 ··· 217
    9.3.1   字符串处理函数 ··· 217
    9.3.2   字符串应用 ·· 227
习题 9 ··· 234

第 10 章   编译预处理和动态分配 ·· 239

10.1   编译预处理（include、define） ·· 239
10.2   动态分配 ··· 242
习题 10 ·· 244

第 11 章   结构体和共用体 ··· 245

11.1   结构体 ·· 245
    11.1.1   定义结构体 ·· 245
    11.1.2   定义结构体类型变量 ··· 246
    11.1.3   结构体变量赋值和访问 ·· 247
    11.1.4   结构体数组 ·· 249
    11.1.5   结构体指针 ·· 249

11.2 静态链表、动态链表 249

    11.2.1 静态链表 250

    11.2.2 动态链表 252

11.3 共用体 257

习题 11 261

第 12 章 文件 262

12.1 C 语言中文件的概念 262

    12.1.1 文件的概念 262

    12.1.2 计算机中的流 262

    12.1.3 文件分类 263

    12.1.4 文件的缓冲区 263

    12.1.5 文件指针 264

12.2 文件的打开与关闭 265

    12.2.1 文件的打开 265

    12.2.2 文件的打开方式 265

    12.2.3 文件的关闭 266

12.3 读/写文件常用函数 266

    12.3.1 以字符形式读/写文件 266

    12.3.2 以字符串的形式读/写文件 267

    12.3.3 以数据块的形式读/写文件 267

    12.3.4 格式化读/写文件 268

    12.3.5 随机读/写文件 268

    12.3.6 文件操作的出错检测 269

12.4 文件操作应用示例 270

    12.4.1 文本文件操作 270

    12.4.2 二进制文件操作 272

    12.4.3 学生成绩的存储和删除 273

习题 12 276

附录 A 标准 ASCII 码字符集 278

附录 B 运算符和结合性 279

附录 C 常用库函数 281

参考文献 286

第 1 章

程序设计基础

1.1 程序和程序设计语言

1.1.1 程序

今天我们的工作、学习和生活都已经离不开计算机、平板电脑或手机等电子产品，它们的应用无处不在，大到发射卫星、火箭等计算复杂的科学问题，小到购物支付账单等生活问题。为什么我们越来越离不开这些电子产品？因为它们里面安装有各种各样的程序。这些程序的出现为我们的工作和生活带来便利。

计算机等电子产品的核心——CPU（Central Processing Unit，中央处理器）可以执行各种基本指令，执行程序实际上就是向计算机等电子产品发送指令。计算机在微观上执行的是最基本的指令操作（算术运算和逻辑运算），当运行一个程序时，计算机就会自动地执行程序中的指令序列，从而实现更宏观的功能。

1.1.2 程序设计语言

计算机程序是由程序设计人员编写实现的，然而计算机的工作方式决定了程序设计人员不可能用人类语言对计算机发号施令。因此，出现了程序设计语言，程序设计人员通过它来编写程序，它是程序设计人员与计算机进行交流的桥梁，所以它也被形象地称为计算机语言。

与人类语言类似，程序设计语言由各种字符和相关语法构成，想要设计程序，首先要学习使用程序设计语言。学习编写程序和运行程序，可以让我们更了解计算机，更好地掌握计算机这个重要的工具，并选择合适的途径和方式为自己所用。因此，学习程序设计语言是极其必要的。

1.1.3 程序设计语言的发展历史

程序设计语言的种类繁多，目前常用的有 C、C++、Java、Python、C#、PHP、JavaScript、Go、R、Swift 和汇编语言等，每种语言都有其擅长的方面。程序设计语言自产生以来，其发展大致经历了以下 3 个阶段。

1. 机器语言

CPU 执行的是指令，这些指令以二进制数形式存储于存储器中。一条指令通常由操作码和地址码组成，其中操作码指明了指令的操作性质及功能，地址码指明了操作数或操作数的地址。例如，将地址 16 的存储单元中的数据存储到编号 1 的寄存器中，该指令的二进制代码表示的形式为：0001 0001 000000010000。

上述这类二进制代码是计算机可以直接识别和执行的，称为机器指令。机器指令的集合就是该计算机的机器语言。

机器语言的优点是执行速度快，占用空间少。但其缺点也较为明显：程序设计人员需要熟记所用计算机的全部指令代码及其含义，不仅需要处理每条指令和每条数据的存储分配和输入/输出，还需要记住各种工作单元的状态，编写难度大且效率低；编写出的程序全是由 0 和 1 组成的指令代码，非常不直观且易出错；不同型号计算机的机器语言存在差异，因此用机器语言编写的程序的通用性差；机器语言无法不经修改就在另一种计算机上执行，可移植性差。所以，除了计算机生产厂家的专业人员，多数程序设计人员已不再使用机器语言了。

2．汇编语言

为了弥补机器语言的不足，于是人们想到用助记符和地址符号来帮助记忆和理解指令，从而产生了汇编语言。汇编语言也称为符号语言，它用助记符代替机器指令的操作码，用地址符号或标号代替机器指令或操作数的地址。例如，ADD 表示"加"，SUB 表示"减"，AND 表示"与"，MOV 表示"传送"等。

例如，要将寄存器 BX 中的内容送到寄存器 AX 中，对应的机器语言的指令和汇编语言指令分别如下：

```
1000100111011000          机器语言指令
mov ax,bx                 汇编语言指令
```

汇编语言相比较机器语言，更方便记忆和学习，但其仍是在硬件层面上进行操作的语言，因此这两种语言增加了编程的复杂性，且专业性较强，但这两种语言编写的程序不够直观。机器语言和汇编语言都需要根据特定的计算机系统来设计程序，它们都是面向机器的语言，也称为低级语言。

汇编语言中的指令包含了助记符和地址符号，因此需要将其翻译转换成二进制数形式才能被计算机执行，这个翻译过程称为编译，实现编译处理功能的程序称为编译器，汇编语言的编译器一般称为汇编程序。

汇编语言的难度较大，因此程序设计人员需要具备较多的计算机硬件知识。但由于汇编语言是面向机器的语言，因此它是计算机底层程序设计人员必须了解的语言，通常用在编写驱动程序、嵌入式操作系统和实时运行程序等场合。

3．高级语言

低级语言在学习和使用方面都有一定难度，人们需要更直接和方便地使用计算机语言来完成各种编程任务，于是产生了高级语言。高级语言与我们使用的自然语言和数学语言相近，更加符合人们的思维习惯，容易理解和学习，可移植性好，通用性强。例如：

```
s=pi*r*r;
printf("area=%d\n",s);
```

大部分人都能猜出这段代码的功能，即求圆的面积并输出。这段高级语言代码并未表现出与底层硬件的相关性，说明高级语言是不依赖于具体计算机的，可以在不同的计算机系统上使用或经少量修改后也能使用。

1.1.4　语言处理程序

由汇编语言和高级语言编写的程序不能被计算机直接执行，因为它们不是二进制数形式，程序代码中包含了各种字符和符号，因此需要将这些程序翻译、转换成机器指令才能被计算机执行。这个翻译过程是由特定程序来完成的，不同的语言有不同的翻译程序，所有的翻译程序统称为语言处理程序。

有了高级语言，编程不再是少数专业人士独享的技能。高级语言的学习者无须深入理解计算机的内部结构和工作原理，就可以进行编程，他们学习编程更多是为了培养逻辑思维能力，任何人都可以通过掌握高级语言来为自己的工作、学习及研究服务。

1.2　C 语言的发展及特点

C 语言的发明者是 Ken Thompson 和 Dennis M. Ritchie，他们也是 UNIX 操作系统的发明者。他们研究并发展了通用的操作系统理论，尤其是发明了 UNIX 操作系统，因而一起获得了 1983 年的图灵奖。C 语言是为实现 UNIX 操作系统而设计的一种工作语言，也可以说 C 语言是 UNIX 操作系统的"副产品"。

图 1.1　Ken Thompson（左）和 Dennis M.Ritchie（右）

1970 年，美国贝尔实验室的 Ken Thompson 以 BCPL（Basic Combined Programming Language）语言为基础，设计出很简单且接近硬件的 B 语言，并用该语言实现了第一个实验性的 UNIX 操作系统。使用 B 语言在进行系统编程时存在诸多不足，Ken Thompson 和 Dennis M.Ritchie 对其进行了改造，于 1971 年共同设计了一种新的语言，将其命名为 C 语言。1973 年，他们用 C 语言重新改写了 UNIX 操作系统，进一步丰富了 C 语言，并奠定了它的地位。C 语言有很好的可移植性，可以使用在任意架构的处理器上，只要该架构的处理器具有对应的 C 语言编译器和库，就能将 C 源代码编译、链接成目标二进制文件后运行。

C 语言诞生至今仍被广泛使用。为了便于 C 语言的全面推广和发展，许多专家学者和硬件厂商联合成立了 C 语言标准委员会，并建立了 C 语言标准。1989 年，ANSI（American National Standards Institute，美国国家标准学会）发布了第一个完整的 C 语言标准，简称 C89，也称为 ANSI C。1999 年，在对其做了一些必要的修正和完善后，ISO（International Organization for Standardization，国际标准化组织）发布了新的 C 语言标准，简称 C99。2011 年，ISO 又发布了新的 C 语言标准，简称 C11。

C89 是目前使用最广泛的标准，得到了多数主流编译器的支持，所以本书以 C89 标准为主对 C 语言的语法进行介绍。

C 语言的诞生是现代程序设计语言革命的起点，是程序设计语言发展史中一个重要的里程碑。C 语言出现后，在 C 语言基础上扩充及衍生出的 C++、Java 和 C#等面向对象的语言相继诞生，并在不同领域获得极大成功。至今，C 语言仍然在系统编程、嵌入式编程等领域占据着统治地位。

作为一门高级语言，C 语言具有如下优点。

（1）简捷紧凑、方便灵活。C 语言一共只有 32 个关键字，9 种控制语句，程序书写形式十分自由，主要用小写英文字母表示，压缩了许多不必要的内容。与其他计算机语言相比，其源程序比较简短，因而减少了输入工作量。

（2）运算符丰富。运算符是程序设计语言中最基本的功能单位，C 语言的运算符包含的范围很广泛，共有 34 种运算符。C 语言的运算类型极其丰富，表达式类型多样化。灵活使用这些运算符，可以实现在其他高级语言中难以实现的运算。

（3）数据类型丰富。C 语言的数据类型有整型、实型、字符型、数组类型、指针类型、结构体类型、共用体类型等。数据类型丰富意味着数据表达能力强，可以实现各种复杂的数据结构并进行运算。尤其是 C 语言中引入了指针的概念，使得程序的执行效率更高。

（4）C 语言是结构化语言。结构化语言只使用顺序、选择和循环三种控制结构，结构化的编程方式可以使程序更加清晰易读、逻辑严密。同时，C 语言用函数作为程序的模块单位，便于实现程序的模块化，提高代码利用率。

（5）C 语言允许直接访问物理地址，可直接对硬件进行操作。C 语言既具有高级语言的功能，又具有低级语言的许多功能，能够像汇编语言一样对位、字节和地址进行操作，还可以进行系统软件的编写。

（6）C 语言生成目标代码质量高，程序运行效率高。

（7）可移植性好。几乎在所有的计算机系统中都可以使用 C 语言。

C 语言除以上优点外，也有一些比较明显的缺点。由于 C 语言使用灵活，设计自由度高，就导致了其语法限制不够严格，从而影响了程序的安全性，如对数组下标越界不进行检查。同时，使用灵活也导致 C 语言比其他高级语言更难掌握。C 语言也是一门通用性强的语言，并没有针对某个领域进行优化，就目前而言，C 语言主要用于一些底层的开发，如果希望开发出实用的程序，那么往往还需要学习其他方面的知识。

1.3　C 和 C++语言

早期的计算机编程采用的是面向过程的方法，使用顺序、选择和循环这三种基本结构来进行程序设计，强调程序的结构，也称为结构化程序设计，它是最基本的程序设计方法。面向过程的程序设计以算法为核心，被处理的数据独立于算法，因此程序设计人员需要时刻考虑数据格式，对不同的数据格式进行相同处理或对相同的数据格式进行不同处理。数据格式一旦被改变，就需要重新设计程序，程序的重用性较差。C 语言就是面向过程的结构化程序设计语言，遵从自顶向下的设计原则，将较大的功能模块划分为较小的、不同的功能模块，这些小的功能模块又可以向下进行细分，直到每个小的功能模块都可以用一个简单的函数来实现。这种设计过程比较简单，但是不适用于大型系统的开发。

随着计算机应用水平的提高，计算机被用于解决越来越复杂的问题，面向对象的程序设计方法应运而生。C++是在 C 语言的基础上增加面向对象的功能开发出来的一种通用编程语言，它进一步扩充和完善了 C 语言，是一种面向对象的程序设计语言。

目前，C 语言已经成为 C++的子集，C++中的过程化控制及其他相关功能与 C 语言是基本相同且兼容的。此外，C++拓展了面向对象设计的内容，这是面向过程的 C 语言不具备的。所以，早期 C++也被称为"C with Class"。从 C 到 C++，从面向过程到面向对象，这体现了随着计算机解决问题的规模变化和编程思想的演变。

1.4　简单的 C 程序介绍

为了学习 C 语言的语法，有必要先了解一下 C 程序的一般写法，下面通过几个例子来对 C 程序的框架进行简单介绍。

例 1.1　在屏幕上显示一段文字"Hello everyone!"，调用函数 printf()就可以实现：printf("Hello everyone!\n");，但是仅有这一条语句是不够的，需要有其他代码的支持。

【程序代码】
```
#include <stdio.h>                //预编译文件包含指令
int main( )                       //主函数首部
{                                 //函数体开始标记
   printf("Hello everyone!\n");   //输出函数输出指定字符信息
   return 0;                      //函数返回值为 0
}                                 //函数体结束标记
```

【运行结果】
```
Hello everyone!
Press any key to continue
```

【程序说明】
以上 C 程序包含两个最基本的部分：预处理指令和主函数。

（1）以"#"开头的是预处理指令，后面没有分号。它的意思是将某些必要的文件包含到本源程序中。

（2）扩展名为".h"的是头文件。这里 stdio.h 是基本输入/输出头文件，包含各种输入/输出函数，如输出函数 printf( )的相关定义就在这个文件中。

（3）main 是主函数名。C 程序的基本组成单位是函数。在 C 程序中，几乎所有的代码都写在函数中，以函数的形式将代码封装起来可以实现对代码的重复利用，并可使程序的结构更清晰。每一个 C 程序中都必须有且仅有一个主函数。程序的执行从主函数 main()进入，然后从主函数中的第一条语句开始执行，到主函数中的最后一条语句结束。

（4）int 表示整型，将其放在主函数之前，表明该函数的类型为 int 型。

函数一般先定义再使用。函数的定义由两个部分组成：函数首部和函数体。在本例中，int main()为函数首部，紧跟在后面用"{}"括起来的是函数体，函数体中包含实现函数功能的 C 语句。

（5）printf()是 C 语言的输出函数，在本例中输出双引号中的信息。例如，执行 printf ("Hello ")语句，可以在输出设备中看到信息：Hello。

（6）函数体中的"return 0"表示函数执行结束，并返回 0 值。

（7）最后，在例 1.1 的每行代码后面有以"//"为开头的一句话，其中"//"是行注释的标记符号，可以用来在每行结束的位置添加说明性文字。注释不属于代码的一部分，不参与程序的执行。它仅仅是为了增强程序的可读性，方便理解程序的功能。

【语法小结】

通过对例 1.1 的分析，可以总结一个编写 C 程序的基本框架，即

```
#include <stdio.h>          //第1行一般是预处理指令
int main( )                 //第2行一般是主函数定义
{
    ...
    return 0;
}
```

这是所有 C 程序都有的固定写法，在"{ }"中的省略号部分填写具体的功能代码。

【编辑要求】

在调试程序时，我们会遇到一些格式录入的问题，有以下 5 点需要注意。

（1）C 语言是对大小写英文字母敏感的语言，在没有特别强调的情况下，一般用小写形式录入。

（2）除汉字外，其他字符最好在英文状态下输入，包括单引号、双引号和分号等。

（3）每条 C 语句都需要在后面加上分号，作为该语句的结束标记。

（4）一行可以写多条 C 语句；当一条 C 语句过长时，也可以换下一行录入。

（5）可以在程序中适当添加空白行和空格，以方便用户阅读和修改。

例 1.2   求两个整数之和。

【程序代码】

```
#include <stdio.h>
int main()
{
    int a,b,sum;                //定义3个整型变量a,b,sum
    a=5;                        //对变量a赋值
    b=9;                        //对变量b赋值
    sum=a+b;                    //计算a+b,将结果赋值给变量sum
    printf("sum=%d\n",sum);     //输出变量sum的值
    return 0;
}
```

【运行结果】

```
sum=14
Press any key to continue_
```

【程序说明】

本例与例 1.1 很相似，不同的是函数体部分。

（1）本例中，出现了变量的简单应用。变量是内存中的一块存储单元，可以存放数据，也可以用变量名对存储单元进行读/写操作。例如，a=5，就是向变量 a 所在的存储单元写入 5；sum=a+b，就是读取 a 与 b 存储单元的值，求和后，写入 sum 所在的存储单元。这里的 "=" 是赋值运算符，也可以理解为写入操作，它将右边的值写入左边的变量中。

（2）变量要先声明后使用，"int a,b,sum;" 就是将 "a,b,sum" 声明为整型的变量。注意，直接使用变量而不事先声明是错误的。

（3）本例中的 printf 函数除了要输出字符串，还要输出变量的值。函数的参数也是以逗号分隔的，第二个参数 sum 是变量名，它与第一个参数（sum=%d\n）中的%d 相对应，变量 sum 的值将出现在%d 的位置，如下所示：

printf("sum=%d\n",sum);

sum 的值将替换%d，出现在输出结果中

%d 称为格式说明符，printf 及其他格式说明符的使用将在第 3 章中详细介绍。

【语法小结】

变量必须先声明再使用，输出变量的值需要搭配格式说明符来使用，格式说明符与输出变量的类型要相符。\n 表示输出后换行。

例 1.3　求两个整数中的最大值。

【程序代码】

```c
#include <stdio.h>
int main()
{
    int max(int x,int y);          //对 max 函数的声明
    int a,b,c;                     //定义 3 个整型变量 a, b, c
    scanf("%d%d",&a,&b);           //输入变量 a, b 的值
    c=max(a,b);                    //调用 max 函数求得 a 和 b 中的最大值赋值给变量 c
    printf("最大值是%d\n",c);       //输出变量 c 的值
    return 0;
}
/***********************
求两个整数中的最大值函数
输入：两个整数
输出：两个整数中的最大值
***********************/
int max(int x,int y)               //max 函数的首部，函数返回整型值，有两个整型参数 x 和 y
{
    int z;                         //定义变量 z 用来存放最大值
    if(x>y) z=x;                   //若 x>y，则将 x 赋值给变量 z
    else  z=y;                     //反之(x<=y)，将 y 赋值给变量 z
```

```
        return z;                      //将变量 z 的值作为函数值返回到调用 max 函数的位置
    }
```

【运行结果】

```
7 10
最大值是10
Press any key to continue_
```

【程序说明】

例 1.3 比例 1.1 和例 1.2 多了一个函数，即 max 函数。在一个程序中有两个函数，这两个函数之间有什么关系呢？这里是主函数 main 使用了 max 函数定义的功能，则称 main 函数调用了 max 函数。在调试运行该程序时，可以把这两个函数存放在一个源程序（.c）文件中。

（1）在 max 函数前出现的一段文字是块注释，块注释以"/*"开始，以"*/"结束，可以是多行的注释文字。块注释单独书写，不能与代码混杂在一起，它与行注释一样，不属于代码的一部分，不参与执行。

（2）本例中增加了变量的输入操作，使用的是 scanf 函数。scanf 函数与 printf 函数都是标准的库函数，只要包含了头文件 stdio.h 就可以直接使用。输入变量同样需要与格式说明符搭配使用，若同时有多个输入变量，则格式说明符和变量之间应按顺序一一对应。在输入函数中，字符串参数的后面是变量的地址，即在每个变量名前添加一个"&"符号，不能省略。

```
    scanf("%d%d",&a,&b);
              |____|
    输入整型数据到变量 a 和 b 中
```

当程序运行到 scanf 函数时会停下来，这时需要用户从键盘输入变量的值。当有多个变量值需要输入时，每个值之间以空格间隔，输入完成后按回车键结束。

（3）本例中的 max 函数是自定义函数，其功能是求两个整数中的最大值，在 max 函数中用到了选择结构 if…else 语句，这些内容将在第 4 章中详细讲解。

【语法小结】

通过以上三个例子，我们对 C 程序的结构有了以下基本了解。

（1）一个 C 程序可以包含多个源程序（.c）文件。

（2）一个 C 语言源程序文件可以包含多个函数。

（3）无论一个 C 程序中有多少个源程序（.c）或者有多少个函数，都只能有且仅有一个主函数。

1.5　Microsoft Visual C++ 2010 学习版开发环境的使用

1.5.1　开发 C 程序的基本步骤

前面提到过，用高级语言编写的程序是不能被计算机直接运行的，因为计算机只能接收二进制数形式的指令和数据。C 语言是一种高级语言，开发一个 C 程序一般需要 4 个步骤：编辑源程序、编译源程序、链接目标程序生成可执行文件和运行程序。

（1）编辑源程序。大多数 C 程序的集成开发环境（Integrated Development Environment，IDE）都提供了编辑器，支持录入和修改程序的源代码，保存后生成以 .c 为扩展名的源程序文件。源程序文件包含字符和符号，是非二进制数形式，不能被计算机直接执行。

（2）编译源程序。在 C 程序的 IDE 中，一般自带编译器，可以用来对源程序进行编译，生成文件主名与源程序文件名相同、扩展名为.obj 或者.o 的目标文件。目标文件是一个二进制数形式的中间文件。编译以文件为单位，每个源程序文件都可以生成一个目标文件。在编译过程中，编译器会检查程序中的语法错误，若有错误，则不能继续下一步操作，必须找到并修改源程序代码中的错误，再次编译，直至提示无错误，编译才算通过。

（3）链接目标程序生成可执行文件。在 C 程序的 IDE 中，一般也自带链接器，它可以将一个 C 程序的目标文件、要用到的库文件以及其他一些必要的目标文件一起，链接生成文件主名与目标文件相同、扩展名为.exe 的可执行文件。链接的过程中也有可能出错，需要回到源程序文件检查并修改错误，然后再次重复步骤（1）（2）（3）直到链接通过。

（4）运行程序。运行可执行文件，得到程序的运行结果。若运行结果不正确，则程序可能存在逻辑问题，需要再次对源程序文件进行检查，重复编辑→编译→链接→运行这个过程，直到取得预期结果为止。

程序开发流程如图 1.2 所示。

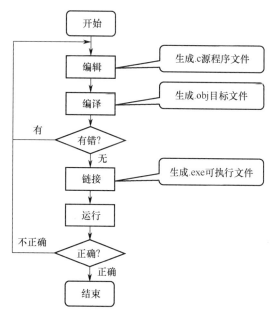

图 1.2　程序开发流程

1.5.2　使用 Microsoft Visual C++2010 学习版开发简单的 C 程序

目前使用的 C 程序的 IDE，大多数是 C++的 IDE，它们兼容 C 程序的开发功能，并提供包含编辑、编译、链接、调试等一系列功能的工具软件，一并打包发布。C/C++集成开发工具的种类很多，例如，基于 Windows 平台的 Visual Studio 系列、Code::Blocks、DEV C++等，在 Linux 平台下使用的 GCC 和 LLVM Clang 等，还有基于 IOS 平台的 Xcode 等。

  Microsoft Visual C++ 2010 学习版是 Microsoft Visual C++ 2010 系列中一款学习版的 C/C++集成开发工具，它是免费的，功能相对简单，主要供初学者使用。它既可以开发 C++ 程序，又可以开发 C 程序；既可以开发简单的 C 程序，又可以进行更复杂的可视化编程。下面以 Microsoft Visual C++ 2010 学习版为例，简单介绍开发 C 程序的操作步骤。

  （1）创建项目

  运行并打开 Microsoft Visual C++ 2010 学习版，它的起始页如图 1.3 所示。在菜单栏中依次选择"文件"→"新建"→"项目"菜单命令，或者直接单击起始页中的"新建项目"，在"新建项目"对话框中选择"Win32"模板→"Win32 控制台应用程序"选项，在"名称"文本框中输入项目名称（如 try），选择项目保存的位置（或者使用默认位置），如图 1.4 所示，会自动生成与该项目同名的项目解决方案；接下来在"应用程序设置"页面中，选择"附加选项"为"空项目"，如图 1.5 所示。

图 1.3 "Microsoft Visual C++ 2010 学习版"起始页

图 1.4 确定"新建项目"类型并输入项目名称

图 1.5　"应用程序设置"页面

（2）添加源程序

在新建项目的"解决方案资源管理器"中，选择"源文件"选项，单击鼠标右键，依次选择"添加"→"新建项"选项，如图 1.6 所示。

图 1.6　添加"新建项"

在"添加新项"对话框中，选择"代码"→"C++文件（.cpp）"选项，在"名称"文本框中输入源程序文件名，注意扩展名为.c，文件名可任意命名，如图 1.7 所示。

（3）编写代码

在"Microsoft Visual C++ 2010 学习版"窗口中可以发现，其窗口主要由三部分组成：程序代码编辑窗口、解决方案资源管理器窗口和输出窗口，如图 1.8 所示。在程序代码编辑窗口录入准备好的一个简单的程序。

图 1.7 "添加新项" 对话框

图 1.8 录入程序

接下来，执行"生成"菜单中的"编译"命令，编译这个源程序文件，若没有错误，则会生成一个同名的.obj 文件；执行"生成"菜单中的"仅用于项目"→"仅链接"命令，若没有错误，则会生成一个与源程序文件同名的.exe 可执行文件。

（4）运行程序

执行上述操作步骤就可以运行程序，检查是否存在错误。选择"调试"菜单，执行"开始执行（不调试）"命令，就可以看到执行结果，如图 1.9 所示。这个 C 程序的执行结果是以字符界面出现的，而不是以图形界面出现的。

图 1.9 执行界面

1.5.3　开发 C 程序的常见问题

初学者使用 Microsoft Visual C++ 2010 学习版开发 C 程序时经常会遇到一些问题，下面列举三个常见问题进行说明。

（1）打开 Microsoft Visual C++ 2010 学习版主界面，使用"启动调试"命令（按 F5 键），运行程序时会出现"程序运行"窗口一闪而过、不能停下来让我们仔细观察执行结果的现象，解决办法是使用"开始执行（不调试）"命令，此命令在发现程序没有编译、链接时，会自动进行编译和链接，然后运行程序，并且停在执行界面，供程序设计人员或使用者查看运行结果。

但是"开始执行（不调试）"命令不是主界面中的必备命令项，我们可以将其添加到主界面菜单中。首先在菜单栏的空白处单击鼠标右键，选择"自定义"选项，如图 1.10 所示。然后在"自定义"对话框中选择"命令"标签页中的"菜单栏"，通过下拉按钮定位到"调试"选项，如图 1.11 所示，可以看到目前"调试"菜单中使用的命令项，在该对话框中单击"添加命令"按钮，进入"添加命令"对话框，如图 1.12 所示。在该对话框中选择"调试"选项，右边会显示"调试"菜单中可以添加的命令，找到"开始执行（不调试）"选项，单击"确定"按钮，就可以将该命令添加到窗口的"调试"菜单中了，以后就可以在需要运行程序时使用此命令了。

图 1.10　自定义工具栏

（2）如何查看错误并快速定位。源程序编译后，若有语法错误，则会显示在输出窗口中显示错误信息。滑动该区域的滚动条，即可查看所有的错误信息，若想查看错误的位置，则只需用鼠标双击对应的错误信息，编辑区右边就会显示对应的代码段，并有一个蓝色箭头指示该代码段，如图 1.13 所示。

编译器的工作并不是完全智能的，所以给出的错误信息后还需要由程序设计人员进行进一步分析、判断。Microsoft Visual C++ 2010 学习版中的错误信息一般用中文描述，有些表述可能不够直观，但是随着编程的经验逐渐丰富，错误的原因都可以准确地判断出来。错误信息指示的代码位置有时也并不一定精确，需要仔细地进行分析、判断。若错误较多，则建议从前往后修改程序代码，并随时重新编译程序，因为有些错误是因其他错误连锁导致的，并不是真的错误。

图 1.11 "自定义"对话框

图 1.12 "添加命令"对话框

（3）如何建立新的源程序文件。Microsoft Visual C++ 2010 学习版在编译源程序时会自动建立与源程序文件同名的文件夹，也称为项目空间。一个项目中有多个文件夹，分门别类地管理着在程序调试过程中产生的各种文件，不是只有.c、.obj 和.exe 文件。

当需要编写新的程序时，若不关闭项目空间，则编译时新建立的源程序文件将会自动添加到原有的项目中，很容易造成后续的链接错误。

前面讲过，main 函数是 C 程序运行的入口。当项目空间中有多个源程序文件，而每个源程序文件都有 main 函数时，试想应该运行哪个 main 函数呢？此时将无从选择。这时会出现编译正确，但是链接错误的提示，如图 1.14 所示。

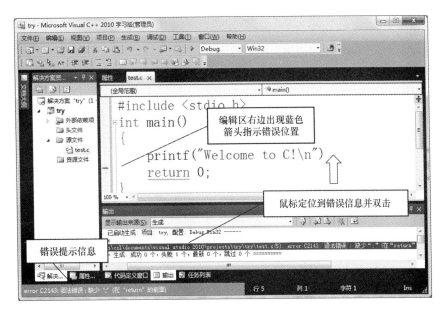

图 1.13　双击错误信息显示对应的代码段

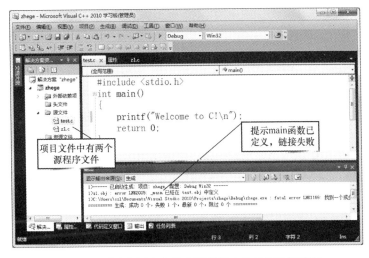

图 1.14　项目空间中有多个源程序文件导致链接错误

解决上述问题有两个方法：一是通过文件菜单关闭当前项目，再重新新建项目，将新的源程序写入；二是将不需要的源程序文件从当前项目中移除，方法是选择要移除的源程序文件，单击鼠标右键，选择"移除"选项，移除的文件仍然在存储器中保存，只是不属于当前项目了。

关于 Microsoft Visual C++ 2010 学习版的用法和技巧还有很多，此处不再赘述，如有疑问，可以参考相关书籍。

习题 1

1. 什么是程序？什么是程序设计语言？

2. 程序设计语言的发展经历了哪些阶段？

3. 简述开发一个 C 程序的基本步骤。

4. 使用 Microsoft Visual C++ 2010 学习版，运行本章的 3 个例题，熟悉集成开发环境的使用。

5. 仿照例 1.1 编写程序，实现以下内容输出：

```
*********************
* Happy  New  Year! *
*********************
```

6. 根据本章介绍的 C 程序的基本语法，阅读以下程序，指出其中的错误，并上机调试运行。

```
#include <stdio>;
int mian()
{
  int a=10;b;
  b=-17
  c=a+b;
  printf("%d\n",c) ;
  return 0;
}
```

第 2 章

基本数据类型、运算符和表达式

2.1 字符集和标识符

1. 字符集

字符集是 C 语言中所使用的字符的集合，包含字母、数字、空白符、标点和特殊字符等。具体说明如下。

（1）字母：小写英文字母 a～z 和大写英文字母 A～Z。

（2）数字：阿拉伯数字 0～9。

（3）空白符：空格符、制表符（Tab 键）、换行符等统称为空白符。当空白符出现在字符常量和字符串常量中时，按其各自的含义理解并起作用；当空白符出现在程序的其他位置时，通常只起间隔符作用，编译程序时对它们可以忽略不计。

（4）标点和特殊字符：如加号（+）、减号（−）、分号（;）、逗号（,）等，具体可参考 ASCII（American Standard Code for Information Interchange，美国信息交换标准代码）码表。

2. 标识符

标识符用来标识源程序中某个对象的名字，这些对象可以是语句、数据类型、函数、变量、常量、数组等。C 语言中书写标识符的规定如下。

（1）标识符由字母、数字和下画线组成。

（2）标识符的起始字符必须是字母或下画线。以下画线开头的标识符通常是编译系统专用的，因而在编写 C 程序时，最好不要使用以下画线开头的标识符。

（3）标识符应区分大小写英文字母。C 语言对大小写英文字母十分敏感，书写时要注意区分大小写英文字母。例如，MAX 和 max 是两个完全不同的标识符。

（4）标识符的长度不要超过 32 个字符。尽管 C 语言规定标识符的最大长度可达 255 个字符，但是在实际编译时，只有前面 32 个字符能够被正确识别。

C 语言的标识符可分为关键字、预定义标识符和用户标识符三类。

① 关键字。C 语言中规定了一些标识符在程序中代表特定的含义，这些被保留而不作他用的标识符称为关键字。在编写程序时，不能将关键字作为用户标识符使用。标准 C 语言有 32 个关键字，具体如表 2.1 所示。

表 2.1   标准 C 语言的 32 个关键字

数据类型关键字 （12 个）	char：声明字符型变量或函数 double：声明双精度型变量或函数 enum：声明枚举类型 float：声明浮点型变量或函数 int：声明整型变量或函数 long：声明长整型变量或函数 short：声明短整型变量或函数 signed：声明有符号类型变量或函数 struct：声明结构体变量或函数 union：声明共用体（联合）类型 unsigned：声明无符号类型变量或函数 void：声明函数无返回值或无参数，声明无类型指针
控制语句关键字 （12 个）	① 循环语句 for：一种循环语句 do：循环语句的循环体 while：循环语句的循环条件 break：跳出当前循环 continue：结束当前循环，开始下一轮循环 ② 条件语句 if：条件语句 else：条件语句否定分支（与 if 连用） goto：无条件跳转语句 ③ 开关语句 switch：用于开关语句 case：开关语句分支 default：开关语句中的其他分支 ④ 返回语句 return：子程序返回语句（可以带参数，也可不带参数）
存储类型关键字 （4 个）	auto：声明自动变量 extern：声明变量是在其他文件中声明的 register：声明寄存器变量 static：声明静态变量
其他关键字 （4 个）	const：声明只读变量 sizeof：计算数据类型长度 typedef：为数据类型取别名 volatile：说明变量在程序运行过程中可被隐含地改变

② 预定义标识符。预定义标识符是 C 语言中系统预先定义的标识符，如系统类库名、系统常量名、系统函数名。例如，C 语言中常用来作为输入、输出的库函数 printf 和 scanf，即为预定义标识符。预定义标识符虽然可以作为用户标识符使用，但会失去系统规定的原意，并且容易在使用中产生歧义，建议用户标识符不要与预定义标识符同名。

③ 用户标识符。用户标识符是由用户根据需要定义的标识符。命名用户标识符时，要遵循标识符的命名规则，不能与关键字同名，并应尽量做到"见名知意"。

以下是合法的用户标识符：

MAX	a1	_123	Else	Int	Li_ming
_n	If	_22A	sum_1	age3	xyz8

以下是不合法的用户标识符：

int	-min	sina.com	x-i-a-o	2_5mm
while	3+5	jack&mike	$50	3ab

2.2　数据类型

C 语言面向过程的编程模式可以总结为程序=数据+算法。数据是程序加工的"原材料"，程序中用到的各种数据类型如整型、实型、字符型等，在计算机中都是以二进制数形式存放在内存中的。这些数据占多少位、以何种格式存储，都是通过数据类型来明确的。C 语言中的数据类型如图 2.1 所示。

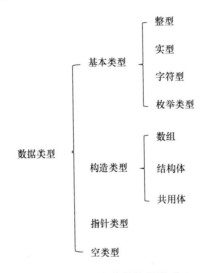

图 2.1　C 语言中的数据类型

每种数据类型在具体表示时又可大致分为常量和变量两种形式。

1. 常量

在程序运行过程中，其值不发生改变的量称为常量。常量分为直接常量和符号常量。

（1）直接常量：每种基本类型都有其对应的常量。举例如下。

整型常量：123。

实型常量：-34.6。

字符常量：'A'。

字符串常量："Good"。

【说明】

字符常量中的单引号和字符串常量中的双引号是用于界定常量边界的界限符，不属于常量的一部分。

② 符号常量：用标识符表示的常量形式，必须先定义再使用。使用预处理指令 define 来定义，其格式如下：

```
#define 标识符 常量
```

例如，#define PI 3.14。

【说明】

符号常量通过预处理指令来定义，它不是 C 语句，故在其后没有分号。定义好符号常量后，在程序中所有出现该标识符的地方均用该常量值替代。使用符号常量的好处是"含义清晰，一改都改"。为了与变量区分，一般符号常量采用大写英文字母形式，而变量采用小写英文字母形式，这是一种良好的编程习惯，但并不具备强制性。

2. 变量

在程序运行过程中，其值可以改变的量称为变量。

变量有值，其值存放在内存中，引用变量的值就是要访问其所对应的内存单元。内存单元要根据其地址进行访问，然而其地址为二进制数形式，并不方便使用。所以，一般将变量名与其对应的内存单元地址进行映射，通过变量名来访问内存单元。

变量必须先定义再使用，定义变量就是先分配一个可用的内存单元，有了这个内存单元才可以写入数据，变量的值才有地方存放。变量实质上代表的是内存单元，变量名是访问这个内存单元的依据，变量的值是这个内存单元中存放的数据。

变量的定义格式如下：

```
类型说明符 变量名;
```

例如，

```
int m;          //先定义整型变量 m
m=10;           //再为变量 m 赋值 10
```

变量名和变量的值之间的关系如图 2.2 所示。

【说明】

以上两条语句也可以改写成：

```
int m=10;         //定义整型变量 m 并赋值 10，即将 m 初始化为 10
```

这种在定义变量的同时赋值的写法称为变量的初始化。

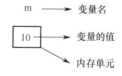

图 2.2　变量名和变量的值之间的关系

若变量的值初始化后不允许改变，则这样的变量称为常变量。常变量是通过在定义语句前加上关键字 const 来实现的。例如，

```
const int m=10;//定义整型常变量 m 并赋初值 10
m=20;            //错误，常变量的值不允许修改
```

2.2.1 整型

1. 整型数据的分类

C 标准中没有具体规定各种数据类型所占用的存储单元的长度，这由各编译系统自行规定，要注意各种不同的编译系统对于相同的数据类型的规定也可能不同，本书以 Microsoft Visual C++ 2010 为主要的编译系统进行介绍。

基本整型（int）：不同的编译系统对基本整型分配的字节数不完全一致。基本整型为 4 字节。

短整型（short int 或 short）：为 2 字节。

长整型（long int 或 long）：为 4 字节。

双长整型（long long int 或 long long）：为 8 字节。

【说明】

① 在 Microsoft Visual C++ 2010 中，基本整型和长整型都是 4 字节；在 Turbo C 2.0 中，基本整型为 2 字节，长整型为 4 字节。

② 双长整型（long long int）是 C99 标准中新增的类型，一般为 8 字节。有些支持 C89 标准的编译系统（如 Turbo C 2.0、Visual C++ 6.0 等）并不支持该数据类型。

2. 整型数据的表示

整型数据使用定点整数格式，其机器数采用补码表示形式。

正数：最高位为符号位 0，数值部分即为其二进制数形式。

负数：最高位为符号位 1，数值部分将其二进制数形式按位求反并在最低位加 1，即负数的补码形式。

例如，正数 5 的表示如图 2.3 所示。

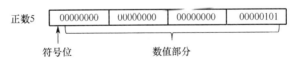

图 2.3 正数 5 的表示

例如，−5 的补码可以按照原码→反码→补码的顺序转换得到，如图 2.4 所示。

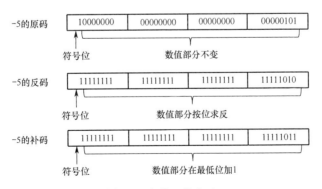

图 2.4 负数 5 的表示

在定义整型数据时还可以加上符号属性，其关键字为 signed（有符号）和 unsigned（无符号）。当不加符号属性关键字时，默认为 signed（有符号）。无符号整型在表示时没有最高位的符号位，其存储的二进制位都是数值，即都是非负数。

加上符号属性后，整型数据可以细化为 8 种类型。同时，由于整型数据的所占内存单元的字节数是固定的，根据前面介绍的整型数据的表示可以得出每种类型的关键字及其取值范围，如表 2.2 所示。

表 2.2　整型数据的每种类型的关键字及其取值范围

类型名称	类型说明符	字节数	取值范围
有符号基本整型	[signed] int	4	$-2147483648 \sim 2147483647$，即 $-2^{31} \sim 2^{31}-1$
有符号短整型	[signed] short [int]	2	$-32768 \sim 32767$，即 $-2^{15} \sim 2^{15}-1$
有符号长整型	[signed] long [int]	4	$-2147483648 \sim 2147483647$，即 $-2^{31} \sim 2^{31}-1$
有符号双长整型	[signed] long long [int]	8	$-9223372036854775808 \sim 9223372036854775807$，即 $-2^{63} \sim 2^{63}-1$
无符号基本整型	unsigned [int]	4	$0 \sim 4294967295$，即 $0 \sim 2^{32}-1$
无符号短整型	unsigned short [int]	2	$0 \sim 65535$，即 $0 \sim 2^{16}-1$
无符号长整型	unsigned long [int]	4	$0 \sim 4294967295$，即 $0 \sim 2^{32}-1$
无符号双长整型	unsigned long long [int]	8	$0 \sim 18446744073709551615$，即 $0 \sim 2^{64}-1$

【说明】

由于+0 和-0 的补码表示相同，因此会导致多出一个编码的情况，在具体处理时就会将其规定为一个负数。例如，有符号短整型将 10000000 00000000 当作-32768 来使用，这就是在有符号数的范围中负数比正数要多一个的原因。

C 语言中数据类型不仅决定数据所占内存空间的大小，还决定其以什么格式被识别、读取。对整型数据来说，有符号整型和无符号整型在相互赋值时要特别注意。

例 2.1　负整数赋值给无符号整型变量。

【程序代码】

```
#include <stdio.h>
int main()
{
    unsigned int a;
    a=-1;
    printf("a=%u\n",a);
    return 0;
}
```

【运行结果】

```
a=4294967295
Press any key to continue
```

【程序说明】

-1 是负整数，以补码形式存储，其形式是全 1 的组合形式，其最高位 1 表示符号为负。变量 a 是无符号整型，在接收了-1 的二进制存储数据后，将以无符号整型的格式解读其值，这时最高位 1 不再表示符号，而是数值的一部分，于是读成了正数 4294967295，如图 2.5 所示。最后，printf 函数以%u（无符号整型）格式输出变量 a 的值，就出现了屏幕显示的运行结果。

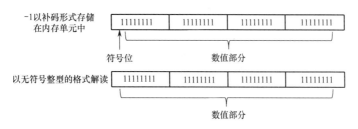

转换为十进制数为 $2^{32}-1$，即 4294967295

图 2.5　无符号整型变量读取-1 后的结果

3. 整型常量

整型常量若无附加前缀和后缀，则其类型为基本整型（int），即有符号的 4 字节整型，如 123。整型常量既可以附加前缀表示八进制数或十六进制数，又可以附加后缀表示不同的整数类型，具体解释如下：

（1）从 0（数字 0）开始：表示八进制数常量，如 017。八进制数常量由数字 0～7 组成。

（2）从 0x 和 0X（数字 0 加字母 x，x 可大写）开始：表示十六进制数常量，如 0x3a。十六进制数常量由数字 0～9 和字母 a～f（或 A～F）组成，字母 a～f 分别对应数字 10～15。

（3）以字母 u 或 U 为结尾：表示无符号整型常量，如 57u。

（4）以字母 l 或 L 为结尾：表示长整型常量，如 34L。

2.2.2　实型（浮点型）

1. 实型数据的分类

实型也称为浮点型，用来表示带有小数部分的数。C 标准中定义了以下几种实型。

单精度型（float）：在 Microsoft Visual C++ 2010 中分配 4 字节。

双精度型（double）：在 Microsoft Visual C++ 2010 中分配 8 字节。

长双精度型（long double）：在 Microsoft Visual C++ 2010 中与 double 型一样处理，分配 8 字节。

【说明】

long double 是 C99 标准新增的类型，在 C99 及后续的规范中，对于该类型的规定并不详细，只要求 long double 型在精度上不低于 double 型的精度。于是就导致有的编译器不支持 long double 型，而支持的编译器在实现上也有所区别，long double 型可能是 8 字节、10 字节、12 字节或 16 字节。虽然 Microsoft Visual C++ 2010 编译器支持 C99 标准，但其对 long double 型的实现是和 double 型的实现是一样的，均分配 8 字节。

2. 实型数据的表示

实型之所以也称为浮点型，是因为其在计算机的存储单元中以浮点表示法存储表示。浮点表示法将一个实数表示成类似科学记数法的形式，即 $1.M \times b^E$ 的形式（规格化形式），其中 M 称为尾数，E 称为阶码，b 是进制对应的基数（如二进制数为 2）。

浮点表示法在具体实现时，从所分配的存储单元中分出两个部分，分别存储尾数和阶码。其中，尾数采用定点小数形式表示，而阶码采用定点整数形式表示。以 float 型为例，其所占的 4 字节一共 32 位（bit），IEEE754 中规定 float 型的存储格式如图 2.6 所示。

图 2.6　IEEE 754 中规定 float 型的存储格式

符号位：0 表示正，1 表示负。

阶码位：阶码 E 本身有正有负，根据 8 位的长度计算其范围为-126～+127。但为了便于比较，把阶码都表示成正数（无符号），对应 0～255，即 E+127，这种表示法称为移码。所以，看到的阶码值需要减去 127 才是其真实值。

【说明】

8 位移码（无符号）的取值范围为 0～255，去除 0 和 255 这两种特殊情况，那么阶码 E 的取值范围就是-126（1-127）～127（254-127）。两种特殊情况如下：

若阶码 E=0 且尾数 M 是 0，则这个数的真实值为±0（正负号和符号位有关）。

若阶码 E=255 且尾数 M 全是 0，则这个数的真实值为±∞（正负号和符号位有关）。

尾数位：float 型的尾数 M 占 23 位，这里有一个隐藏的整数位 1（约定，不占用存储位，真实值是 1.M），所以相当于用 24 位二进制数来表示十进制数。十进制数每增加 1 位有效数字需要约 3.3（$\log_2 10$）位二进制数来达到相近的精度，故其对应的十进制数的有效位数是 7 位。

【说明】

由于十进制数的基数 10 不是 2 的整数次幂，因此二进制数和十进制数并不能实现整数位的对齐。例如，10 位二进制数（无符号）对应的整数范围为 0～1023（$2^{10}-1$），可以精确表示所有 3 位十进制整数和部分 4 位十进制整数。float 型有 24 位表示尾数，$2^{24}-1=16777215$，即其对应的十进制数最多能有 8 位有效数字，可以保证 7 位有效数字。同时，当有效数字为 7 位时，说明一个十进制数不超过 7 位，该数有可能被精确表示，但不是所有数字的都能被精确表示，如 0.2（其二进制数是无限循环的）。这是由于浮点数表示的并不是连续的数，而是离散的数。

例如：float 型实数$(50.125)_{10}=(110010.001)_2$的存储表示。

首先，对 110010.001 进行规格化表示为 1.10010001×2^5。

符号位为 0 表示正数。

阶码需要加 127 表示，即 5+127=132，表示成二进制数为 1000 0100。

尾数只表示小数部分，即 100 1000 1000 0000 0000 0000。

最后，数据在内存中的存储格式如下：

| 0 | 1000 0100 | 100 1000 1000 0000 0000 0000 |

例 2.2　float 型数据存储格式验证。

【程序代码】

```c
#include <stdio.h>
int main()
{
    float n=50.125;
    int *p;
```

```
    p=(int *)(&n);
    printf("n 的十六进制数存储形式为 0x%x\n",*p);
    return 0;
}
```

【运行结果】

n的十六进制数存储形式为0x42488000
请按任意键继续. . .

【程序说明】

本程序使用了指针语法，这是后面将要讲到的语法内容，因此这里只解释该程序的含义。程序中定义了一个 float 型变量 n 并赋值 50.125；然后通过整型指针 p 接收 n 的地址并以整数格式显示出来。为方便验证，以十六进制数形式显示整数，结果是 0x42488000，将其转换为二进制数，可以发现与之前的分析是吻合的。

采用浮点表示法，可以使实型数据的范围比整型数据的范围要大得多，但缺点是运算复杂、精度有限。各种类型实型数据的范围及有效位数如表 2.3 所示。

表 2.3　实型数据的范围及有效位数

类型名称	类型说明符	字节数	有效位数	范围（绝对值）
单精度型	float	4 字节	7	0 以及 $1.2 \times 10^{-38} \sim 3.4 \times 10^{38}$
双精度型	double	8 字节	15	0 以及 $2.3 \times 10^{-308} \sim 1.7 \times 10^{308}$

【说明】

由于浮点数用有限的二进制数来表示实数，因此其数值不可能十分精确。例如，float 型能存储的最小正数是 1.2×10^{-38}，不能存放小于此值的正数。float 型数据的范围推导如下：

最大正数 = $+(1.11111111111111111111111) \times 2^{127} \approx 3.402823 \times 10^{38}$

最小正数 = $+(1.0) \times 2^{-126} \approx 1.175494 \times 10^{-38}$

最大负数 = $-(1.0) \times 2^{-126} \approx -1.175494 \times 10^{-38}$

最小负数 = $-(1.11111111111111111111111) \times 2^{127} \approx -3.402823 \times 10^{38}$

在编程时，如果要使用实型数据，那么需要考虑其有效位数可能带来的影响。

例 2.3　实型数据有效位数测试。

【程序代码】

```
#include <stdio.h>
int main()
{
    float fx;
    double dx;
    fx=2.123456789;
    dx=2.123456789;
    printf("%.9f\n",fx);
    printf("%.9f\n",dx);
    return 0;
}
```

```
#include <stdio.h>
int main()
{
    float fx;
    double dx;
    fx=4.123456789;
    dx=4.123456789;
    printf("%.9f\n",fx);
    printf("%.9f\n",dx);
    return 0;
}
```

【运行结果】　　　　　　　　　　　【运行结果】
2.123456717　　　　　　　　　　　4.123456955
2.123456789　　　　　　　　　　　4.123456789
请按任意键继续. . . ▄　　　　　　请按任意键继续. . .

【程序说明】

在这两段程序中定义了单精度型变量 fx 和双精度型变量 dx，并分别赋值 2.123456789 和 4.123456789，printf 函数中%.9f 的意思是显示结果的小数点后 9 位有效数字。观察结果的有效数字（整数和小数的准确数字位数）：第 1 段程序的 float 型变量 fx 显示不精确，只保证了 8 位有效数字；第 2 段程序的 float 型变量 fx 显示仍然不精确，而且只保证了 7 位有效数字，这与前面分析的 float 型 7~8 位的有效数字是一致的。但是，无论是第 1 段程序还是第 2 段程序，double 型变量 dx 均可以保证 15 位有效数字，因而都能准确显示出来。

3. 实型常量

实型常量有两种表示形式：小数和指数，小数形式如 0.12，指数形式如 1.3e-2。指数表示法采用科学记数法表示形式，在尾数和阶码之间以字母 e 或 E 间隔，如 6.67e-3，表示 $6.67 \times 10^{-3} = 0.067$。指数表示需要注意以下两点：

（1）尾数的整数部分或小数部分若为 0，则可以省略（小数点不能省略），但不能省略整个尾数。例如，-.1e-3 表示 -0.1×10^{-3}，1.e2 表示 1.0×10^2，e3 是错误的写法，.e3 也是错误的写法。

（2）阶码不能为小数，例如，2.1e1.5 是错误的写法。若阶码不是整数，则不能通过移动小数点来实现数的表示，如 9.0e0.5 实际上需要进行开方运算。

小数形式的实型常量也可添加后缀，若无附加后缀，则规定其类型为 double 型。实型常量可加的后缀包括如下两种：

（1）后缀字母 f 或 F：表示 float 型，如 2.14f。

（2）后缀字母 l 或 L：表示 long double 型，如 3.56L。

2.2.3　字符型

1. 字符型数据的表示

定义字符型变量所使用的类型说明符是 char，为字符型变量赋值可以使用字符常量，字符常量是单引号括起来的一个字符，例如：

```
char c;        //定义字符型变量 c
c='a';         //为变量 c 赋值字符 a
```

字符常量'a'中的两个单引号是界限符，用来作为字符常量和其他数据之间的间隔，不属于字符常量的内容。两个单引号中间只能有一个字符，不允许出现多个字符。例如，'abc' 是错误的。

C 语言中的字符型数据使用的是 ASCII 码字符集，字符型数据存储在内存中只能是二进制数形式，即它们对应的 ASCII 码的二进制数形式，占 1 字节。例如，'a'的 ASCII 码是 97，转换成二进制数是 01100001，在内存中的形式如下：

0	1	1	0	0	0	0	1

字符型数据对应的 ASCII 码如果按照整数格式读取出来就是一个整数；反之，整型数据如果按字符格式读取，则理解为以该整数值作为编码的字符。因此，也可以把字符型数据看成 1 字节的整型数据，在不产生溢出的情况下，字符型和整型是等价的。

例 2.4　按两种格式分别对字符型数据和整型数据进行输出。

【程序代码】

```
#include <stdio.h>
int main()
{
        char c='A';                //定义字符型变量c，并赋值'A'
        int x=66;                  //定义整型变量x，并赋值66
        printf("%c,%d\n",c,c);     //分别以字符格式和整数格式输出变量c的值
        printf("%d,%c\n",x,x);     //分别以整数格式和字符格式输出变量x的值
        return 0;
}
```

【运行结果】

```
A,65
66,B
Press any key to continue
```

【程序说明】

printf 函数中的%c 是字符型数据的格式说明符，可以指定变量以字符格式输出。字符型变量 c 以字符格式输出是'A'，以整数格式输出是字符的编码值 65。字符型变量 x 以整数格式输出其值是 66，以字符格式输出就是以 66 为编码的字符'B'。

字符型数据和整型数据在内存中存放的都是一个整数，所以两者在某种程度上是可以通用的。两者的主要区别在于所占用的内存空间的大小，字符型数据占 1 字节，整型数据占 4 字节。字符型数据也可以进行算术运算，即将其编码值作为整数进行运算。

例 2.5　英文字母的大小写转换。

【程序代码】

```
#include <stdio.h>
int main()
{
        char c1='a',c2=66;         //定义字符型变量并初始化，其中c2是字符'B'
        c1=c1-32;                  //将c1的小写英文字母转换为大写英文字母
        c2=c2+32;                  //将c2的大写英文字母转换为小写英文字母
        printf("c1=%c,c2=%c\n",c1,c2);
        return 0;
}
```

【运行结果】

```
c1=A,c2=b
Press any key to continue
```

【程序说明】

观察 ASCII 码表中的英文字母，'a'的编码值是 97，'A'的编码值是 65，即大小写英文字母的编码值相差 32。所以，小写英文字母的编码值减 32 可以得到对应的大写英文字母的编码值，大写英文字母的编码值加 32 可以得到对应的小写英文字母的编码值。

　　类似于整型数据可以加上符号属性关键字，字符型数据也可以使用 signed 和 unsigned 关键字，其对应的存储空间和取值范围如表 2.4 所示。

表 2.4　字符型数据对应的存储空间和取值范围

类型名称	类型说明符	字节数	取值范围
有符号字符型	[signed] char	1	−128～127
无符号字符型	unsigned char	1	0～255

【说明】

　　（1）标准 ASCII 码表中有 128 个字符，编码值从 0 到 127。当将一个负数赋值给有符号字符型变量时，它不代表一个字符，仅仅作为一个数使用。

　　（2）若不加符号属性关键字，则默认其为有符号字符型，即 signed char。

　　（3）对于无符号字符型，标准 ASCII 码字符集同样只使用 0～127 的编码值。在有些系统中会使用扩展 ASCII 码字符集，其中 128～255 的编码值有对应的字符可以使用，但由于没有统一的标准，故不进行详细介绍。

2．转义字符

　　在 ASCII 码字符集中有一些无法直接表示出来的字符，如各种控制字符，这时就需要借助转义字符来表达了。转义字符是以字符'\'开头的字符序列，用来表示特定的一个字符。例如，在之前程序中出现的'\n'就是转义字符，它表示换行的意思。常见的转义字符如表 2.5 所示。

表 2.5　常见转义字符表

转义字符	意义	ASCII 码（十进制数）
\0	空字符（NULL）	0
\a	响铃，不改变当前位置	7
\b	退格，将当前位置前移一列	8
\t	水平制表，当前位置跳到下一个 Tab 位置	9
\n	换行，将当前位置移到下一行开头	10
\v	垂直制表，当前位置跳到下一个垂直制表位	11
\f	换页，将当前位置移到下页开头	12
\r	回车，将当前位置移到本行开头	13
\"	代表一个双引号"	34
\'	代表一个单引号'	39
\\	代表一个反斜杠\	92
\ooo	1～3 位的八进制数所对应的 ASCII 码字符	
\xhh	1～2 位的十六进制数所对应的 ASCII 码字符	

【说明】

　　① 转义字符以反斜杠"\"开始，不是斜杠"/"，若写错，则将其视为普通字符。

　　② 单引号是字符常量的界限符，双引号是字符串常量的界限符，反斜杠是转义字符的起始字符，这些专用字符必须借助转义字符表达。

　　③ 垂直制表字符"\v"和换页字符"\f"在输出到屏幕上时不起作用，但会影响打印机执行响应操作。

④ 反斜杠 "\" 后面也可以跟一个整数值，表示以这个整数值为 ASCII 码的字符，这个整数只有八进制和十六进制数两种形式，若无前缀，则表示八进制数；若有前缀 x（小写），则表示十六进制数。

例 2.6　转义字符用法示例。

【程序代码】

```c
#include <stdio.h>
int main()
{
    printf("ab\a\t12\n");
    printf("\101\\\x42\n");
    printf("I say \"Thank you!\"\n");
    return 0;
}
```

【运行结果】

```
ab      12
A\B
I say "Thank you!"
Press any key to continue
```

【程序说明】

（1）第 1 个 printf 函数中的字符串"ab\a\t12\n"：'\a'表示响铃是通过计算机中的小喇叭发出的，类似开机自检的声音，它是一个动作，不会影响输出的当前位置；'\t'表示水平制表，水平制表是屏幕上隐藏的一些等间距（8 个字符的宽度）的对齐位置，因此，"12" 会在 "ab" 后面第 7 个字符的位置接着输出，在 "ab" 和 "12" 之间补了 6 个空格。

（2）第 2 个 printf 函数中的字符串"\101\\\x42\n"：'\101'将八进制数 101 转换成十进制数 65，表示字符 "A"，类似地，'\x42'表示字符 "B"。'\101'后面出现了连续两个反斜杠，实际只表示一个反斜杠。

（3）第 3 个 printf 函数中的字符串"I say \"Thank you!\"\n"：为了在屏幕上输出双引号，在每个需要显示的位置使用转义字符'\"'表示一个双引号。

3. 字符串常量

字符串常量是用双引号括起来的若干个字符，如"abc"。双引号是字符串常量的界限符，不属于字符串的内容。字符串常量可以有多个字符、一个字符，甚至也可以没有字符，如""（空串）。

字符串常量不属于基本类型，它对应的类型是字符数组。字符串可以是任意长度，为了便于对其中的字符按顺序进行处理，在字符串的结尾设置有一个隐藏的结束标记'\0'。'\0'是 ASCII 码值为 0 的字符，也称为空字符（NULL）。它没有具体意义，也不进行任何操作，一般用于条件判断。'\0'作为一个字符也要占据 1 字节，所以字符串常量占用的字节数比表面看到的字符串长度要多 1。例如，"abc"在内存中占 4 字节，存储格式如图 2.7 所示。

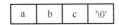

图 2.7　字符串常量"abc"的存储格式

2.3 运算符和表达式

有了基本的数据表达后，接下来就要对这些数据进行运算了。在 C 语言中，各种运算都是通过运算符来实现的。运算符是说明特定操作的符号，C 语言的运算符非常丰富，除了控制语句和输入/输出，几乎所有的基本操作都是通过运算符来实现的。数据和运算符共同构成了各种形式的表达式。

在 C 语言的表达式中，可能混合各种类型的数据和运算符。在学习运算符时，除了理解运算符的含义，对每种运算符的优先级和结合性也必须有清晰的认识，否则无法做到对表达式的正确解读。

1．优先级

C 语言的运算符按优先级分为 15 级，第 1 级最高，第 15 级最低。在计算表达式时，优先级高的先运算，优先级低的后运算，优先级相同的按结合性顺序计算。各种运算符的优先级可参看本书的附录 B。

2．结合性

相同优先级的运算符按结合性顺序计算。C 语言中大部分运算符是左结合的，即从左向右进行计算。少部分运算符是右结合的，即从右向左进行计算，分别是单目运算符、条件运算符和赋值运算符。

2.3.1　算术运算

C 语言中的算术运算符有以下 5 种：

（1）+：加法运算符，也可以用作正号运算符（此时为单目运算符）。

（2）−：减法运算符，也可以用作负号运算符（此时为单目运算符）。

（3）*：乘法运算符。

（4）/：除法运算符。

（5）%：取余运算符，计算两数相除的余数。

【说明】

乘法和除法运算分别用"*"和"/"表示，而不是"×"和"÷"，因为"×"和"÷"无法通过键盘直接输入。

➢ 两个整数相除，其结果也为整数，如 1/2 结果为 0。两个实数相除结果为实数，如 1.0/2.0 结果为 0.5。整数和实数相除结果为实数，参考后面的类型转换语法。

➢ 取余运算只能对整数运算，不能对实数运算。若不同符号的整数相余，则其结果的正负取决于被余数的符号。例如，13%−2 结果为 1，−15%2 结果为−1。

➢ 除法运算和取余运算应避免除数为 0，否则会导致数据溢出。

➢ 除了以上 5 种算术运算符，其他算术运算（如乘方、开方等）都是通过算术函数实现的。

利用整数相除结果为整数的特性，再结合取余运算可以实现整数取位数字的算法。

例 2.7 反序输出一个 3 位正整数的每位数字。

【程序代码】

```
#include<stdio.h>
int main()
{
    int a=123;
    printf("该整数的每位分别为:\n");
    printf("%d-%d-%d\n",a%10,a/10%10,a/100);
    return 0;
}
```

【运行结果】

```
该整数的每位分别为:
3-2-1
Press any key to continue
```

2.3.2 自增运算和自减运算

自增运算符和自减运算符均是单目运算，与一个变量共同使用，其作用是使变量的值加 1 或减 1，分为前缀式和后缀式两种形式。

前缀式：如++i，－－i。

后缀式：如 i++，i－－。

自增运算和自减运算实际上是一种赋值操作。例如，i++相当于 i=i+1。自增运算和自减运算的值是要保存起来的，所以应该与变量共同使用，而与常量或表达式共同使用的写法都是错误的，例如，5++和(a+b)++都是错误的写法。

自增运算和自减运算的前缀式和后缀式写法对变量的影响是相同的，区别在于其对应的表达式值的计算方法。

（1）前缀式：表达式的值是变量经过加（减）1 后的值，即"先加（减）再用"。

（2）后缀式：表达式的值是变量的值，执行完此表达式后，变量的值再加（减）1，即"先用再加（减）"。

试分析如下代码：

```
int i, j;
i=3;
j = ++i;
```

++i 作为一个表达式，其值是变量 i 加 1 后的值 4，所以变量 j 的值为 4。

再来分析后缀式写法：

```
int i, j;
i=3;
j = i++;
```

i++作为一个表达式，其值是变量 i 的值 3，所以变量 j 的值为 3。i++执行完后 i 加 1 变为 4。

自增运算和自减运算均是右结合的，所以表现为"后缀式的优先级比前缀式的优先级高"，如-i++理解为-(i++)。另外，使用自增运算和自减运算应避免有歧义的写法，例如，

a+++b 是(a++)+b 还是 a+(++b)？对于此种情况，建议加上括号，以增强程序的可读性。

2.3.3　赋值运算

1. 赋值运算符

赋值运算符用"="表示，其作用是将一个表达式的值赋给一个变量，其一般形式如下：

变量 = 表达式

严格来说，赋值运算符=的左侧应该为一个"左值"。所谓"左值"是指计算机内存中可修改的存储对象，也可以理解为出现在赋值运算符左侧的值。因为赋值运算是要将数据写入内存来实现赋值，左值表示一个可以写入数据的内存空间。变量名代表内存空间并且可以写入数据，所以它是左值。当讲到指针时，指针的间接访问运算构成的表达式也是可以写入数据的内存空间，也可以作为左值使用。与左值对应的，可以出现在赋值运算符右侧的值称为"右值"，它可以是常量、变量、表达式或函数调用等各种形式。

对于赋值表达式的写法举例如下：

```
int x,y;
x=3;          //正确，x 是变量，可以作为左值
y=x;          //正确，y 是变量，可以作为左值
x+y=10;       //错误，x+y 是算术表达式，无法存储数据，不能作为左值
5=10;         //错误，5 是常量，其内存空间不可修改，不能作为左值
```

利用赋值运算可以实现一些简单的算法，如交换变量的值。

例 2.8　交换两个变量的值实现由小到大输出。

【程序代码】

```
#include <stdio.h>
int main()
{
    int a,b,t;
    printf("请输入两个整数\n");
    scanf("%d%d",&a,&b);
    if(a>b)
    {t=a;a=b;b=t;}
    printf("由小到大结果为:%d,%d\n",a,b);
    return 0;
}
```

【运行结果】

```
请输入两个整数
8 4
由小到大结果为:4,8
Press any key to continue
```

2. 赋值表达式

赋值运算符构成的式子就是赋值表达式，一个表达式也是有值的。赋值表达式的值是赋值完成后左侧变量的值。例如

x=(y=10);   //先计算(y=10)，该表达式的值为 10，再将其赋值给 x，x 的值变为 10

要注意，赋值运算是右结合的，因此上例写法中的括号可以去掉，这使得赋值运算的

写法与数学中的写法有相似之处。例如

```
a=b=c;          //等价于 a=(b=c)，结果是 a、b、c 的值均相同
```

换一个角度来说，赋值运算的这种写法也决定了其不可能是左结合的，因为如果将 a=b=c 理解为(a=b)=c，那么就变成了表达式=变量，其中的(a=b)是一个表达式，不能作为左值使用。

3．复合赋值运算符

在赋值运算符的前面加上其他运算符就构成了复合赋值运算符，其一般形式为：

```
E1 op= E2
```

其中，E1 是一个左值，E2 是表达式，op 是其他运算符。该形式可以等价为：

```
E1 = E1 op (E2)
```

例如，x+=10 等价于 x=x+10。方法是将"="左侧的式子移到"="右侧，再在"="的左侧补上变量名 x，这个过程可以按图 2.8 来理解。

$$x+=10 \implies x=x+10$$

图 2.8　复合赋值运算的等价变换

在展开的过程中，若 E2 表达式比较复杂，则可能还需要加上括号。例如，a%=b+5 等价于 a=a%(b+5)，如果理解成 a=a%b+5 就错了。复合赋值运算符的优先级与结合性都与赋值运算符的相同，试着理解下面的写法：

a+=a-=a*=a

复合赋值运算符的写法有利于编译，能产生质量较高的目标代码，使程序更加精炼；但若层次过多，反而不利于阅读。

2.3.4　数据类型的转换

1．算术运算中的数据类型转换

在 C 语言中，不同类型的数据，其存储字节数不同，具体的存储格式也不同，很难想象它们该如何一起运算。所以，在进行算术运算时，相同类型数据的计算结果一般为相同类型。不同类型的数据需要转换为相同类型才能计算。这种将不同类型的数据转换为相同类型的数据是由 C 语言的编译系统自动完成的，转换的方向如图 2.9 所示。

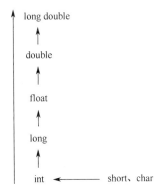

图 2.9　算术运算中的数据类型自动转换的方向

图 2.9 中的横向箭头表示必定执行的转换，纵向箭头则表示数据类型的转换趋势。转换的原则为：就高不就低，按数据长度增加的方向进行，以保证精度不降低。具体规则如下：

（1）浮点数的运算根据精度的高低（long double 型 > double 型 > float 型）按顺序进行转换。例如，当 long double 型数据和 double 型数据一起运算时，将 double 型数据转换为 long double 型数据；当 long double 型数据和 float 型数据一起运算时，将 float 型数据转换为 long double 型数据。

（2）整数和浮点数一起运算时，将整数转换为浮点数。

（3）整数 int 型和 long 型一起运算时，将 int 型转换为 long 型。

（4）char 型和 short 型参与运算时，必须先转换成 int 型。

若考虑无符号整型，则数据类型之间的转换会比较复杂，此时主要问题是，有符号整型数据和无符号整型数据之间的比较运算要取决于编译系统的实现方式。大致上，考虑无符号整型数据的转换规则如下：若两种数据类型的字节数不同，则转换为字节数长的数据类型；若两种数据类型的字节数相同，且一种有符号，一种无符号，则转换为无符号型。若考虑程序的可移植性，应尽量避免使用无符号型数据。

例如：设有如下变量说明

```
int a=3;
double b=2.0;
float c=11.0;
```

有表达式：10+'A'+a*b-c/5.0。其运算顺序及发生的数据类型转换解释如下：

（1）计算 10+'A'，将'A'转换为 int 型，结果为 int 型，值为 75。

（2）计算 a*b，将变量 a 转换为 double 型，结果为 double 型，值为 6.0。

（3）将第（1）步的结果加上第（2）步的结果：75+6.0，将 75 转换为 double 型，结果为 double 型，值为 81.0。

（4）计算 c/5.0，常量 5.0 是 double 型，所以将变量 c 转换为 double 型，结果为 double 型，值为 2.2。

（5）将第（3）步的结果减去第（4）步的结果，结果为 double 型，值为 78.8。

2．赋值运算中的数据类型转换

在赋值运算时，右侧表达式的数据类型应该与左侧变量的数据类型保持一致，这样数据才能准确完整地存储到变量中；而当两侧的数据类型不一致时，将会发生数据类型转换，把赋值运算符右侧表达式的数据类型转换为左侧变量的数据类型。

赋值运算中的这种转换是隐式进行的，具体来说有以下几种情况。

（1）int 型与 float 型

➢ 将 int 型转换为 float 型，数值不变，以 float 型的格式存储到变量中。例如，double x=12，将 12 转换为 float 型 12.0，再存储到变量 x 中。

➢ 将 float 型转换为 int 型，舍弃 float 型数据的小数部分，只保留整数部分。例如，int y=3.54，将 3.54 直接取整变为 3，再存储到变量 y 中。

2）float 型与 double 型

➢ 将 float 型转换为 double 型，数值不变，存储空间扩展到 8 字节，有效位数扩展到 15 位。

➢ double 型转换为 float 型，将双精度型转换为单精度型，即只取 7～8 位有效数字（四舍五入），存储到 4 字节中。若数的大小超过 float 型的范围将导致溢出。

（3）int 型与 char 型

➢ 将 int 型转换为 char 型，只保留其最低 8 位，高位部分舍弃，即截取低位 1 字节。

➢ 将 char 型转换为 int 型，将字符的 ASCII 码值扩展为 4 字节的整数赋值给整型变量。

例如：

```
char c=322;
printf("%d,%c\n",c,c);
```

【运行结果】

66,B
Press any key to continue

【程序分析】

整型常量 322 已经超过了字符型数据的范围 0～255，有效数值超过 1 字节。若截取其低位 1 字节，则舍弃其高位部分后就造成数据的变化，如图 2.10 所示。

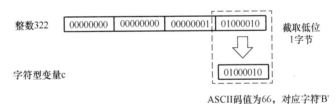

图 2.10　int 型转换为 char 型

（4）int 型与 short 型

➢ int 型数据赋给 short 型变量时，将低 16 位值送给 int 型变量，而将高 16 位截断舍弃，即截取低位 2 字节。

➢ 将 short 型数据送给 int 型变量时，数值不变，变为 4 字节的整型格式存储。

注意：在进行截取操作时，若转换后的数据是带符号的，而截取后的二进制数最高位又为 1，则将按照负数的补码形式来理解其数值大小。

例如：

```
short x=131067;
printf("%d\n",x);
```

【运行结果】

−5
Press any key to continue

【程序分析】

整数 131067 大于 2 字节整型数据的最大值 32767，此时截取操作将 int 型转换为 short 型，如图 2.11 所示。

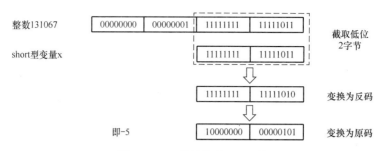

图 2.11　int 型转换为 short 型

（5）signed 整型与 unsigned 整型

当两者字节长度一样时，相互赋值都不改变其内存中的存储格式，只是根据读取方式不同，有可能会显示不同的数值。主要原因在于，signed 整型第 1 位为符号位，若该位为 1，则理解为负数，按补码转换得到其值大小；而 unsigned 整型无符号位，所有二进制位皆为数值，按非负数理解其数值大小。

例如：

```
signed short x;
unsigned short y = -1;
x=y;
printf("y=%u\n",y);
printf("x=%d\n",x);
```

【运行结果】
y=65535
x=-1
Press any key to continue

【程序分析】

将整型常量-1 赋值给 signed short 型变量 y，按照截取操作，y 得到了 16 位的 1，即 2 字节的 1；将 y 赋值给 x，字节大小相同，故两者在内存中的存储格式完全一样；按无符号理解是 65535，按有符号理解是-1，如图 2.12 所示。

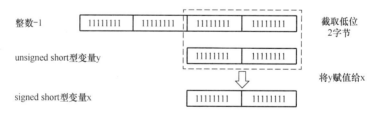

图 2.12　signed 整型与 unsigned 整型的转换

在各种整型的相互转换中，当字节数长的赋值给字节数短的变量时，按截取操作确定其存储的二进制数形式；有符号和无符号的转换，要注意有符号第 1 位是符号位，若符号位为 1，则表示负数，且负数以补码形式存储。这些情况都很容易导致对数据的错误理解，编程时应尽量避免。

3. 强制数据类型转换

算术运算中的数据类型转换和赋值运算中的数据类型转换都属于隐式转换，这些转换由编译系统完成，必须按照相应的规则来理解。如果想明确地将数据转换为想要的类型，那么可以使用强制数据类型转换。

强制数据类型转换是通过类型转换运算符来实现的，其一般形式为：

（类型说明符）（表达式）

功能：把表达式的运算结果强制转换为类型说明符所规定的类型。

使用强制转换时需注意以下两个问题：

（1）类型说明符必须加括号。若表达式不加括号，则强制转换只对紧跟其后的一项进行。这里要将强制转换当成一元运算符来理解，在解读时也需按照其优先级和结合性来解读表达式。例如，(int)(x+y)对 x+y 的和强制转换为整型，而(int)x+y 则只将 x 强制转换为整型。

（2）强制转换不会改变其对象的原本类型，只是得到一个转换后的中间结果。例如：

```
float x=5.0;
int y;
y=(int)x/2;              //y 的值为 2，x 依然是 float 型，值为 5.0
```

使用强制转换可以使计算的目的性更加明确。有时，为使某些运算能被正确执行，可以将强制转换作为一种保证。例如：

```
(int)x%(int)y            //x，y 即使为浮点数也可执行
if ((int)sqrt(a)==3)     //标准数学函数的返回值为 double 型，转换成 int 型才能直接比较
```

2.3.5　逗号运算

逗号在程序书写时一般作为分隔符来使用，但在 C 语言中，逗号也是一个运算符，可以构造逗号表达式。逗号表达式的形式一般为：

```
E1 , E2 , E3 , … , En
```

【说明】

（1）E1，E2，E3，…，En 可以是其他各种形式的表达式。

（2）其功能是从左往右顺序执行每一项，且以最后一项的值作为整个逗号表达式的值。

（3）逗号运算符是优先级最低的运算符。

逗号表达式用法示例如下：

```
a = 3 * 5, a * 4        //a=3*5 是逗号表达式的第 1 项，整个逗号表达式的值为 a*4，即 60
b = ( a = 3, 6 * 3 )    //赋值表达式，将逗号表达式(a=3,6*3)的值 18 赋值给变量 b
```

需要注意，逗号在变量声明语句、函数调用中是作为分隔符使用的，例如：

```
int a,b,c;              //同时定义多个变量，用逗号分隔
scanf("%f%f%f",&f1,&f2,&f3);     //函数的各个参数之间用逗号分隔
```

2.3.6　位运算

位运算是指以二进制位为单位进行的运算，只能用于整型数据，位运算的计算方法如下：

（1）先将数据转换为二进制数；

（2）然后进行相应的位运算；

（3）再将结果转换为十进制数得到输出后的结果。

注意：负数在计算机中是以补码形式存储的，负数的位运算以补码二进制数形式进行；反之，若二进制数结果的符号位为 1，则按负数的补码形式理解。

C 语言中的位运算符如表 2.6 所示。

表 2.6　位运算符

运算符	含义	单双目	运算符	含义	单双目
～	取反	单目	&	按位与	双目
<<	左移	双目	^	按位异或	双目
>>	右移	双目	|	按位或	双目

1. 取反运算

取反运算符"～"是单目运算符，其功能是，对操作数的二进制数形式的每一位取反（0 变成 1，1 变成 0）。

例如

```
printf("%d\n",～3);
```

【运行结果】

-4
Press any key to continue

【程序分析】

取反运算的过程如图 2.13 所示。

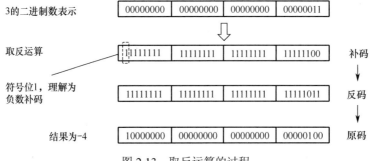

图 2.13　取反运算的过程

2. 左移运算

左移运算符"<<"是双目运算符，左边是移位对象，右边是整型表达式，其表达式的结果表示左移的位数。左移运算的功能是，把移位对象的二进制数形式左移若干位，低位补 0，高位舍弃。

例如：

```
printf("%d\n",3<<2);
```

【运行结果】

12
Press any key to continue

【程序分析】

将一个二进制正数左移，相当于小数点右移，所以 3<<2 可以理解为 $3 \times 2^2 = 12$，具体过程如图 2.14 所示。

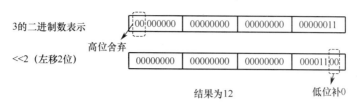

图 2.14 左移运算的过程

负数的左移运算可参照上面过程进行，此时要注意其二进制数形式是补码，需转换计算其真实值，如-3<<2 的结果为-12。

3．右移运算

右移运算符"＞＞"是双目运算符，左边是移位对象，右边是整型表达式，该表达式的结果表示右移的位数。其功能是，把移位对象的二进制数形式右移若干位，移出的低位舍弃，而高位有以下两种处理方法：

（1）对无符号数和有符号数中的正数，补 0；

（2）有符号数中的负数取决于编译系统，补 0 的称为"逻辑右移"，补 1 的称为"算术右移"。

例如：

```
printf("%d\n",11>>2);
```

【运行结果】
2
Press any key to continue
【程序分析】

将一个二进制正数右移，相当于小数点左移，所以 11<<2 可以理解为 $11×2^{-2}=2$（结果取整），具休过程如图 2.15 所示。

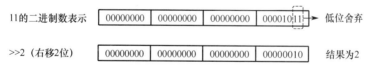

图 2.15 右移运算的过程

负数的右移运算可参照上面过程进行，此时要注意其二进制数形式是补码，需转换计算其真实值。例如，-11>>2 结果为-3（在 VC++ 2010 中，右移高位补 1）。

4．按位与运算

按位与运算符"＆"是双目运算符，其功能是，按二进制数形式，将参与运算的两个数对应的位进行与逻辑运算。

例如，3＆5，结果为 1，运算过程如图 2.16 所示。

图 2.16 按位与运算的过程

5．按位异或

按位异或运算符"^"是双目运算符，其功能是，按二进制数形式，将参与运算的两个数对应的位进行异或逻辑运算（相同为 0，不同为 1）。异或运算的运算法则如下：

0^0=0　　0^1=1　　1^0=1　　1^1=1

例如，27|53，结果为 46，运算过程如图 2.17 所示。

```
        00000000  00000000  00000000  00011011    27的二进制数表示
  ^)    00000000  00000000  00000000  00110101    53的二进制数表示
        ────────────────────────────────────────
        00000000  00000000  00000000  00101110    结果为46
```

图 2.17　按位异或运算的过程

6．按位或运算

按位或运算符"|"是双目运算符，其功能是，按二进制数形式将参与运算的两个数对应的位进行或逻辑运算。

例如，3|9，结果为 11，运算过程如图 2.18 所示。

```
        00000000  00000000  00000000  00000011    3的二进制数表示
  |)    00000000  00000000  00000000  00001001    9的二进制数表示
        ────────────────────────────────────────
        00000000  00000000  00000000  00001011    结果为11
```

图 2.18　按位或运算的过程

2.3.7　sizeof 运算

sizeof 是一个用字符形式表示的单目运算符，同时也是 C 语言的关键字。其形式一般为：sizeof(操作数)，但它并不是函数。其功能是给出括号内操作数的存储字节数。sizeof 的操作数一般有以下 7 种形式：

（1）数据类型：形如 sizeof(类型)，结果为该类型的存储字节数。

（2）变量：形如 sizeof(变量)，结果为该变量的存储字节数。

（3）表达式：形如 sizeof(表达式)，结果为该表达式的结果类型的存储字节数。

（4）指针：结果为指针变量的存储字节数。

（5）数组名：结果为数组的总存储字节数。

（6）结构体：结果为其成员类型的总存储字节数，包括补充字节在内。

（7）共用体：结果为其最大字节成员的存储字节数。

例 2.9　sizeof 运算示例。

```
#include<stdio.h>
int main( )
{
int a=5;
float x=1.2,y=3.4;
printf("%d\n",sizeof(int));              //在VC++ 2010 环境下，其值为 4
```

```
printf("%d\n",sizeof(long long int));    //在 VC++ 2010 环境下，其值为 8
printf("%d\n",sizeof(long double));      //在 VC++ 2010 环境下，其值为 8
printf("%d\n",sizeof(x+y));              //表达式结果为 float 型，值为 4
printf("%d\n",sizeof(3.0/a));            //表达式结果为 double 型，值为 8
printf("%d\n",sizeof("abc"));            //字符串要计算结尾标记'\0'，值为 4
return 0;
}
```

习题 2

一、单项选择题

1. 以下不合法的用户标识符是（　　）。

A. j2_KEY   B. Double   C. 4d   D. _8_

2. 按照 C 语言规定的用户标识符命名规则，不能出现在标识符中的是（　　）。

A. 大写字母   B. 连接符   C. 数字字符   D. 下画线

3. 以下选项中合法的标识符是（　　）。

A. 1_1   B. 1-1   C. _11   D. 1_ _

4. 以下选项中，能用作数据常量的是（　　）。

A. o115   B. 0118   C. 1.5e1.5   D. 115L

5. 以下不合法的数值常量是（　　）。

A. 011   B. 1e1   C. 8.0E0.5   D. 0xabcd

6. 以下合法的字符型常量是（　　）。

A. '\x13'   B. '\018'   C. "65"   D. "\n"

7. 以下不合法的字符常量是（　　）。

A. '\018'   B. '\"'   C. '\\'   D. '\xcc'

8. 以下选项中能表示合法常量的是（　　）。

A. 整数：1,200   B. 实数：1.5E2.0

C. 字符斜杠：'\'   D. 字符串："\007"

9. C 程序中不能表示的数制是（　　）。

A. 二进制   B. 八进制   C. 十进制   D. 十六进制

10. 以下选项中正确的定义语句是（　　）。

A. double a;b;   B. double a=b=7;

C. double a=7,b=7;   D. double ,a,b;

11. 若函数中有定义语句：int k;，则（　　）。

A. 系统将自动给 k 赋初值 0   B. 这时 k 中的值无意义

C. 系统将自动给 k 赋初值-1   D. 这时 k 中无任何值

12. 以下关于 long、int 和 short 型数据占用内存大小的叙述中正确的是（　　）。

A. 均占 4 字节   B. 根据数据的大小来决定所占内存的字节数

C. 由用户自己定义   D. 由 C 语言编译系统决定

13. 表达式(int)((double)9/2)−9%2 的值是（　　　）。

A. 0　　　　　　B. 3　　　　　　　　C. 4　　　　　　　　D. 5

14. 表达式 3.6−5/2+1.2+5%2 的值是（　　　）。

A. 4.3　　　　　　B. 4.8　　　　　　C. 3.3　　　　　　D. 3.8

15. 设有定义："int k=0;"，以下选项的 4 个表达式中与其他 3 个表达式的值不相同的是（　　　）。

A. k++　　　　　B. k+=1　　　　　C. ++k　　　　　D. k+1

16. 已知大写英文字母 A 的 ASCII 码值是 65，小写英文字母 a 的 ASCII 码值是 97，以下不能将变量 c 中的大写英文字母转换为对应小写英文字母的语句是（　　　）。

A. c=(c−'A')%26+'a'　　　　　　　B. c=c+32

C. c=c−'A'+'a'　　　　　　　　　　D. c=('A'+c)%26−'a'

17. 若变量均已正确定义并赋值，以下合法的 C 语言赋值语句是（　　　）。

A. x=y=5;　　　　　　　　　　　　B. x=n%2.5;

C. x+n=m;　　　　　　　　　　　　D. x=5=4+1;

18. 表达式 a+=a−=a=9 的值是（　　　）。

A. 9　　　　　B. −9　　　　　C. 18　　　　　D. 0

19. 设有定义 "int x=2;"，以下表达式中，值不为 6 的是（　　　）。

A. x*=x+1　　　　　　　　　　　　B. x++,2*x

C. x*=(1+x)　　　　　　　　　　　D. 2*x,x+=2

20. 设变量已正确定义并赋值，以下正确的表达式是（　　　）。

A. x=y*5=x+z　　　　　　　　　　B. int(15.8%5)

C. x=y+z+5,++y　　　　　　　　　D. x=25%5.0

21. 有以下程序

```
#include <stdio.h>
main()
{ int a=1,b=0;
  printf("%d,",b=a+b);
  printf("%d",a=2*b);
}
```

运行后的输出结果是（　　　）。

A. 0,0　　　　　　B. 1,0　　　　　　C. 3,2　　　　　　D. 1,2

22. 有以下程序

```
#include <stdio.h>
main()
{ char c1,c2;
  c1='A'+'8'-'4';
  c2='A'+'8'-'5';
  printf("%c,%d\n",c1,c2);
}
```

已知大写英文字母 A 的 ASCII 码值为 65，程序运行后的输出结果是（　　　）。

A. E,68　　　　　　B. D,69　　　　　C. E,D　　　　　　D. 输出无定值

23. 有以下程序，其中 k 的初值为八进制数

```
#include <stdio.h>
main()
{  int k=011;
   printf("%d\n",k++);
}
```

运行后的输出结果是（   ）。

A. 12   B. 11   C. 10   D. 9

24. 有以下程序

```
main()
{  int x,y,z;
   x=1;y=1 ;
   z= x++,y++,++y;
   printf("%d,%d,%d\n",x,y,z);
}
```

运行后的输出结果是（   ）。

A. 2，3，3   B. 2，3，2

C. 2，3，1   D. 2，2，1

25. 有以下程序

```
main()
{  unsigned char  a, b;
   a=7^3;
   b= ~4 & 3;
   printf("%d %d ",a,b); }
```

运行后的输出结果是（   ）。

A. 4 3   B. 7 3   C. 7 0   D. 4 0

26. 整型变量 x 和 y 的值相等，且为非 0 值，则以下选项中结果为零的表达式是（   ）。

A. x‖y   B. x|y   C. x & y   D. x^y

27. 有以下程序

```
main( )
{  unsigned char a,b;
   a=4|3;
   b=4&3;
   printf("%d %d ",a,b); }
```

运行后的输出结果是（   ）。

A. 7 0   B. 0 7   C. 1 1   D. 43 0

28. 有以下程序

```
main()
{  unsigned char a,b,c;
   a=0x3;
   b=a|0x8;
   c=b<<1;
```

```
    printf("%d%d ",b,c);    }
```

运行后的输出结果是（　　）。

A. -11 12　　　　B. -6 -13　　　　C. 12 24　　D. 11 22

29. 有以下程序

```
main()
{ char  x=040;
  printf("%0 ",x<<1);}
```

运行后的输出结果是（　　）。

A. 100　　　　　B. 80　　　　　C. 64　　　　　D. 32

30. 设有语句：char a=3,b=6,c; c=a^b<<2;，则 c 的二进制数是（　　）。

A. 00011011　　　B. 00010100　　　C. 00011100　　　D. 00011000

二、填空题

1. 表达式(int)((double)(5/2)+2.5)的值是＿＿。

2. 设变量已被正确定义为整型，则表达式 n=i=2,++i,i++的值为＿＿。

3. 以下程序运行后的输出结果是＿＿。

```
main()
{  int m=011,n=11;
   printf("%d  %d\n",++m,n++);
}
```

4. 以下程序的功能是将值为三位正整数的变量 x 中的数值按照个位、十位、百位的顺序拆分并输出。请按要求填空。

```
#include<stdio.h>
main()
{  int x=256;
   printf("%d-%d-%d\n",____,x/10%10,x/100);
}
```

5. 以下程序运行后的输出结果是＿＿。

```
#include<stdio.h>
main()
{  int a=200,b=010;
   printf("%d%d\n",a,b);
}
```

第3章

数据的输入和输出

3.1 单个字符的输入和输出

在 C 标准库函数中，函数 getchar()和函数 putchar()专门用来输入和输出单个字符。

3.1.1 函数 getchar()

函数 getchar()的功能是接收用户从键盘输入的单个字符。调用函数 getchar()前，必须使用如下文件包含指令：

```
#include<stdio.h>或者#include"stdio.h"
```

函数 getchar()的一般使用形式如下：

```
变量=getchar();
```

例如：

```
char ch=getchar();
```

该条语句的功能是，从键盘输入单个字符，并将该字符存储到变量 ch 中。值得注意的是，当调用函数 getchar()时，用户从键盘输入的字符会先暂时存放到一个输入缓冲区中（不论用户输入多少个字符，都按输入顺序存放到这个输入缓冲区中），直到用户输入回车符为止；同时回车符也会被存放到这个输入缓冲区中。而函数 getchar()在用户输入结束后（用户按下回车键后）才从该输入缓冲区中读取一个字符，即输入缓冲区中的第一个字符。若多次调用函数 getchar()，则依次从该输入缓冲区中读取一个字符。

例如，在上一条语句"char ch=getchar();"中，若用户从键盘依次输入字符'a','b','c'及回车符，则变量 ch 中存储的是字符'a'；若用户直接从键盘输入回车符，则变量 ch 中存储的是回车符。

又如，有如下语句：

```
char ch1=getchar();
char ch2=getchar();
char ch3=getchar();
```

在程序运行时，若用户从键盘依次输入字符'a','b','c'及回车符，则变量 ch1,ch2,ch3 中依次存储字符'a','b','c'。若用户从键盘依次输入字符'a','b'及回车符，则变量 ch1,ch2,ch3 中依次存储字符'a','b',回车符。

3.1.2 函数 putchar()

函数 putchar()的功能是输出单个字符到屏幕当前光标位置。同样，在调用函数 putchar()

前，也必须使用以下文件包含指令：

```
#include<stdio.h>或者#include"stdio.h"
```

函数 putchar()的一般使用形式如下：

```
putchar(字符型变量);//输出变量对应的字符
```

或者

```
putchar(字符常量);//注意字符常量包括用单引号括起来的单个字符和转义字符
```

例如：

```
char ch='a';
    putchar(ch);   //输出字符'a'，不包括单引号
    putchar('\n'); //换行
```

例 3.1　写出下程序的运行结果。

```
#include"stdio.h"
void main()
{
    char ch='a';
    putchar(ch);
    putchar('\t');
    putchar(ch+1);
    putchar('\n');
}
```

【运行结果】

```
a       b
请按任意键继续. . .
```

【程序分析】

第一个 putchar()输出字符'a'；第二个 putchar()中的'\t'表示水平制表位，即光标从当前位置移动到下一个输出区（通常一个输出区宽带默认为 8）；第三个 putchar()输出字符'a'后面的一个字符，即字符'b'；最后一个 putchar()中的'\n'表示换行，即光标从当前位置移动到下一行。

例 3.2　从键盘上输入一个英文字母，输出其对应的英文字母。

```
#include"stdio.h"
void main()
{
    char ch;
    printf("Please input a character\n");
    ch=getchar();
    putchar(ch-32);
    putchar('\n');
}
```

【运行结果】

```
Please input a character
g
G
请按任意键继续. . .
```

【程序分析】

程序运行时，首先输入小写英文字母 g，接着通过调用函数 putchar()，输出对应大写英文字母 G；小写英文字母转换为大写英文字母即将其 ASCII 码值减去 32；最后换行。

3.2　数据的格式化输出和输入

在 3.1 节中，函数 getchar() 和函数 putchar() 是 C 标准函数库中专门用于处理单个字符的输入和输出函数。在 C 标准函数库中同时也提供了标准输出函数 printf() 和标准输入函数 scanf()。通过这两个函数，C 语言为用户提供了丰富的输入和输出方式。

在调用函数 printf() 和函数 scanf() 前，都必须使用如下文件包含指令：

```
#include<stdio.h>或者#include"stdio.h"
```

3.2.1　数据的格式化输出

函数 printf() 又称为格式化输出函数，该函数可以将指定数据按照用户指定的格式输出到屏幕上。

1. 使用函数 printf() 直接输出字符串

一般使用形式为：

```
printf(字符串);
```

这种形式用于直接输出字符串，即直接输出双引号中的字符串内容（不包括双引号）。主要用来输出程序中的提示信息。

例如

```
printf("Please input a character\n");
```

直接输出双引号中的字符串内容，最后的转义字符'\n'直接转换为换行，将光标从当前位置移动到下一行。

```
Please input a character
```

例 3.3　写出下列程序的运行结果。

```
#include"stdio.h"
void main()
{
    printf("xyz");
    printf("456\n");
    printf("mn\t");
    printf("78");
}
```

【运行结果】

```
xyz456
mn              78请按任意键继续...
```

【程序分析】

第一个 printf() 语句直接输出 xyz，并且该字符串末尾没有添加任何转义字符。第二个 printf() 语句紧接着输出 456，但是由于第二个字符串"456\n"包含一个转义字符'\n'，因此光标从当前位置跳转到下一行起始处，也就是第二行开始的位置。第三个 printf() 语句输出 mn，同样因为第三个字符串"mn\t"中包含一个转义字符'\t'，所以光标从当前位置跳转到下一个输出区。第四个 printf() 语句输出 78，注意此处并没有换行。

例 3.4　输出学生成绩管理系统主菜单。

```
#include"stdio.h"
void main()
{
    printf("\t******************************************\n");
    printf("\t\t 学生管理系统\n");
    printf("\t1.录入学生信息\n");
    printf("\t2.查询学生信息\n");
    printf("\t3.修改学生信息\n");
    printf("\t4.删除学生信息\n");
    printf("\t5.其他功能\n");
    printf("\t0.退出系统\n");
    printf("\t******************************************\n");
    printf("\t 请输入您的选择（0～5):\n");
}
```

【运行结果】

【程序分析】

整个菜单的输出通过函数 printf()输出字符串来实现，并且使用转义字符'\t'、'\n'控制输出、对齐及换行，从而使得整个菜单整齐、有序。

2. 使用函数 printf()按照指定格式输出

一般使用形式如下：

```
printf("格式控制字符串",输出表列);
```

使用这种形式可以将"输出表列"中的数据按照"格式控制字符串"的要求输出到屏幕上。

（1）格式控制字符串

格式控制字符串是使用双引号括起来的字符串，用来指定输出形式。格式控制字符串通常由格式说明符和普通字符组成。其中格式说明符由%开头，以普通字符结束，用来指定数据的输出格式。常用的格式说明符及意义如表 3.1 所示。

表 3.1　常用的格式说明符及意义

格式说明符	类型	意义
%d	int、char	以带符号的十进制整数形式输出（正数符号省略）
%f	float、double	以十进制小数形式输出（默认输出 6 位小数）
%c	char、int	以单个字符形式输出
%s	字符串	以字符串形式输出（双引号省略）

在输出时，根据函数 printf()中的格式控制字符串将输出表列中的数据按照格式说明符的指定形式输出；而格式控制字符串中的普通字符则原样输出。其中普通字符指字符常量，包括字母、数字、标点符号、转义字符等。普通字符通常用于给出提示信息等。

（2）输出表列

输出表列是需要输出的数据项的列表。输出数据项可以是常数、变量，也可以是表达式。在输出表列中可以包含多个数据项，多个数据项之间使用逗号分隔。值得注意的是，数据项在数量和类型上必须与格式说明符一一对应。

例如：

```
printf("%d",a);              //以十进制整数形式输出整型变量 a 的值
    printf("sum=%d\n",a+b);   //普通字符 sum=原样输出
                             //以十进制整数形式输出表达式 a+b 的和
                             //转义字符\n，输出换行
    printf("%c,%d,%f",a,b,c); //多个数据项之间使用逗号分隔
```

例 3.5　写出下列程序的运行结果。

```c
#include"stdio.h"
void main()
{
    int a=3,b=4;
    printf("%d%d\n",a,b);
    printf("%d,%d\n",a,b);
    printf("%d\t%d\n",a,b);
    printf("%d+%d=%d\n",a,b,a+b);
}
```

【运行结果】

```
34
3,4
3       4
3+4=7
请按任意键继续. . .
```

【程序分析】

在本例中，定义了两个整型变量 a 和 b，并且分别赋初值 3 和 4。第一个 printf 语句依次输出变量 a 和变量 b 的值，因为格式控制字符串"%d%d\n"中两个%d 之间不包含普通字符，所以变量 a 和变量 b 的值连续输出，并且输出变量 b 的值后需要换行。第二个 printf 语句的格式控制字符串"%d, %d\n"中两个%d 之间有普通字符","，所以在输出变量 a 的值 3 后，原样输出逗号，再输出变量 b 的值，然后换行。同理第三个 printf 语句，由于两个%d 之间有转义字符"\t"，因此在输出变量 a 的值后，光标从当前位置跳转到下一个输出区，然后输出变量 b 的值，接着换行。第四个 printf 语句的格式控制字符串中第一个%d 指定按照十进制整数形式输出变量 a 的值，"+"为普通字符原样输出，第二个"%d"指定按照十进制整数形式输出变量 b 的值，"="为普通字符原样输出，第三个"%d"指定按照十进制整数形式输出表达式 a+b 的值，最后换行。

例 3.6　写出下列程序的运行结果。

```c
#include"stdio.h"
void main()
{
```

```
    int  a=65;
    char ch=a+32;
    printf("%d,%d\n",a,ch);
    printf("%c,%c\n",a,ch);
}
```

【运行结果】

```
65,97
A,a
请按任意键继续...
```

【程序分析】

在本例中，定义一个值为 65 的整型变量 a，以及一个字符型变量 ch，值为 a+32（65+32=97）。第一个 printf 语句指定按照十进制整数形式分别输出变量 a 和变量 ch 的值，并使用逗号分隔；由于 ch 为字符型变量，因此这里输出 ch 的 ASCII 码值为 97。第二个 printf 语句按照指定字符形式输出变量 a 和变量 ch 的值，使用逗号分隔；由于 a 为整型变量，将 a 的值看成对应字符的 ASCII 码值 65，也就是'A'的 ASCII 码值，因此输出'A'。

例 3.7 写出下列程序的运行结果。

```
#include"stdio.h"
void main()
{
    float x=3.14,y=567.175;
    double z=567.175
    printf("x=%f\n",x);
    printf("x=%d\n",x);
    printf("y=%f\n",y);
printf("z=%f\n",z);
}
```

【运行结果】

```
x=3.140000
x=1610612736
y=567.174988
z=567.175000
请按任意键继续...
```

【程序分析】

在本例中，定义两个 float 型变量 x 和 y。第一个 printf 语句以十进制小数形式输出变量 x 的值，默认输出 6 位小数。第二个 printf 语句以十进制整数形式输出变量 x 的值，由于格式说明符和变量 a 类型不匹配，因此输出错误。第三个 printf 语句以十进制小数形式输出变量 y 的值，这里输出的是变量 y 的近似值。注意，在 C 语言中 float 型的有效位数是 6 位或 7 位（小数点也包含在内），由于 y 的整数部分有 3 位，因此小数部分只能有 3 位或 4 位有效数字；而以%f 形式输出时，小数点后默认输出 6 位小数，那么这时显示的就是一个近似值，小数点最后 3 位可能就是无效数字。第四个 printf 语句以十进制小数形式输出变量 z 的值；虽然定义时变量 y 和变量 z 的值都是 567.175，但是由于变量 z 为 double 型，有效位数是 16 位，因此其小数点后的 6 位小数全部为有效位数。

除了表 3.1 中列出的常用的格式说明符，还有一些其他的格式说明符，具体如表 3.2 所示。

表 3.2　其他格式说明符及意义

格式说明符	意义
o	以八进制数形式输出无符号整数
x	以十六进制数形式输出无符号整数
u	以无符号数形式输出十进制整数
e	以指数形式输出单精度或者双精度实数

例 3.8　写出下列程序的运行结果。

```c
#include"stdio.h"
void main()
{
    int x=12;
    float y=2.68;
    printf("x=%d\n",x);
    printf("x的八进制数形式：%o\n",x);
    printf("x的十六进制数形式：%x\n",x);
    printf("y=%f\n",y);
    printf("y的指数形式：%e\n",y);
}
```

【运行结果】
```
x=12
x的八进制数形式：14
x的十六进制数形式：c
y=2.680000
y的指数形式：2.680000e+000
请按任意键继续. . .
```

【程序分析】

在本例中，前三个 printf 语句分别按照十进制整数、八进制整数、十六进制整数形式输出整数 x 的值；第四个和第五个 printf 语句分别按照小数形式和指数形式输出 float 型 y 的值。

（3）格式修饰符

在函数 printf()的格式控制字符串中，除了常用的格式说明符，还可以使用格式修饰符对格式进行微调，如指定数据宽度、显示精度（指定小数位数）、对齐方式（左对齐或右对齐）等，具体如表 3.3 所示。

表 3.3　格式修饰符及意义

格式修饰符	意义
m	右对齐，并指定输出数据项的宽度（所占列数） 若数据项宽度大于 m，则按实际位数输出 若数据项宽度小于 m，则右对齐，左补空格
-m	左对齐，并指定输出数据项的宽度（所占列数） 若数据项宽度大于 m，则按实际位数输出 若数据项宽度小于 m，则左对齐，右补空格
m.n	指定输出数据项宽度及小数位数

例 3.9 写出下列程序的运行结果。

```c
#include"stdio.h"
void main()
    int a=123456,b=89;
    float x=3.1485;
    printf("%2d\n",a);
    printf("%5d\n",b);
    printf("%-5d\n",b);
    printf("%f\n",x);
    printf("%7.2f\n",x);
    printf("%.2f\n",x);
}
```

【运行结果】

```
123456
   89
89
3.148500
   3.15
3.15
请按任意键继续...
```

【程序分析】

第一个 printf 语句指定输出宽度为 2 列（%2d），而变量 a 实际宽度为 6 列，当实际宽度大于指定宽度时，按照实际宽度输出。第二个 printf 语句指定输出宽度为 5 列（右对齐），而变量 b 实际宽度为 2 列，当实际宽度小于指定宽度时，左补空格、右对齐输出，因此 89 前面有 3 个空格。第三个 printf 语句指定输出宽度为 5 列（左对齐），而变量 b 的实际宽度为 2 列，小于指定宽度，因此左对齐输出 89 后，右补 3 个空格输出。第四个 printf 语句按十进制小数形式输出变量 x，%f 形式默认输出小数位数为 6。第五个 printf 语句指定输出宽度为 7（左对齐），小数位数为 2；将变量 y 的小数四舍五入为 2 位小数（四舍五入后变量 y 的值为 3.15），实际宽度为 4（包含小数点），小于指定宽度 7，因此左补 3 个空格，右对齐输出 3.15。第六个 printf 语句省略了输出宽度，要求保留两位小数，即保留两位小数后，按照实际宽度输出即可。通常可以采用%m.n 形式来控制输出实数的小数位数。

除了表 3.3 中的格式修饰符，还可以用小写英文字母 l 来修饰格式说明符 d、f 等：%ld 用于输出 long 型数据；%lf 和%f 一样，都表示以十进制小数形式输出单精度（或双精度）实数，且默认输出小数点后 6 位。

3.2.2 数据的格式化输入

函数 scanf()又称为格式化输入函数，该函数可以让用户按照指定格式输入数据并将数据存储到指定变量中。

函数 scanf()的一般使用形式：

```c
scanf("格式控制字符串", 变量地址表列);
```

1. 格式控制字符串

常用的格式说明符及意义如表 3.4 所示。

表 3.4　常用的格式说明符及意义

格式说明符	意义
%d	输入十进制整数
%f	以小数形式输入单精度实数
%lf	以小数形式输入双精度实数
%c	输入单个字符（单引号省略）

在输入时，根据函数 scanf()中的"格式控制字符串"中的指定形式输入数据，并将数据一一存储到对应的变量地址中。在函数 scanf()的格式控制字符串中也可以包含普通字符，普通字符与函数 printf()处理的方法一样，按照原样输入；但是此处建议在使用函数 scanf()输入数据时不要添加普通字符，以免输入格式错误，影响输入数据的正确性。

2．变量地址表列

变量地址表列是由若干个变量的地址组成的列表，地址与地址之间使用逗号分隔。变量地址由地址运算符&和变量名组成，如&a 表示变量 a 的地址。值得注意的是，格式控制字符串中的格式说明符必须与变量地址一一对应，即格式相同，类型匹配。

例 3.10　写出下列程序的运行结果。

```
#include"stdio.h"
void main()
{
    int a;
    printf("请输入整数 a: ");
    scanf("%d",&a);
    printf("a=%d\n",a);
    printf("a 的相反数为: %d\n",-a);
}
```

【运行结果】

```
请输入整数a: 39
a=39
a的相反数为: -39
请按任意键继续. . .
```

【程序分析】

在本例中，定义一个整型变量 a。第一个 printf 语句输出字符串"请输入整数 a: "，提示用户输入。scanf 语句指定用户输入一个十进制整数，并将其值存储到变量 a 中；当程序运行到 scanf 语句时，当前位置会有一个光标闪动，等待用户从键盘输入，如 请输入整数a: ▂ 。当用户输入整数 39 并按下回车键（39+回车符）后，输入结束。程序继续执行，第二个 printf 语句按照指定格式输出 a 的值；第三个 printf 语句按照指定格式输出 a 的相反数，其中 a 的相反数使用表达式-a 求解。

值得注意的是，当使用 scanf 语句输入数据时，遇到以下三种情况都认为输入结束：

第一种情况，遇到回车符、Tab 或空格符。因此在例 3.10 中，用户输入 39+回车符、39+空格符、39+ Tab 均可。

例 3.11 写出下列程序的运行结果。

```c
#include"stdio.h"
void main()
{
    int a,b;
    printf("请输入整数 a 和 b: ");
    scanf("%d%d",&a,&b);
    printf("a+b=%d\n",a+b);
    printf("a-b=%d\n",a-b);
    printf("a*b=%d\n",a*b);
    printf("平均值=%.2f\n",(a+b)/2.0);
}
```

【运行结果】

```
请输入整数a和b: 13 28
a+b=41
a-b=-15
a*b=364
平均值=20.50
请按任意键继续. . .
```

【程序分析】

在本例中，定义两个整型变量 a 和 b。第一个 printf 语句提示用户输入两个整型变量的值。在 scanf 语句中，使用"%d%d"指定输入两个整型变量，并将其值存储到变量 a 和变量 b 中。由于两个%d 之间没有普通字符，因此在 13 和 28 之间可以使用回车键、空格键或 Tab 键进行分隔；本例中用户输入 13 空格 28 回车，输入完毕后 a=13，b=28。接下来按照指定格式输出 a+b、a-b、a*b 的结果。最后一个 printf 语句要求按照%.2f 的格式输出变量 a 和变量 b 的平均值，即要求输出平均值并且只输出 2 位小数。

第二种情况，可以达到指定输入宽度。

例 3.12 写出下列程序的运行结果。

```c
#include"stdio.h"
void main()
{
    int a,b;
    printf("请输入两个数据: ");
    scanf("%2d%2d",&a,&b);
    printf("a=%d,b=%d\n",a,b);
}
```

【运行结果】

```
请输入两个数据: 123456
a=12,b=34
请按任意键继续. . .
```

【程序分析】

scanf 语句可以使用%md 控制输入数据的宽度，即在输入数据时，自动按照指定宽度从输入数据中截取所需数据。在本例中，使用%2d 指定输入宽度，即截取 2 位整数。因此

a=12，b=34。

第三种情况，遇到非法输入。

例 3.13　写出下列程序的运行结果。

```
#include"stdio.h"
void main()
{
    int a,b;
    printf("请输入两个数据: ");
    scanf("%d%d",&a,&b);
    printf("a=%d,b=%d\n",a,b);
}
```

【程序分析】

（1）在本例中，要求输入两个数，若输入 18 空格 9b 回车，则程序运行结果为

```
请输入两个数: 18 9b
a=18,b=9
请按任意键继续...
```

这是因为当程序从输入数据中读取数据时遇到了非法数据 b，因此第二个被读取的数据就是 9，因此 a=18，b=9。

（2）如果用户输入的数据是 189b 回车，那么结果又会如何呢？此时，程序运行结果为

```
请输入两个数: 189b
a=189,b=-858993460
请按任意键继续...
```

这里由于用户输入了一个非法字符 b 而导致程序输入终止，使得函数 scanf()只正确读取了第一个整数 a=189；而第二个整数因为非法输入（字符'b'和%d 类型不匹配）导致不能读取指定数据项。因此运行结果中 b 的值是错误的。

3．函数 scanf()使用注意事项

（1）多个字符连续输入

在 scanf 语句中可以使用格式说明符%c 输入单个字符，若有多个%c 指定多个字符连续输入，则字符之间不需要任何间隔符。因为间隔符（回车键、空格键、Tab 键也都属于字符）也会被当成单个字符读取。

例 3.14　写出下列程序的运行结果。

```
#include"stdio.h"
void main()
{
    int c1,c2,c3;
    printf("请输入三个字符: ");
    scanf("%c%c%c",&c1,&c2,&c3);
}
```

【程序分析】

（1）当用户输入"abc 回车"时，字符'a'被赋值给变量 c1，字符'b'被赋值给变量 c2，字符'c'被赋值给变量 c3，数据被正确读取并存储到对应的变量中，运行结果为

```
请输入三个字符：abc
c1=a,c2=b,c3=c
请按任意键继续. . .
```

（2）当用户输入"a 空格 b 空格 c 空格回车"时，又会出现什么样的结果呢？此时，运行结果为

```
请输入三个字符：a b c
c1=a,c2= ,c3=b
请按任意键继续. . .
```

从运行结果可以看出，变量 c1 的值为字符'a'，变量 c2 的值为空格，变量 c3 的值为字符'b'。这是因为在用户输入"a 空格 b 空格 c 空格回车"时，字符'a'被函数 scanf()用格式说明符%c 正确赋值给变量 c1。然而，字符'a'后面输入的空格字符也被函数 scanf()用%c 赋值给变量 c2，因为空格也是字符。同理，空格后的字符'b'也被函数 scanf()用%c 赋值给了变量 c3。

因此，在使用格式说明符%c 读取字符时，空格键、回车键等转义字符都会被当成有效字符读取。当使用多个格式说明符%c 连续读取字符时，无须使用间隔符。

（2）正确表示变量地址

在函数 scanf()中，第二个参数为变量地址列表。其中，将变量地址表示为取地址符&+变量名的形式，注意取地址符&不可省略。

将例 3.13 中输入语句修改为下面语句，运行程序后会出现什么结果？

例 3.15　写出下列程序的运行结果。（修改输入语句）

```c
#include"stdio.h"
void main()
{
    int a,b;
    printf("请输入两个数据：");
    scanf("%d%d",a,b);     //修改后的输入语句
    printf("a=%d,b=%d\n",a,b);
}
```

当运行程序后，弹出一个对话框，使得程序异常中止，如图 3.1 所示。

图 3.1　程序异常中止

（3）格式说明符与变量地址列表——对应

在函数 scanf()中，格式说明符的类型和个数都必须与变量地址列表——对应，即个数相同，类型匹配。

例 3.16　写出下列程序的运行结果。

```
#include"stdio.h"
void main()
{
    int a;
    printf("请输入整数 a：");
    scanf("%d",&a);
    printf("a=%d\n",a);
}
```

【运行结果】

```
请输入整数 a：34
a=34
请按任意键继续. . .
```

【程序分析】

（1）在本例中，定义整型变量 a，并且在 scanf 语句中使用格式说明符%d 指定数据以十进制整型输入，与变量地址列表列&a 中变量 a 的类型相匹配，正确读入变量 a 的值 34。

（2）将本例中的输入语句修改成如下语句，运行程序后会出现什么结果？

```
scanf("%f",&a);    //此处将格式说明符%d 修改为%f
```

【运行结果】

```
请输入整数 a：34
a=1107820544
请按任意键继续. . .
```

由于 scanf 语句中的格式说明符和变量的类型不匹配，因此不能正确读取数据。

（4）正确输入 double 型数据

在函数 scanf()和函数 printf()中都包含格式控制字符串，其中，格式说明符大部分相同。值得注意的是，在使用函数 scanf()输入时，double 型数据应该使用格式说明符%lf；而 float 数据应该使用格式说明符%f。而在使用函数 printf()输出时，不论是 float 型数据还是 double 型数据，使用格式说明符%f 或%lf 基本没有区别。

3.3　顺序结构程序举例

顺序结构是程序设计的三种控制结构中最简单的一种。使用顺序结构执行程序时，按照语句书写顺序，从上到下依次执行。顺序结构可以用来解决生活中简单的应用问题，如求长方形周长等。在使用顺序结构解决实际问题时，只需按照解决问题的基本步骤，依次写出对应语句。顺序结构大致可以分为定义变量、输入、计算和输出四个步骤。在第一个步骤定义变量中，需要考虑变量的类型及个数。在第二个步骤输入中，通常将实际问题中的"已知值"输入，此处需要正确使用语句 scanf 或函数 getchar()。在第三个步骤计算中，可以使用各种算法和标准库函数快速、便捷地解决实际问题。在最后一个步骤输出中，需要正确使用语句 print 或函数 putchar()清晰地输出结果。

　　例 3.17　从键盘输入长方形的长和宽，输出长方形的面积。

```
#include"stdio.h"
void main()
{
    int a,b,s;//定义变量
    printf("请输入长方形的长和宽：");
    scanf("%d%d",&a,&b);//输入
    s=a*b;//计算
    printf("s=%d\n",s);//输出
}
```

【运行结果】

```
请输入长方形的长和宽：4 8
s=32
请按任意键继续. . .
```

【程序分析】

　　在本例中，要求输入长方形的长和宽并输出其面积，一共涉及 3 个数据：长、宽、面积。其中长和宽由键盘输入，可以视为"已知量"；面积需要求解，视为"未知量"。在对问题进行基本分析后，按照顺序结构程序设计的基本步骤解决问题，依次写出语句。第一步定义变量，定义长、宽和面积。第二步输入，使用 scanf 语句正确输入"已知量"——长和宽的值；在 scanf 语句之前可以使用 printf 语句输出必要提示。第三步计算，根据长方形面积公式计算面积。第四步输出，使用 printf 语句正确输出结果。

　　例 3.18　从键盘输入一个大写英文字母，将其转换为小写英文字母后，输出转换后的小写英文字母及对应的十进制 ASCII 码值。

```
#include"stdio.h"
void main()
{
    char c;//定义变量
    printf("请输入一个大写英文字母：");
    c=getchar();//输入
    c+=32;//计算
    printf("转换后的小写字母为%c,ASCII 码值为%d\n",c,c);//输出
}
```

【运行结果】

```
请输入一个大写英文字母：G
转换后的小写英文字母为g,ASCII码值为103
请按任意键继续. . .
```

【程序分析】

　　在本例中，第一步，定义一个字符型变量 c，既存储输入的大写英文字母，又存储转换后的小写英文字母；第二步，使用函数 getchar()输入单个字符；第三步，利用 ASCII 码值进行大小写英文字母的转换；第四步，使用 printf 语句按照指定格式输出结果。

　　例 3.19　从键盘输入一个三位正整数，按照个位、十位、百位逆序依次输出各位数字。

```
#include"stdio.h"
void main()
{
    int num,x,y,z;//定义变量
    printf("请输入一个三位正整数：");
    scanf("%d",&num);//输入
    //计算
    x=num%10;//个位
    y=num/10%10;  //十位
    z=num/100;  //百位
    printf("逆序输出各位数字：%d%d%d\n",x,y,z);//输出
}
```

【运行结果】

```
请输入一个三位正整数：387
逆序输出各位数字：783
请按任意键继续...
```

【程序分析】

在本例中，第一步，定义 4 个整型变量。其中 num 用来存储输入的三位正整数，变量 x、y、z 分别存储 num 的个位、十位和百位。第二步，使用 scanf 语句输入并给出适当的提示。第三步，利用取模运算%依次求得 num 的个位数和十位数，同时利用整数除法运算求出 num 的百位数。第四步，使用 printf 语句合理地输出结果。

例 3.20　从键盘上输入一个圆的半径 r，计算并输出圆的面积和周长。

```
#include"stdio.h"
#define PI 3.14
void main()
{
    double  r,area,girth;  //定义半径、面积、周长变量
    printf("please input r:");
    scanf("%lf",&r);//输入半径
    area =PI*r*r;//计算面积
    girth =2*PI*r ;//计算周长
    printf("the area is %.2f\n", area);//输出面积
    printf("the girth is %.2f\n", girth);//输出周长
}
```

【运行结果】

```
please input r:3.2
the area is 32.15
the girth is 20.10
请按任意键继续...
```

【程序分析】

在本例中，第一步，在使用函数 main()前将圆周率 PI 定义为符号常量并赋值为 3.14，程序运行时直接使用值 3.14 替代符号常量 PI。将表示半径、周长、面积的变量定义为 double 型。第二步，值得注意的是，在使用 scanf 语句输入半径时，由于半径 r 为 double 型变量，因此格式说明符应当使用"%lf"。第三步，利用面积与周长公式计算出圆的面积和周长。

第四步，在输出结果时，通过格式控制字符串%.2f指定输出 2 位小数。

例 3.21 从键盘输入一名学生的基本信息（包含学号、性别、年龄、英语成绩、数学成绩、计算机成绩），要求输出其基本信息及平均成绩。

```c
#include"stdio.h"
void main()
{
    int no,age,eng,math,com;     //学号、年龄、英语成绩、数学成绩、计算机成绩
    char sex;                    //性别
    float ave;                   //平均成绩
    printf("请输入学号: ");
    scanf("%d",&no);             //输入学号
    getchar();                   //将存储于缓冲区中的回车读入，避免后面将其作为有效字符输入
    printf("请输入性别(M-男, F-女): ");
    sex=getchar();               //输入性别
    printf("请输入年龄:");
    scanf("%d",&age);            //输入年龄
    printf("请输入英语成绩、数学成绩、计算机成绩（使用逗号分隔）: ");
    scanf("%d,%d,%d",&eng,&math,&com);
    ave=(eng+math+com)/3.0;      //计算平均成绩
    printf("\t%-10s%-6s%-6s%-6s%-6s%-6s%-6s\n", "学号","性别","年龄","英语","数学","计算机","平均成绩");    //输出学生信息
    printf("%-10d%-6c%-6d%-6d%-6d%-6d%-6.2f\n", no,sex,age,eng,math,com,ave);                              //输出学生信息}
```

【运行结果】

```
请输入学号: 20201010
请输入性别(M-男, F-女): M
请输入年龄:18
请输入英语成绩、数学成绩、计算机成绩（使用逗号分隔）: 85,62,73

学号      性别  年龄  英语  数学  计算机  平均成绩
20201010  M    18    85    62    73      73.33
请按任意键继续. . .
```

【程序分析】

在本例中，仍然按照定义变量、输入、计算及输出的顺序编写。

（1）第一步，定义变量。

在定义变量时需要考虑变量的类型及个数。结合本例中需要输入及输出数据的特点，将学号no定义为整型；性别sex定义为字符型，并且默认字符'M'表示男，字符'F'表示女；年龄age及三科成绩均定义为整型；需要求解的平均成绩ave定义为float型。

（2）第二步，输入。

依次输入学号、性别、年龄、三科成绩，注意正确使用格式说明符。在多个数据的输入中，有几个需要注意的地方，具体如下：

① 输入性别。在本例中，使用函数 getchar()输入性别。值得注意的是，在语句"sex=getchar();"前增加了一个单独的 getchar()，其作用是吸收前一句输入学号时的回车符。如果修改程序代码，去掉这个单独的 getchar()，那么程序运行结果会发生什么变化呢？

去掉单独的 getchar()的代码如下：

```
printf("请输入学号：");
scanf("%d",&no);//输入学号
printf("请输入性别(M-男，F-女)：");
sex=getchar();//输入性别
printf("请输入年龄：");
scanf("%d",&age);//输入年龄
```

【运行结果】

```
请输入学号：20201001
请输入性别(M-男，F-女)：            请输入年龄：
```

从运行结果可以看出，程序似乎跳过了输入性别语句，直接跳转到输入年龄语句。实际上程序运行第一个 scanf 语句时，用户输入"20201010 回车"。其中回车也被当成一个字符存储到数据缓冲区中。当程序继续执行到"sex=getchar();"语句时，从数据缓冲区中读取一个字符并存储到变量 sex 中，这时读取并存储的字符就是回车。因此正确的处理方法是添加一个单独的 getchar()语句，用于读取存储在数据缓冲区中的回车，避免在后面将回车当成有效字符读取。

② 输入三科成绩。在本例中，使用一个 scanf 语句输入三科成绩，格式控制字符串为"%d,%d,%d"。为了保证用户使用正确的输入格式（采用逗号分隔），在输入语句之前通过 printf 语句加入必要的提示，告知用户正确使用分隔符逗号。

（3）第三步，计算。

本例中计算平均成绩时，注意实数与整数的类型转换。

（4）第四步，输出结果。

在本例中，为了保证输出格式整齐，采用了%-md、%-ms、%-m.nf 等格式指定输出数据宽度及小数位数、对齐方式。

习题 3

一、选择题

1. 根据已有定义和数据的输入方式，下列输入语句形式正确的是（　　）。

已有定义：float f1,f2;，输入方式为：3.14，5.7

A．scanf("%f, %f",&f1,&f2);　　　　　　B．scanf("%f%f",&f1,&f2);

C．scanf("%3.3f,%2.1f",&f1,&f2);　　　　D．scanf("%3.2f,%2.1f",&f1,f2&);

2. 有如下语句：

```
scanf("a=%d,b=%d,c=%d",&a,&b,&c);
```

为使变量 a 的值为 1，变量 b 的值为 3，变量 c 的值为 2，从键盘输入数据的正确形式为（　　）。
（注：□表示空格）

A．132<回车>　　　　　　　　　　　B．1，3，2<回车>

C．a=1□b=3□c=2<回车>　　　　　　D．a=1, b=3, c=2<回车>

3. 设有如下定义：

```
int x=7, y=3, z;
```

则执行语句 printf("%d\n",z=(x%y,x/y));的输出结果是（　　）。

A. 1   B. 2   C. 3   D. 4

4. printf 函数中用到的格式符%9s，其中数字 9 表示输出的字符串占 9 列。若字符串长度小于 9，则正确的输出方式为（　　）。

A. 从左起输出该字符串，右补空格   B. 按原字符长从左向右全部输出

C. 右对齐输出该字串，左补空格   D. 输出错误信息

5. 语句 printf("%d\n",strlen("\t\"\065\xff\n")) 的输出结果是（　　）。

A. 5   B. 14

C. 8   D. 输出项不合法，无正确输出

6. 字符型变量 ch ='B',int K=47，则执行语句 printf("%3d,%3d\n",ch,k);的输出结果是（　　）。（注：□表示空格）

A. 66，47   B. 66□47   C. □66，□47   D. □□B，□47

7. putchar 函数可以向终端输出一个（　　）。

A. 整型变量表达式值   B. 实型变量值

C. 字符串   D. 字符或字符型变量值

8. 若 x ,y 均定义为 int 型，z 定义为 double 型，则以下不合法的 scanf 函数调用语句是（　　）。

A. scanf(" %d%lx,%le",&x,&y,&z);   B. scanf("%2d * %d%lf"&x,&y,&z);

C. scanf("%x %* d%o",&x,&y);   D. scanf("%x%o%6.2f",&x,&y,&z);

9. 以下程序的输出结果为（　　）。

```
void main()
{
    int a=2,b=5;
    printf("a=%d,b=%d\n",a,c);
}
```

A. a=%2,b=%5   B. a=2,b=5   C. a=d,b=d   D. 2,5

10. 定义一个整型变量 int m，给 m 输入数值，正确的语句为（　　）。

A. scanf("%d",m);   B. scanf("%d",&m);

C. printf("%d",m);   D. putchar(m);

二、读程序写结果。

1. 写出下列程序运行结果。

```
void main()
{
    int i,j,m,n;
    i=3;
    j=4;
    m=++i;
    n=j++;
    printf("%d,%d,%d,%d",i,j,m,n);
}
```

2. 写出下列程序运行结果。

```
void main()
{
```

```
char a ,b, c1,c2;
float x ,y;
a = 5;
b =9;
x = 3.7;
y =25.46;
c1 = ' B ' ;
c2 = 'b ';
printf("a= %db = %d/n",a,b);
printf("x = %fy = %f",x,y);
printf("c1= %c,c2 =%c",c1,c2);
}
```

3．写出下列程序运行结果。

```
void main()
{
    char a, b;
    a='A'+'5'-'3';
    b=a+'6'-'2' ;
    printf("%d %c\n", a, b);
}
```

4．阅读以下程序，当输入数据的形式为 25,13,10<CR>，写出程序运行结果。

```
void main()
{
    int x,y,z
    scanf("%d%d%d",&x,&y,&z );
    printf( "x+y+z=%d\n",x+y+z);
}
```

三、程序设计题。

1．输入两个整数，求这两个数的平方和并输出。

2．编写程序，输出学生基本信息（包括姓名、学号、专业、所在学院）。注意，适当调整输出格式使输出结果美观、清晰。

3．编写程序实现以下功能：输入球的半径 r，计算并输出球的体积。

4．编写程序实现以下功能：求解一元二次方程 $ax^2+bx+c=0$ 的根。其中系数 a、b、c 由键盘输入（假设 $b^2-4ac>0$）。

5．编写程序实现以下功能：已知三角形的三边 $a=3$，$b=4$，$c=5$，求其面积 S。

提示：假设三角形的三边边长分别为 a、b、c，则三角形的面积 S 可由以下公式求得：

$$S=\text{sqrt}(p(p-a)(p-b)(p-c))$$

其中，p 为半周长：$p=(a+b+c)/2$。

第4章

选 择 结 构

选择结构是 C 程序设计的三大基本结构之一，使用选择结构可以方便、有效地解决生活中的很多问题，如学生考试不及格需要补考等。

选择结构需要判断给定的条件，并且根据判断条件的真假来控制程序的流程。使用选择结构语句时，通常使用条件表达式来描述判断条件，条件表达式通常是关系表达式和逻辑表达式。因此，我们先介绍关系运算和逻辑运算。

4.1 关系运算

4.1.1 C 语言的逻辑值

关系表达式和逻辑表达式的运算结果都会得到一个逻辑值。逻辑值只有两个，分别用"真"和"假"来表示。在 C 语言中，没有专门的"逻辑值"，而是用非 0 表示"真"，用 0 表示"假"。因此，对于任意一个表达式，若其值为 0，则代表一个"假"值；若其值为非 0，则无论是正数还是负数，都代表一个"真"值。在输出逻辑值时，一般用"1"表示"真"，用"0"表示"假"。

4.1.2 关系运算符

在程序中经常需要比较两个量的大小关系，以决定程序下一步的流程。比较两个量的运算符称为关系运算符。C 语言中的 6 种关系运算符，如表 4.1 所示。

表 4.1　C 语言中的 6 种关系运算符

运算符	名称	示例	功能
<	小于	a<b	当 a 小于 b 时，返回真；否则返回假
<=	小于等于	a<=b	当 a 小于或等于 b 时，返回真；否则返回假
>	大于	a>b	当 a 大于 b 时，返回真；否则返回假
>=	大于等于	a>=b	当 a 大于或等于 b 时，返回真；否则返回假
==	等于	a==b	当 a 等于 b 时，返回真；否则返回假
!=	不等于	a!=b	当 a 不等于 b 时，返回真；否则返回假

注意： 两个字符的运算符之间不允许有空格，如<=不能写成< =。

关系运算符是双目运算符，具有自左至右的结合性。关系运算符的优先级低于算术运算符的优先级，高于赋值运算符的优先级。在 6 种关系运算符中，<、<=、>、>=的优先级相同并且高于==和!=，==和!=的优先级。

例如，有定义：int a=3, b=2, c=1;，则

a<b+c   等价于   a<(b+c)   （关系运算符的优先级低于算术运算符的优先级）

a= =b= =c 等价于   (a= =b)= =c（关系运算符具有自左至右的结合性）

f=a>b   等价于   f=(a>b)   （关系运算符的优先级高于赋值运算符的优先级）

a>b==c   等价于   (a>b)= =c （大于运算符的优先级高于或相等运算符的优先级）

4.1.3 关系表达式

用关系运算符将两个表达式连接起来的式子称为**关系表达式**。关系表达式的一般形式为

表达式 关系运算符 表达式

例如，int x=2; double y=1.25;

```
x!=y;           //表达式成立，值为 1
x==0 ;          //表达式不成立，值为 0
x++>=3;         //表达式不成立，值为 0
y+10<y*10;      //表达式成立，值为 1
'a'>'b';        //表达式不成立，值为 0
```

关系表达式中的表达式也可以是关系表达式，从而构成了关系表达式的嵌套。

例如，a>(b>c)，a!=(c==d)等。

例 4.1 写出以下程序的运行结果。

【程序代码】

```
#include <stdio.h>
int  main()
{    int  x=2, y=3, z;
     z=3-1>=x+1<=y+2;
     printf("z=%d\n",z);
     return 0;
}
```

【运行结果】

```
z=1
Press any key to continue
```

【程序分析】

对于表达式 z=3-1>= x+1<= y+2，先计算其中的算术表达式，得到 z=2>=3<=5。由于赋值运算符的运算级别很低，因此先计算关系表达式 2>=3<=5，关系运算的顺序是自左至右，先计算 2>=3，结果为 0，用 0 替代 2>=3，即计算 0<=5，显然结果为 1，最后将 1 赋给变量 z。

例 4.2 写出以下程序的运行结果。

【程序代码】

```
#include<stdio.h>
int  main( )
{    char c='k';
     printf("%d,%d\n",c>0,c+2=='m');
     printf("%d,%d\n",c<100,c-'K');
```

```
    return 0;
}
```
【运行结果】

1,1

0,32

Press any key to continue

【程序分析】

字符数据按 ASCII 码值的大小进行比较，c 的值为'k'字符，它的 ASCII 码值为 107，大于 0，结果为 1。c+2 的值为 109，'m'的 ASCII 码值为 109，表达式 c+2=='m'成立，值为 1。'k'的 ASCII 码值为 107，不小于 100，表达式 c<100 的值为 0。'K'的 ASCII 码值为 75，c–'K'等于 32，小写英文字母与大写英文字母之间的 ASCII 码值均相差 32。

例 4.3 实数之间进行比较。

【程序代码】

```
#include "stdio.h"
int main()
{   float a;
    a=0.667;
    printf("%d\n",a*100-65.7==1.0);
    return 0;
}
```

【运行结果】

0

Press any key to continue

【程序分析】

按道理 0.667*100=66.7，66.7–65.7 等于 1，1 与 1.0 是相等的，可结果显示 0，表示 a*100–65.7 的结果不等于 1，为什么呢？这是因为实数在内存中存放位数受限，不能完全表示出小数点后所有的数据，会有一定的误差，所以很难比较它们是否相等。对实数进行大于或小于的比较不会出错，但应避免对实数进行相等或不相等的判断。若一定要进行比较，则可以用它们的差的绝对值与一个很小的误差值（如 10^{-6}）相比，若小于此数，则认为它们是相等的。

例 4.4 实数之间进行比较的改进程序。

【程序代码】

```
#include "stdio.h"
#include "math.h"
int main()
{   float a;
    a=0.667;
    printf("%d\n",fabs(a*100-65.7-1.0)<1e-6);
    return 0;
}
```

【运行结果】

1

Press any key to continue

【程序分析】

若想比较 a*100−65.7 和 1.0 是否相等,则应将表达式改写为"fabs(a*100−65.7− 1.0)<1e−6"。当表达式的值为 1 时,说明两者之间的误差非常小,就认为它们是相等的。fabs 是求绝对值的函数,它包含在 "math.h" 头文件中,因此在主函数的前面加上一条包含语句。

例 4.5 写出以下程序的运行结果。

【程序代码】

```c
#include "stdio.h"
int main()
{   int x=4;
    printf("%d\n",5>x>3);
    printf("%d\n",x=7);
    printf("%d\n",x==7);
    return 0;
}
```

【运行结果】

```
0
7
1
Press any key to continue
```

【程序分析】

关系表达式 5>x>3,先进行 5 与 x 比较,结果为 1,再与 3 比较,结果为 0。它与数学表达式不同,数学表达式 5>x>3,表示 x 的值大于 3 并且小于 5。在 C 语言中要表示"x 的值大于 3 并且小于 5",必须用逻辑表达式"x>3&&x<5"来表示。当一个表达式中含有多个关系运算符时,一定要注意它与数学表达式的区别。这种关系表达式应该按照 C 语言的语法来计算,与数学表达中的不等式是两码事,不能混为一谈。

注意区分 "=" 与 "=="。第二个 printf 语句中的 x=7 是对 x 重新赋值 7,因此输出的结果为 7。第三个 printf 语句中的 x==7,是把 x 与 7 进行是否相等的比较,因此输出的结果为 1。

4.2 逻辑运算

4.2.1 逻辑运算符

在程序设计中,有时要求一些条件同时成立,有时要求其中一个条件成立即可,这就要用到逻辑运算符。逻辑运算符用于逻辑运算,C 语言中的三种逻辑运算符,如表 4.2 所示。

表 4.2 C 语言中的三种逻辑运算符

运算符	名称	示例	功能
&&	与运算符	a&&b	当 a 和 b 同时为真时,运算结果才为真;否则为假
||	或运算符	a||b	当 a 和 b 有一个为真时,运算结果为真;同时为假时结果为假
!	非运算符	!a	当 a 为真时,运算结果为假;当 a 为假时,运算结果为真

【说明】

&&和\|\|均为双目运算符,具有左结合性。!为单目运算符,具有右结合性。

逻辑运算符优先级：!的优先级高于算术运算符的优先级；&&和||的优先级低于算术运算符和关系运算符的优先级，但是高于赋值运算符的优先级。

例如，按照运算符的优先顺序可以得出：

a>b&&c>d	等价于	(a>b)&&(c>d)
!b==c||d<a	等价于	((!b)==c)||(d<a)
a+b>c && x+y<b	等价于	((a+b)>c)&&((x+y)<b)

4.2.2 逻辑表达式

用逻辑运算符将两个关系表达式连接起来就得到一个**逻辑表达式**。逻辑表达式的一般形式为

表达式 逻辑运算符 表达式

例如，(x>0)&&(x<=100)的结果只能为 1 或 0。

逻辑表达式中的表达式也可以是逻辑表达式，从而构成了逻辑表达式的嵌套。

【注意】

当编译系统在表示逻辑运算结果时，以数值 1 表示"真"，以 0 表示"假"。但在判断一个量是否为"真"时，以 0 表示"假"，以非 0 表示"真"。注意是将一个非 0 的数值认作"真"。

例 4.6 写出下列程序的运行结果。

【程序代码】

```
#include<stdio.h>
int main( )
{   int a=21,b=5,x=12,y=1;
    printf("%d\n", a>b&&x>y );
    printf("%d\n", a==b||x==y );
    printf("%d\n",!a||a>b );
    printf("%d\n",'a'&&3 );
    return 0;
}
```

【运行结果】

```
1
0
1
1
Press any key to continue
```

【程序分析】

第一个 printf()语句中，a>b 的值为 1，x>y 的值也为 1，1&&1 的结果为 1。第二个 printf()语句中，a==b 的值为 0，x==y 的值也为 0，0||0 的结果为 0。第三个 printf()语句中，a 的值非 0，!a 的值为 0，a>b 的值为 1，0||1 的结果为 1。第四个 printf()语句中，'a'的值非 0，即为 1，数值 3 也非 0，即为 1，1&&1 的结果为 1。

几个常用的逻辑表达式如下：

x>=a&&x<=b	判断 x 的值是否在区间[a, b]中
(a==b)&&(b==c)	判断 a、b、c 三个数是否相等
x>='a'&&x<='z'	判断 x 是否为小写英文字母

c=='Y'||c= ='y'	判断变量 c 是否为字符 y/Y
getchar()!='\n'	判断键盘输入字符是否为换行符
age<12||age>65	判断年龄是否小于 12 或大于 65
n%3==0 && n%5==0 && n%7==0	判断 n 能否被 3、5、7 同时整除

例 4.7 写出判断某年（year）是否为闰年的表达式。

符合下面二者之一即为闰年：①能被 4 整除，但不能被 100 整除；②能被 400 整除。如 2004 年和 2000 年是闰年，2005 年和 2100 年不是闰年。

使用逻辑表达式来表示：(year%4==0&&year%100!=0)\|\|year%400==0，若该表达式的值为 1，则为闰年；否则为非闰年。

4.2.3 逻辑表达式求值的优化

在逻辑表达式求值时，当前面的逻辑运算结果已经能够决定整个运算条件的真假时就停止运算，后面的逻辑表达式都不再进行运算。逻辑运算规律如下：

（1）E1&&E2。在进行逻辑与运算时，若其左操作数为 0，则不再计算右操作数的值，逻辑与的结果就是 0。

例如，设 int a=0,b=2,c=1;，求 a&&b++&&- -c 的值。

【分析】

a 的值为 0，可直接确定整个表达式的值为 0，不再进行 b++和- -c 运算，即 b 和 c 的值并不会改变。

（2）E1\|\|E2。在进行逻辑或运算时，若其左操作数为 1，则不再计算右操作数的值，逻辑或的结果就是 1。

例如，设 int a=0,b=2,c=1;，求 a\|\|b- -\|\|c++的值。

【分析】

a 的值为 0，再与 b 进行逻辑或运算时，由于 b 的值为 2，因此逻辑或的结果为 1，直接确定表达式的值为 1，不再进行其后的运算 c++。这样，计算结果为 1，a 为 0，b 为 1，c 不变。

由&&或\|\|构成的逻辑表达式，在特定的情况下会产生"短路"现象，即跳过后面的运算。

例 4.8 逻辑表达式的逻辑运算规律。

【程序代码】

```
#include <stdio.h>
int main()
{   int x,y;
    x = y = 0 ;
    printf("=%d  ",(x++&&y++));
    printf("x=%d y=%d\n",x,y);
    printf("=%d  ",(x++&&y++));
    printf("x=%d y=%d\n",x,y);
    printf("=%d  ",(x--||y--));
    printf("x=%d y=%d\n",x,y);
    return 0;
}
```

【运行结果】
```
=0   x=1 y=0
=0   x=2 y=1
=1   x=1 y=1
Press any key to continue
```
【程序分析】

在进行第一个(x++&&y++)逻辑运算时，x 和 y 的初值都为 0，x++表示先取 x 的值，x 再加 1。由于 x 为 0 且逻辑与运算中只要有一个为假，结果就为假，因此不需要再判断 y 的值，y 也不再执行 y++运算，因此 y 的值仍为 0。在进行第二个(x++&&y++)逻辑运算时，先看表达式 x++，x 的初值为 1，不能确定逻辑与运算的结果为真还是为假，要看后一个表达式 y++，y 的初值都为 0，1&&0 的结果为 0，再执行 y++运算，因此 y 的值为 1，x 的值为 2。再进行(x−−||y−−)逻辑或运算，先判断 x−−，x 的初值为 2，根据逻辑表达式求值的优化规律，表达式的值为 1，x−−的结果为 1，不进行 y−−运算，因此 y 的值为 1。

4.3　if 语句

if 语句用于判定是否满足所给定的条件，根据对给定条件的判断结果（真或假）决定执行给出的某种操作。在 C 语言中，if 语句有三种形式：单分支 if 语句、双分支 if 语句和多分支 if 语句。

4.3.1　单分支 if 语句

单分支 if 语句的语法格式如下：
```
if(表达式)
语句 ;
```
执行流程：若表达式的值为真，则执行其后的语句；若表达式的值为假，则不执行该语句，直接退出选择结构。

单分支 if 语句的执行流程如图 4.1 所示。

【说明】

① if 后面的条件表达式必须放在圆括号 "（ ）" 中，圆括号不能省略。

② if 后面的条件表达式的运算结果只有 "真" 或 "假" 两个值。

③ if 后面的条件表达式一般是关系表达式或逻辑表达式。

④ if 后面的语句若是几条语句，则需要用 "{" 和 "}" 括起来组成复合语句。

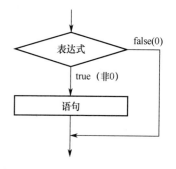

图 4.1　单分支 if 语句的执行流程

例 4.9　从键盘输入两个整数，输出两者中的最大数。

【程序代码】
```
#include <stdio.h>
int main( )
{   int  a , b , max;
```

```
    scanf("%d%d",&a,&b);
    max = a;
    if(b > a)
        max = b ;
    printf("max=%d\n",max);
    return 0;
}
```

【运行结果】
4 9
max=9
Press any key to continue

【程序分析】

程序中 a 和 b 从键盘随机输入，用 if 语句进行判断，若 b>a 不成立，即 a≥b，则不执行 max=b 这条语句，也就是 max=a；若 b>a 成立，则执行 max=b 这条语句，也就是 max=b；max=b 这条语句可能执行，也可能不执行。

if 后面的条件表达式一般是关系表达式或逻辑表达式，如 if(x==y)、if(a>b)||(c<d))、if(a+b>c)等。if 后面的条件表达式也可以是其他表达式，如赋值表达式等，甚至可以是一个变量或常量。如"if(a=5)"和" if(a)"都是允许的。只要表达式的值为非 0，即为"真"。

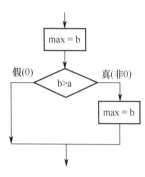

图 4.2　例 4.9 的程序流程图

在 if(a=5) …;中，表达式的值永远为非 0，所以其后的语句总是要执行的，当然这种情况在程序中不一定会出现，但在语法上是合法的。本例程序流程图如图 4.2 所示。

4.3.2　双分支 if 语句

双分支 if 语句的一般形式为

```
if(表达式)
    语句1;
else
    语句2;
```

【执行流程】

先求解表达式，若表达式的值为真，则执行语句 1，然后退出选择结构。若表达式的值为假，则执行语句 2，然后退出选择结构。

这里的语句 1 和语句 2 也称为内嵌语句，只允许使用一条语句，若需要使用多条语句，则应该用花括号将这些语句括起来，进而组成复合语句。

双分支 if 语句的执行流程如图 4.3 所示。

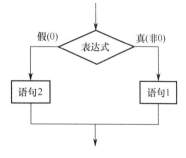

图 4.3　双分支 if 语句的执行流程

【说明】

不要误认为 if 和 else 是两个独立的语句，它们都属于 if 语句中的一部分，else 是 if 语句的子句。双分支 if 语句同样要注意复合语句必须加"{"和"}"。

例如：

```
if(x>y)
    {x=y;  y=x;}
else
    {x++;  y++;}
```

【语句说明】

if 条件后面的语句 "x=y; y=x;" 中若没有 "{" 和 "}"，则会出现语句结构错误，从而产生编译错误。else 后面的语句 "x++; y++;" 中若没有 "{" 和 "}"，则认为当 "(x>y)" 不为真时，只执行 "x++;" 这一条语句，"y++;" 语句则被认为是选择结构之外的语句。

例 4.10 从键盘输入两个整数，输出两者中的最大数，使用双分支 if 语句实现。

【程序代码】

```
#include <stdio.h>
main( )
{   int   a , b , max;
    scanf("%d%d",&a,&b);
    if ( b>a)
        max=b;
    else
        max=a;
    printf("max=%d\n",max);
    return 0;
}
```

【运行结果】

```
4 9
max=9
Press any key to continue
```

【程序分析】

在例 4.9 中，是用单分支 if 语句来实现相关功能的。在本例中，改用 if-else 语句判断 a 和 b 的大小，若 b 大，则 max=b，否则 max=a。注意，此例中的 max=a;写在 else 语句中，例 4-9 中的 max=a;写在程序的前面，不管 if 语句的条件是真还是假都要执行，而此例中的 max=a;可能执行，也可能不执行。

例 4.11 输入一个字符，判别它是否为大写英文字母，若是，则将它转换成小写英文字母；若不是，则不转换，然后输出最后得到的字符。

【程序代码】

```
#include <stdio.h>
int main ( )
{   char ch;
    printf("Enter a letter:");
    scanf("%c",&ch);
    if(ch>='A'&&ch<='Z')
        printf("%c\n",ch+32);
    else
        printf("%c\n",ch);
    return 0;
}
```

【运行结果】
```
Enter a letter:H
h
Press any key to continue
```
【程序分析】

使用函数 scanf()从键盘输入一个字符，用 if 语句进行判断，若 ch 是大写英文字母，则通过 ch+32 将其转换成小写英文字母输出，否则直接输出。

例 4.12 简单的猜数游戏，输入你所猜的整数（设定 1~100 内），与计算机中随机产生的数进行比较。若相等，则显示猜中；若不等，则显示与被猜数之间的关系。

【程序代码】
```
#include <stdio.h>
int main( )
{   int   n1=rand()%100, n2;
    printf("请输入您猜的数(0~100)：");
    scanf("%d",&n2);
    if ( n2==n1)
        printf("恭喜您，猜对了! \n");
    else
        if(n2>n1)
            printf("您猜的数大于计算机的数\n");
        else
            printf("您猜的数小于计算机的数\n");
    return 0;
}
```
【运行结果】
```
请输入您猜的数(0~100)：89
您猜的数大于计算机的数
Press any key to continue
```
【程序分析】

使用随机数函数 rand()，计算机会产生 0~32767 范围内的一个随机数。对函数 rand()除以 100 取余数，就得到 0~100 之间的一个随机数。这里说明一下，函数 rand()需要配合函数 srand()一起使用，有兴趣的同学可以查阅相关资料。

n1 是计算机产生的随机数，n2 是通过函数 scanf()从键盘输入的数，用 if 语句进行判断，若与 n1 相等，则显示猜中；若不等，则进行第二次判断，判断与被猜数之间是大于还是小于的关系。注意，第二个 if-else 语句只有当第一个 if-else 条件为假时才执行。

4.3.3　多分支 if 语句

当 if 语句中又包含一个或多个 if 语句时，就构成了 if 语句的嵌套。这种结构一般用于较为复杂的流程控制中。

【一般形式】
```
if(表达式1)
    if(表达式2)   语句1
```

```
        else            语句 2
else
    if(表达式 3)    语句 3
    else            语句 4
```

利用 if-else 语句嵌套实现多分支 if 语句，为了使程序看起来比较清晰，容易理解，一般提倡内嵌 if 放在 else 中，其一般形式为

```
if(表达式 1)          语句 1
else if(表达式 2)     语句 2
    else if(表达式 3)     语句 3
        ……
            else  if(表达式 n)    语句 n
                else            语句 n+1
```

【执行流程】

依次判断表达式的值，若出现某个表达式的值为真，则执行其对应的语句。然后跳到 if 语句之外继续执行程序。若所有表达式的值均为假，则执行语句 n+1，然后退出选择结构，继续执行后续程序。多分支 if 语句的执行流程如图 4.4 所示。

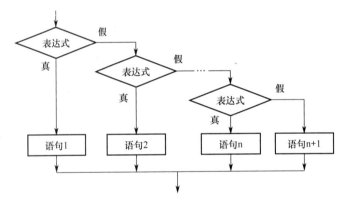

图 4.4   多分支 if 语句的执行流程

例 4.13   用多分支 if 语句来实现分段函数：

$$y = \begin{cases} 2x, & x \leqslant -10 \\ x+5, & -10 < x \leqslant 2 \\ x-3, & 2 < x \leqslant 10 \\ x/10, & x > 10 \end{cases}$$

【算法分析】

当使用多分支 if 语句实现分段函数时，最关键的是在数轴上找出分段的节点坐标-10、2 和 10，以最左边的节点坐标-10 为界限，使用双分支 if-else 语句将函数分成两段。然后，将左边的一段作为一个分支，将右边的一段用同样的方法再分成两段，依此类推，直到分段结束。多分支 if 语句实现分段函数如图 4.5 所示。

【程序代码】

```
#include <stdio.h>
int  main( )
{   int x, y;
```

```
    printf("input x=");
    scanf("%d",&x);
    if (x<=-10)
        y=2*x;
    else  if (x<=2)
           y=x+5;
         else  if (x<=10)
                y=x-3;
         else  y=x/10;
    printf("y=%d\n",y);
    return 0;
}
```

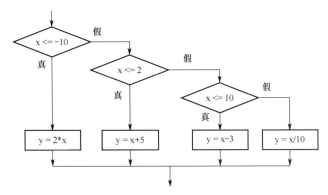

图 4.5 多分支 if 语句实现分段函数

【运行结果】

```
input x=1
y=6
Press any key to continue
```

【程序分析】

请注意第二个 if 语句的条件 x<=2,由于它包含在第一个 if (x<=-10)语句的 else 语句中,即执行该语句的前提条件是不满足 x<=-10,即 x>-10,而第二个 if 语句的条件又是 x<=2,所以要执行 y=x+5 这条语句的条件是-10<x≤2。if(x<=10)语句是一样的,由于它包含在前面的 else 语句中,即执行该语句的前提是不满足上一个 if 语句的条件,它不同于几个并列的 if 语句。

例 4.14 从键盘输入任意字符,判断其类型。ASCII 码值小于 32 的字符为控制字符,在 "0" 和 "9" 之间的字符为数字,在 "A" 和 "Z" 之间的字符为大写英文字母,在 "a" 和 "z" 之间的字符为小写英文字母,其余则为其他字符。如输入 "g",输出显示它为小写英文字母。

【程序代码】

```
#include<stdio.h>
int  main()
{   char c;
    printf("input a character: \n");
```

```
    c=getchar();
    if(c<32)
        printf("This is a control character\n");
    else  if(c>='0'&&c<='9')
            printf("This is a digit\n");
        else  if(c>='A'&&c<='Z')
                printf("This is a capital letter\n");
            else if(c>='a'&&c<='z')
                    printf("This is a small letter\n");
                else   printf("This is an other character\n");
    return 0;
}
```

【运行结果】
```
input a character:
g
This is a small letter
Press any key to continue
```

【程序分析】

使用多分支 if 语句编程，判断输入字符 ASCII 码所在的范围，分别给出不同的输出。请注意它是逐个条件判断下来的，只要其中有一个条件满足，后面的条件就不再判断。

在嵌套内的 if 语句可能出现 if-else，这将出现多个 if 和多个 else 重叠的情况，这时要特别注意 if 和 else 的配对问题。为了避免这种二义性，C 语言中规定，**else 语句总是与它上面、距它最近、且尚未匹配的 if 语句配对**。并且，为明确匹配关系、避免匹配错误，强烈建议将嵌套内的 if 语句一律用花括号括起来。

例 4.15 写出下列程序的运行结果。

【程序代码】

```
#include <stdio.h>
int main()
{   int x;
    printf("Input x=");
    scanf("%d",&x);
    if(x>=0)
        if (x<50)
            printf("x≥0 且<50\n");
        else
        printf("x≯0\n ");
    return 0;
}
```

【运行结果一】
```
Input x= 20
x≥0且<50
Press any key to continue
```

【程序分析】

这个程序看起来是正确的，下面我们再次运行该程序，输入不同的值，并查看结果。

【运行结果二】
```
Input x= -20
Press any key to continue
```

【程序分析】

输入 x=-20 却没有输出,为什么?从程序上看 x=-20 不满足 x>=0,应该执行 else 语句输出"x≯0",可程序并没有输出。

原因在于,程序运行与书写的对齐方式无关,而只与语法有关。当 if 的个数与 else 的个数不相等时,首先需要进行配对,按照配对原则可知,第二个 if 语句和 else 语句组成了一个双分支结构,而这个双分支结构构成了第一个 if 语句的执行语句。表达式"x>=0"的值为 0,退出 if 语句,双分支结构不被执行,程序没有输出。记住,else 语句总是和它上面、离它最近、且尚未配对的 if 语句配对。从编译的角度来看,上面的程序应该是如下对齐方式。

```
if(x>=0)
{    if (x<50)
             printf("x≥0 且<50\n");
     else
             printf("x≯0\n "); }
```

这时可以清楚地看到,当 x=-20 时,不满足 x>=0,程序结束。如果想输出 "x≯0",那么可将程序中的 if 语句改写为

```
if(x>=0)
{  if (x<50)
        printf("x≥0 且<50\n");    }
else
        printf("x≯0\n ");
```

将 if(x<50)语句加上花括号,else 语句就只能和 if(x>=0)语句配对了。这样,当输入 x=-20 时,就可以输出"x≯0"了。

4.3.4 条件运算符

如果希望获得两个数中最大的一个,那么可以使用 if 语句,例如

```
if(a>b)      max=a;
else         max=b;
```

不过,C 语言中提供了一种更加简单的方法,称为条件运算符,语法格式为

表达式 1 ? 表达式 2 : 表达式 3

条件运算符是 C 语言中唯一一个三目运算符,其求值规则如下:若表达式 1 的值为真,则以表达式 2 的值作为整个条件表达式的值,否则以表达式 3 的值作为整个条件表达式的值。条件运算符通常用于赋值语句中。

上面的 if else 语句等价于

```
max=(a>b) ? a : b;
```

该语句的语义是:若 a>b 为真,则把 a 赋予 max,否则把 b 赋予 max。使用条件运算符不仅使程序更简洁,而且提高了程序的运行效率。

条件运算符的优先级低于关系运算符和算术运算符的优先级，但高于赋值运算符和逗号运算符的优先级。

例如，max=(a>b)？a：b；可以去掉括号而写为 max=a>b？a：b；。

条件运算符的结合方向是自右至左的。

例如，将 a>b？a：c>d？c：d；理解为 a>b？a：（c>d？c：d）；。

这也是条件表达式嵌套的情形，即其中的表达式 3 又是一个条件表达式。

例 4.16 输入一个字符，判断它是否为大写英文字母，若是，将它转换成小写英文字母；若不是，则不转换。然后输出最后得到的字符。

【程序代码】

```
#include<stdio.h>
int  main( )
{   char ch;
    scanf("%c",&ch);
    ch=(ch>='A' && ch<='Z')?(ch+32):ch;
    printf("%c\n",ch);
    return 0;
}
```

【运行结果】

```
A
a
Press any key to continue
```

【程序分析】

程序中使用(ch>='A'&&ch<='Z')表达式判断字符是否为大写英文字母，若是，则将其转换成小写英文字母，即 ch+32，否则不转换。没有使用 if 语句，程序看起来更简洁。

例 4.17 输入任意三个整数，判断其中是否有两个奇数和一个偶数。若是，则输出"yes"，否则输出"not"。

【程序代码】

```
#include<stdio.h>
int  main( )
{   int  a, b, c, i=0;
    printf( "请输入三个数:\n" );
    scanf( "%d%d%d",&a,&b,&c);
    a%2 == 1? i++ : i;
    b%2 == 1? i++ : i;
    c%2 == 1? i++ : i;
    i ==2 ? printf("yes\n") : printf("not\n");
    return 0;
}
```

【运行结果】

```
请输入三个数:
12 85 63
yes
Press any key to continue
```

【程序分析】

利用条件表达式判断三个整数的奇偶性，通过变量 i 的自加运算来统计奇数的个数，若奇数的个数为 2，则输出 "yes"；否则输出 "not"。

4.4 switch 语句

C 语言中提供了一个专门用于处理多分支结构的条件选择语句，称为 switch 语句。switch 语句又称开关语句，使用 switch 语句可以直接处理多个分支，而且可读性好，程序层次一目了然。

根据 switch 表达式的值决定程序分支，在执行 switch 语句时，根据 switch 表达式的值找到与之匹配的 case 子句，从此 case 子句开始执行，不再进行判断。

【语法格式】

```
switch(表达式)
{
    case 常量表达式 1: 语句 1; break;
    case 常量表达式 2: 语句 2; break;
    …
    case 常量表达式 n: 语句 n; break;
    default: 语句 n+1;
}
```

【执行流程】

先计算 switch 语句中表达式的值，然后将此值依次与各个 case 的常量表达式进行比较，当表达式的值与某个常量表达式的值相等时，执行此 case 后的语句。

若此 case 后面有 break 语句，则跳出 switch 控制结构；若此 case 后面没有 break 语句，则不再进行判断，继续执行所有 case 后的语句，直到遇到 break 语句或 switch 语句，此时执行完毕。

若 switch 语句后面圆括号中的表达式的值与所有 case 后的常量表达式的值均不相等，则执行 default 后的语句，然后退出 switch 语句。

【说明】

（1）switch 后面圆括号中的"表达式"可以是整型、字符型或枚举型。

（2）若 switch 表达式的值与某个 case 子句中的常量表达式的值相匹配，则执行此 case 子句中的内嵌语句；若所有 case 子句中的常量表达式的值都不能与 switch 表达式的值相匹配，则执行 default 子句的内嵌语句。

（3）每个 case 表达式的值必须互不相等，否则就有多种执行方案。

（4）各个 case 和 default 的出现顺序不影响执行结果。

（5）执行完一个 case 子句后，流程控制转移到下一个 case 子句继续执行。因此，应在执行一个 case 子句后，用 break 语句使流程跳出 switch 结构。在 case 子句中包含一个以上执行语句，但可以不用花括号括起来。

（6）多个 case 子句可以共用一组执行语句。

例 4.18 按照成绩等级打印出百分制分数段。假定 A 为 85～100 分，B 为 70～84 分，C 为 60～69 分，D 为<60 分，如图 4.6 所示。

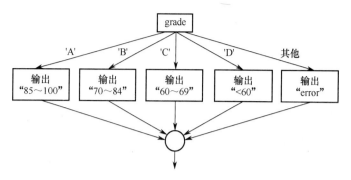

图 4.6　按照成绩等级打印出百分制分数段

【程序代码一】

```
#include <stdio.h>
int main()
{ char grade;
  printf("请输入成绩等级:");
  scanf("%c",&grade);
  switch(grade)
  { case 'A': printf("85~100\n");
    case 'B': printf("70~84\n");
    case 'C': printf("60~69\n");
    case 'D': printf("<60\n");
    default: printf("error!\n");
  }
  return 0;
}
```

【运行结果】

```
请输入成绩等级：B
70~84
60~69
<60
error!
Press any key to continue
```

【程序分析】

输入成绩等级 B 后，程序应输出 70~84，但实际输出了多余的内容。为什么会出现这种情况呢？这也正反映了 switch 语句的一个特点。在 switch 语句中，"case 常量表达式"只相当于一个语句标号，若 switch 表达式的值和某标号相等，则转向该标号执行，但不能在执行完该标号的语句后自动跳出整个 switch 语句，所以出现了继续执行后面所有 case 语句的情况。为了避免上述情况，C 语言中提供了一种 **break 语句**，若在 case 分支最后使用 break 语句，则执行完该 case 分支的语句后，就终止 switch 语句的执行。换句话说，break 语句用来跳过后面 case 的部分，结束 switch 控制结构，从而真正起到分支的作用。break 语句只有关键字 break，没有参数。修改上述程序，相关代码如下：

【程序代码二】

```
#include <stdio.h>
```

```
int main()
{   char grade;
    printf("请输入成绩等级:");
    scanf("%c",&grade);
    switch(grade)
    {   case 'A': printf("85~100\n");break;
        case 'B': printf("70~84\n");break;
        case 'C': printf("60~69\n");break;
        case 'D': printf("<60\n");   break;
    default:  printf("error!\n");
    }
    return 0;
}
```

【运行结果】

请输入成绩等级：B
70~84
Press any key to continue

【程序分析】

在该程序中，每个 case 语句后均增加一个 break 语句，使每次执行后均可跳出 switch 语句，从而避免输出不应出现的结果，用 break 语句使流程跳出 switch 结构。

对上述程序进一步修改，若输入成绩等级既可以是大写英文字母又可以是小写英文字母，则应该怎样修改程序？

方法一：可以把小写英文字母转换成大写英文字母，即 if(grade>='a'&&grade<='z') grade= grade−32;。

方法二：多个 case 可以共用一组执行语句。

【程序代码三】

```
#include <stdio.h>
int main()
{   char grade;
    printf("请输入成绩等级:");
    scanf("%c",&grade);
    switch(grade)
    { case 'a':
      case 'A': printf("85~100\n");break;
      case 'b':
      case 'B': printf("70~84\n");break;
      case 'c':
      case 'C': printf("60~69\n");break;
      case 'd':
      case 'D': printf("<60\n");   break;
      default: printf("error!\n");
      }
    return 0;
}
```

【运行结果】

请输入成绩等级：b
70～84
Press any key to continue

【程序分析】

当 grade 等于'b'时，switch(grade)与 case 'b'相匹配，此 case 子句什么也不做，也没有 break，因此继续执行 case 'B':语句，所以输出 70～84，再继续执行 break，跳出 switch 语句。

4.5　选择结构程序举例

例 4.19 求一元二次方程 $ax^2+bx+c=0$ 的解（$a\neq0$）。

【程序代码】

```
#include<stdio.h>
#include<math.h>
int main( )
{   float a,b,c,disc,x1,x2,p,q;
    scanf("%f,%f,%f", &a, &b, &c);
    disc=b*b-4*a*c;
    if (fabs(disc)<=1e-6)                        /*fabs()：求绝对值库函数*/
        printf("x1=x2=%7.2f\n", -b/(2*a));   /*输出两个相等的实根*/
    else
        { if (disc>1e-6)
            {x1=(-b+sqrt(disc))/(2*a);        /*求出两个不相等的实根*/
             x2=(-b-sqrt(disc))/(2*a);
             printf("x1=%7.2f,x2=%7.2f\n", x1, x2); }
        else
            {p=-b/(2*a);
             q=sqrt(fabs(disc))/(2*a);
             printf("x1=%.2f+%.2fi\n", p, q);
             printf("x2=%.2f-%.2fi\n", p, q); }
        }
    return 0;
}
```

【运行结果】

3,4,6
x1=-0.67+1.25i
x2=-0.67-1.25i
Press any key to continue

【程序说明】

由于实数在计算机中存储时经常会有一些微小的误差，因此本例判断 disc 是否为 0 的方法是，判断 disc 的绝对值是否小于一个很小的数（如 10^{-6}）。

例 4.20 从键盘输入年份和月份，输出该月的天数。

【算法分析】

根据公历，每年的 1、3、5、7、8、10 和 12 月份均有 31 天；4、6、9 和 11 月份均有

30 天。平年的 2 月有 28 天，闰年的 2 月有 29 天。利用 switch 语句，进入多分支选择。若月份是 2 月份，则需要判断年份是否为闰年，闰年的条件是能被 4 整除、但不能被 100 整除，或者能被 400 整除。

【程序代码】

```c
#include<stdio.h>
int main()
{   int year,month,days;
    printf("Please input year:");
    scanf("%d",&year);
    printf("Please input month:");
    scanf("%d",&month);
    switch(month)
    {   case 1: case 3: case 5: case 7: case 8: case 10:case 12: days=31;break;
        case 4: case 6: case 9:  case 11: days=30;break;
        case 2:{    if ((year%4==0 && year%100!=0)||(year%400==0))
                        days=29;
                    else    days=28; }  break;
        default: printf("month input error\n");
    }
    printf("%d 年%d 月份有%d 天\n",year,month,days);
    return 0;
}
```

【运行结果】

```
Please input year: 2020
Please input month: 2
2020年2月份有29天
Press any key to continue
```

【程序说明】

当几个 case 语句中没有执行语句时，可以把它们写在一行，仍表示几条语句，这样可以使程序显得更紧凑。

例 4.21 从键盘上输入一个简单整数表达式，由计算机给出计算结果。

【程序代码】

```c
#include <stdio.h>
int main()
{   int n1=0,n2=0;
    char op=0;
    printf("输入一个简单整数表达式：\n");
    scanf("%d%c%d",&n1,&op,&n2);
    switch(op)
    {   case '+': printf("=%d\n",n1+n2); break;
        case '-': printf("=%d\n",n1-n2); break;
        case '*': printf("=%d\n",n1*n2); break;
        case '/':
            if(n2==0)   printf("除数为 0 错误！");
            else        printf("=%d\n",n1/n2);
            break;
```

```
        case '%':
            if(n2==0)   printf("除数为 0 错误！");
            else        printf("=%d\n",(int)n1%(int)n2);
                break;
        default: printf("无效操作符!\n");
    }
    return 0;
}
```

【运行结果】

```
输入一个简单整数表达式:
7*32
=224
Press any key to continue
```

【程序分析】

输入一个简单整数表达式：7*32，由于*为字符型数据，因此计算机会自动将 7 赋给 n1，32 赋给 n2，*赋给 op 变量。用 switch 语句进行多分支运算，有+、−、*、/、%五种运算。若为+，则做加法；若为*号，则做乘法；对于除法和求余运算，要判断 n2 是否为零，若为零，则显示除数为零错误。

例 4.22 已知某公司员工的基本工资为 500，某月所接工程的利润 profit（整数）与利润提成的关系如下（计量单位：元）：

profit≤1000	没有提成；
1000<profit≤2000	提成 10%；
2000<profit≤5000	提成 15%；
5000<profit≤10000	提成 20%；
10000<profit	提成 25%。

【算法分析】

为使用 switch 语句，必须将利润 profit 与提成的关系转换成某些整数与提成的关系。分析本题可知，提成的变化节点都是 1000 的整数倍（1000、2000、5000、…），若将利润 profit 整除 1000，则有

profit≤1000	对应 0、1
1000<profit≤2000	对应 1、2
2000<profit≤5000	对应 2、3、4、5
5000<profit≤10000	对应 5、6、7、8、9、10
10000<profit	对应 10、11、12、…

为解决相邻两个区间的重叠问题，最简单的方法就是使利润 profit 先减 1（最小增量），然后再整除 1000。

profit-1≤1000	对应 0
1000<profit-1≤2000	对应 1
2000<profit-1≤5000	对应 2、3、4
5000<profit-1≤10000	对应 5、6、7、8、9
10000<profit-1	对应 10、11、12、…

【程序代码】

```
#include <stdio.h>
int main( )
```

```
{   long  profit;
    int  grade;
    float  salary=500;
    printf("Input profit:");
    scanf("%ld", &profit);
    grade=(profit-1)/1000;          /*将利润先减 1、再整除 1000，转化成 case 标号*/
    switch(grade)
    { case  0: break;                       /*profit≤1000 */
      case  1: salary+=profit*0.1; break;   /*1000＜profit≤2000 */
      case  2:
      case  3:
      case  4: salary+=profit*0.15; break;  /*2000＜profit≤5000 */
      case  5:
      case  6:
      case  7:
      case  8:
      case  9: salary+=profit*0.2; break;   /*5000＜profit≤10000 */
      default: salary+=profit*0.25;         /*10000＜profit */
    }
    printf("salary=%.2f\n", salary);
    return 0;
}
```

【运行结果】
Input profit:3200
salary=980.00
Press any key to continue

习题 4

一、选择题

1. 若有定义语句 int a=2,b=3,c=4;，则以下选项中值为 0 的表达式是（   ）。

A．(!a==1)&&(!b==0)   B．a

C．a && b   D．a||(b+b)&&(c-a)

2. 有以下程序：

```
main()
{   int i=1,j=1,k=2;
    if((j++||k++)&&i++)
        printf("%d,%d,%d\n",i,j,k);
}
```

执行后的输出结果是（   ）。

A．1，1，2   B．2，2，1   C．2，2，2   D．2，2，3

3. 阅读以下程序：

```
#include<stdio.h>
void main( )
```

```
{   float a,b,t;
    scanf("%f,%f",&a,&b);
    if(a>b)
        {t=a;  a=b; b=t;}
    printf("%5.2f,%5.2f",a,b);
}
```

运行时从键盘输入 3.8 和−3.4，则正确的输出结果是（　　）。

A．−3.40,−3.80　　　　　B．−3.40,3.80　　　　　　C．−3.4,3.8　　　　　　　D．3.80,−3.40

4．对下列程序，（　　）是正确的判断。

```
#include<stdio.h>
void main()
{   int x,y;
    scanf("%f,%f:",&x,&y);
    if(x>y)  x=y; y=x;
    else  x++;y++;
    printf("%d,%d", x,y);
}
```

A．有语法错误，不能通过编译　　　　　　B．若输入数据 3 和 4，则输出 4 和 5

C．若输入数据 4 和 3，则输出 3 和 4　　　D．若输入数据 4 和 3，则输出 4 和 4

5．下列程序的输出结果是（　　）。

```
#include <stdio.h>
void main( )
{   int a=0,b=0,c=0;
    if(++a>0||++b>0)
        ++c;
    printf("a=%d,b=%d,c=%d",a,b,c);
}
```

A．a=0,b=0,c=0　　　　　　　　　　　B．a=1,b=1,c=1

C．a=1,b=0,c=1　　　　　　　　　　　D．a=0,b=1,c=1

6．以下程序的输出结果是（　　）。

```
#include<stdio.h>
main()
{   int  a=5,b=4,c=6,d;
    printf("%d\n",d=a>b?(a>c?a:c):b);
}
```

A．5　　　　　　　　　B．4　　　　　　　　　C．6　　　　　　　D．不确定

7．若有定义语句 int a=1,b=2,c=3;，则以下语句中执行结果与其他三个不同的是（　　）。

A．if(a>b)

　　c=a,a=b,b=c

B．if(a>b)

　　{c=a,a=b,b=c;}

C．if(a>b)

　　c=a;a=b;b=c;

D．if(a>b)

　　{c=a;a=b;b=c;}

8．有以下程序：

```
#include <stdio.h>
```

```
main()
{   int  x=1,y=2, z=3;
    if (x>y)
    if (y<z)  printf("%d",++z);
    else      printf("%d",++y);
    printf("%d\n",x++);
}
```

程序的运行结果是（　　　）。

A．331　　　　　　　B．41　　　　　　　　　　C．2　　　　　　　　　D．1

9．以下选项中与 if(a==1) a=b;else a++;语句功能不同的 switch 语句是（　　　）。

A．switch(a)

　　{　case 1:　a=b;break;

　　default : a++;

　　}

B．switch(a==1)

　　{　case 0 : a=b;break;

　　case 1 : a++;

　　}

C．switch(a)

　　{　default : a++;break;

　　case 1:a=b;

　　}

D．switch(a==1)

　　{　case 1:a=b;break;

　　case 0: a++;

　　}

10．若有定义语句 int a=1,b=2,c=3,x;，则执行以下各程序段后，x 的值不为 3 的是（　　　）。

A．if(c<a) x=1;

　　else if (b<a) x=2;

　　　　else x=3;

B．if (a<3) x=3;

　　else if(a<2) x=2;

　　　　else x=1

C．if(a<3) x=3;

　　if(a<2) x=2;

　　　　if(a<1) x=1;

D．if(a<b) x=b;

　　if(b<c) x=c;

　　　　if(c<a) x=a;

11．有以下程序：

```
main()
{  int a=15,b=21,m=0;
   switch(a%3)
   { case 0: m++; break;
     case 1: m++;
     switch(b%2)
     { default: m++;
       case 0: m++; break;
     }
   }
   printf("%d\n",m);
}
```

程序运行后的结果是（　　　）。

A．1　　　　　　　　B．2　　　　　　　　　　C．3　　　　　　　　　D．4

12．与 y=(x>0?1:x<0?-1:0);语句功能相同的 if 语句是（　　　）。

A．if(x>0) y=1;

　　else if(x<0) y=-1;

　　　　else y=0;

B．if(x)

　　if(x>0) y=1;

　　else if(x<0) y=-1;

                                          else y=0;

C．y=−1;   D．y=0;

    if(x)   if（x>=0)

    if(x>0) y=1;   if(x>0) y=1;

    else if (x==0) y=0;   else y=−1;

        else y=−1;

13．若有定义语句 float w; int a,b;，则合法的 switch 语句是（   ）。

A．switch(w)   B．switch(a);

    { case 1.0: printf("*\n");   { case 1 printf("*\n");

     case 2.0: printf("**n");   case 2 printf("**n");

    }   }

C．switch(b)   D．switch(a+b);

    { case 1: printf("*\n");   { case 1: printf("*\n");

    default: printf("\n");   case 2: printf("**n");

    case 1,2: printf("**n");   default: printf("\n");

    }   }

14．有以下程序，执行后输出结果是（   ）。

```
main()
{ int x=1,a=0, b=0;
 switch(x){
 case 0:b++;
 case 1:a++;
 case 2: a++; b++;
}
```

A．a=2,b=1   B．a=1,b=1   C．a=1,b=0   D．a=2,b=2

二、填空题

1．在 C 语言中，当表达式的值为 0 时，表示逻辑值为"假"，当表达式的值为___时，表示逻辑值为"真"。

2．以下程序用于判断 a、b、c 能否构成三角形，若能，则输出 YES，若不能，则输出 NO。当输入三角形三条边长 a、b、c 时，确定 a、b、c 能构成三角形的条件是需要同时满足三个条件：$a+b>c$，$a+c>b$，$b+c>a$。请填空。

```
main()
{
    float a,b,c;
    scanf("%f%f%f",&a,&b,&c);
    if(_____) printf("YES\n");  /*a,b,c 能构成三角形*/
    else printf("NO\n");   /*a,b,c 不能构成三角形*/
 }
```

3．当 $a=1$、$b=2$、$c=3$ 时，执行以下语句后，a、b、c 中的值分别是_____、_____和_____。

```
if (a>c)
b=a;a=c;c=b;
```

4．若程序运行时输入 12，则下列程序的运行结果是_____。

```
#include<stdio.h>
void main( )
{ int x,y;
```

```
    scanf("%d",&x);
    y=x>12?x+10:x-12;
    printf("%d\n",y);
}
```

5. 有以下程序:

```
#include < stdio.h >
main()
{   int a=1,b=2,c=3,d=0;
    if (a==1)
        if (b!=2)
            if(c!=3)  d=1;
            else      d=2;
        else if(c!=3)  d=3;
            else       d=4;
else               d=5;
printf("%d\n",d);
}
```

程序运行后的输出结果是: _____。

三、编程题

1. 输入一个 3 位数, 判断该数是否是一个 "水仙花数"。水仙花数是指 3 位数的各位数字的立方之和等于这个 3 位数本身, 例如, 对于 3 位数 153, 有 153=1×1×1+5×5×5+3×3×3。

2. 输入一个数, 判断它是否为奇数, 若是奇数, 则进一步判断它是否能被 7 整除。

3. 输入 4 个整数, 求出其中的最大数。

4. 输入一个不多于 4 位的正整数, 要求: (1) 求该数是几位数; (2) 逆序打印出该数的各位数字。

5. 输入年、月、日, 判断该日期是该年度的第几天。

6. 从键盘输入一个成绩, 按如下原则给出相应等级:

   85～100: 优秀, 70～84: 良好, 60～69: 及格, 0～59: 不及格。

7. 有一个函数:

$$y = \begin{cases} x, & x < 1 \\ 2x-1, & 1 \leqslant x < 10 \\ 3x-11, & x \geqslant 10 \end{cases}$$

   使用 if 语句的嵌套编写程序, 输入 x 的值, 输出 y 相应的值。

8. 某企业发放奖金根据利润来提成。方法如下:

(1) 当利润 x 低于或等于 10 万元时, 奖金按 10%提成;

(2) 当利润 x 高于 10 万元且低于 20 万元 (10 万元<x<= 20 万元) 时, 低于 10 万元的部分按 10%提成, 高于 10 万元的部分按 7.5%提成;

(3) 当 20 万元<x<= 40 万元, 低于 20 万元的部分仍然按照上述办法提成 (下同), 高于 20 万元的部分按 5%提成;

(4) 当 40 万元<x<= 60 万元时, 高于 40 万元的部分按 3%提成;

(5) 当 60 万元<x<= 100 万元时, 高于 60 万元的部分按 1.5%提成;

(6) 当 x>100 万元时, 超过 100 万元的部分按 1%提成。从键盘上输入某个月的利润, 求应发的奖金总数。

   提示: 利润超过 10 万元对应的奖金总数需要分段求得, 例如, 利润为 30 万元时, 奖金 = 第 1 个 10 万元的部分按 10%提成+第 2 个 10 万元的部分按 7.5%提成+第 3 个 10 万元的部分按 5%提成 = 10×0.1+10×0.075+10×0.05。

第5章

循 环 结 构

在日常生活中，我们经常会重复做一些事情，如为了记住某一首诗词，我们会反复去读、去背诵；为了提高英语听力，我们会重复听一段听力素材；在玩游戏时，也会重复做某些动作，直到任务完成。在程序设计中，也会出现某些语句重复执行的情况，这就需要有一种控制结构，能让某些语句多次被执行，这就是程序设计中的循环结构。

循环结构主要描述两个重要部分：需要重复执行的语句（也称为循环体）和重复执行的条件（也称为循环继续的条件）。例如，当需要重复放映某段视频 10 次时，重复执行的语句就是放映视频，重复执行的条件就是次数不超过 10 次。

在 C 语言中，实现循环结构的指令都具有描述这两个部分的功能，循环程序设计好后，在程序运行时，由计算机自动按照这个描述去重复执行设定好的操作。因此程序设计人员只需要学习提炼出程序中哪些地方需要使用循环，以及循环继续的条件，并将循环体写在相应的部分就可以了。由此可见，学习循环结构也是有章可循的。

C 语言中，用来实现循环结构的常用语句有 while 语句、do…while 语句和 for 语句。

5.1　while 语句

while 语句的语法形式如下：

```
while(表达式)    语句
```

其中，表达式是循环继续的条件，表达式后的语句为循环体。循环体可以是一条简单的语句、一条空语句，也可以是复合语句，还有可能是一条流程控制语句。如果由多条语句构成一个循环体，那么循环体一定要加上花括号"{ }"构成复合语句。

while 语句的语法很简单，循环体只写一次，但是它会被多次执行，我们可以通过其执行流程图（见图 5.1）了解原因，进一步加深对循环结构的理解，便于后续编程。

【执行流程】

由图 5-1 可见，while 循环语句的特点是：先计算表达式的值，再决定是否执行循环体语句。表达式取值有可能为假，此时循环语句一次也不执行。当循环语句执行完一次后，程序运行流程会回到前面，再次计算表达式的值，然后执行循环语句，形成一个不断重复的通道，这就是循环。下面我们通过一些示例，学习怎么用 while 语句进行循环结构程序设计。

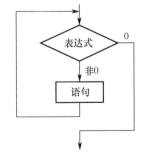

图 5.1　while 循环语句执行流程

例 5.1　全班有 30 名学生，统计每名学生三门课的平均成绩并输出。

【算法分析】

重复语句分析：这个任务中存在需要重复执行的语句，可以用循环结构来实现。

先将第一名学生的三门课成绩输入到变量 s1、s2、s3 中，计算平均成绩并保存到变量 aver 中，然后输出，实现语句如下：

```
scanf("%f,%f,%f",&s1,&s2,&s3);
aver=(s1+s2+s3)/3;
printf("aver=%7.2f",aver);
```

接着输入第二名学生的三门课成绩，计算平均成绩，然后输出，也使用这三条语句，依此类推。这样我们就找到了重复执行的语句，就是以上这三条语句。

循环控制分析：循环过程要有令其结束的条件，否则就是无限循环。由于该班有 30 名学生，这里可以引入一个计数器，每计算一名学生的平均成绩就计数一次。计数器用一个变量来承担，假设计数器变量名为 i，它的起始值可以设为 1，每执行一次循环就加 1，即要执行 i=i+1 操作，当 i 的值超过 30 时，循环结束，那么 i<=30 这个表达式就是循环继续的条件。

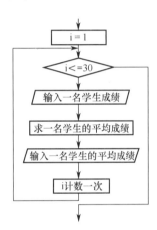

由于上述原因，循环语句中会增加一条语句：i=i+1；也就是依次计数，这样每执行一次循环，i 的值就会递增 1，i 的值改变会逐渐接近 30，继而超过 30，结束循环。

用计数器来控制循环结构的方法，在许多涉及已知重复执行次数的循环设计中会经常用到，必须掌握。

算法分析完后，画出程序流程图，如图 5.2 所示，然后根据流程图写出程序。

图 5.2　例 5.1 的程序流程图

【程序代码】

```c
#include <stdio.h>
int main( )
{  int  i=1;
   float  aver,s1,s2,s3;
   while(i<=30)
   {   printf("输入第%d 名学生的成绩:\n",i);
       printf("语文:");
       scanf("%f",&s1);
       printf("数学:");
       scanf("%f",&s2);
       printf("外语:");
       scanf("%f",&s3);
       aver=(s1+s2+s3)/3;
       printf("三门课平均成绩:%f\n",aver);
       i++;
   }
   return  0;
}
```

例 5.2　求 1+2+3+⋯+100 的和，即 $\sum_{n=1}^{100} n$。

【算法分析】

重复语句分析：这是一个求多项式和的例子，需要反复进行加法运算。加法运算涉及两个对象：加数与和。传统的思路是：加数 1+加数 2=和，和与加数之间没有后续联系。本例中有多个加数，需要一步步累加运算，因此会产生中间结果，就是中间和，加法运算就可以看成中间和+加数=新的中间和。加数也有规律，后一个加数比前一个加数大 1。所以重复操作如下：

中间和 + 加数 = 新的中间和

加数增 1

变量是用来保存数据的存储单元，这里设保存中间和的变量为 sum，保存加数的变量为 i，则这两条重复语句可以写为

```
sum=sum+i;  // 中间和加上加数后，仍保存到中间和变量中，用新值取代旧值。sum 起始值为 0
i=i+1;      // 用旧的加数进行运算后得到新的加数，这就是迭代。加数的起始值为 1
```

这里请注意 C 语言的表达式和传统数学表达式的区别。可以用变量来保存数据以备后用，用赋值语句完成数据的写入，后面就可以用这些变量代替数据，参与数据处理，这是编写程序进行计算和人为计算的区别之一。

循环控制分析：以上两条语句要重复执行 100 次，也就是加数不能超过 100，也可以理解为加数从 1 变化到 100。用加数的变化范围作为循环控制的条件，即 i<=100。

例 5.2 的程序流程图如图 5.3 所示。

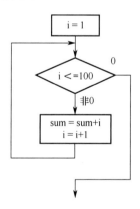

图 5.3　例 5.2 的程序流程图

【程序代码】

```c
#include <stdio.h>
int  main()
{
    int sum=0 , i=1 ;
    while (i<=100)
    {
        sum+=i;    // sum=sum+i;
        i++;       // i=i+1;
```

```
    }
    printf("sum=%d\n",sum);
    return  0 ;
}
```

在例 5.2 中，1, 2, 3, …, 100 是一个等差数列，可以利用公式 $n(n+1)/2$ 求和。本例最简单的做法就是直接按照公式完成编程，程序代码如下：

```
#include <stdio.h>
int  main()
{
    int   sum ;
    sum = (1+100)*100/2;
    printf("sum=%d\n",sum);
    return  0 ;
}
```

在编程任务中若可以利用现成的数学公式，则直接用数学公式编程，效率更高。但是有些多项式求和任务不一定能简单地用数学公式完成，学习了第一种方法后，有利于我们利用这个思路完成其他同类任务。

例 5.3　计算 5! =1×2×3×4×5。

【算法分析】

重复语句分析：这是一个反复进行乘法运算的例子，可以仿照例 5.2 完成。重复语句如下：

新的中间积 ＝ 中间积 × 乘数
乘数增 1

用变量 s 保存中间积，用变量 i 保存乘数，上述重复语句可以用 C 语言的形式写为

s = s*i ; // s 的初值为 1。从 s 的旧值推导出新值，该过程称为迭代
i = i+1 ; // i 的初值为 1

循环条件分析：这两条语句要重复执行 5 次，乘数正好从 1 变化到 5，用乘数的变化作为循环控制的条件，即 i<=5。

【程序代码】

```
#include <stdio.h>
int  main()
{   int   i=1 , s=1;
    while ( i <= 5 )
    {   s = s * i ;
        i++ ;
    }
    printf("5!=%d\n",s);
    return   0;
}
```

当然在进行程序设计时还要考虑很多东西，如程序适用面问题。上述程序只能求 5!，如果求任意正整数的阶乘，那么该如何修改该程序呢？待求阶乘的数据在程序运行期间给出，设置一个变量 n 来保存它。代码改进如下：

```
#include <stdio.h>
int main()
{   int   i=1 , s=1,n;
    printf("Enter n:");
    scanf("%d",&n);
    while ( i <= n )
    { s = s * i ;
       i++ ;
     }
    printf("%d!=%d\n",n,s);
    return   0;
}
```

【运行验证】

当运行程序时，输入 20，程序运行结果如下：

Enter n:20
20!=-2102132736
请按任意键继续. . .

阶乘结果为负数的主要原因是存放乘积结果的变量被定义为 int 类型，程序运行后的结果超过了 int 描述的范围，改进程序如下：

```
#include <stdio.h>
int main()
{   int   i=1 , n;
    double  s = 1;
    printf("Enter n:");
    scanf("%d",&n);
    while ( i <= n )
    { s = s * i ;
       i++ ;
     }
    printf("%d!=%.0f\n",n,s);
    return   0;
}
```

【运行验证】

输入 20 后的程序运行结果如下：

Enter n:20
20!=2432902008176640000
请按任意键继续. . .

这次的执行结果正确。这个例子说明，我们在进行程序设计时，还要为变量选择合适的数据类型。

例 5.4 求多项式 $1+2^1+2^2+2^3+\cdots+2^{n-1}$ 的和。

上述求和问题来源于一个古老的数学问题：棋盘麦粒问题。在印度有一个古老的传说：舍罕国王打算奖赏国际象棋的发明人——宰相西萨·班·达依尔。国王问他想要什么，他对国王说："陛下，请您在这个棋盘的第 1 个小格里，赏给我 1 粒麦子，在第 2 个小格里赏给我 2 粒，在第 3 个小格里赏给我 4 粒，以后每个小格里都比前一个小格的麦子数多一倍。请您把摆满棋盘上所有 64 个小格的麦子都赏给我吧!"国王觉得这个要求太容易满足了,就下令给他这些麦子。当人们把一袋又一袋的麦子搬来开始计数时,国王才发现:即使把全王国的麦子都拿来,也满足不了那位宰相的要求。那么,宰相要求得到的麦子到底有多少呢?

【程序分析】

重复语句分析:与例 5.2 相比,本例中的加数规律不是加 1,而是乘以 2,重复语句如下:

中间和=中间和+加数
加数=加数×2

用变量 sum 保存中间和,变量 a 保存加数,上述重复语句可以改写为

```
sum = sum + a ;   // sum 起始值为 1
a = a * 2 ;       // a 起始值为 1
```

循环控制分析:循环要进行 n 次,可以仿照例 5.1 中设置计数器的方法来控制循环过程,即设置某变量作为计数器,其取值范围为 1~n。

例 5.4 的程序流程图如图 5.4 所示。

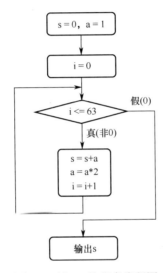

图 5.4　例 5.4 的程序流程图

【程序代码】

```c
#include <stdio.h>
int  main()
{
    int   i = 0, n = 63 ;
    double   sum = 0 , a = 1 ;
    while ( i <= n )
    {
        sum = sum + a ;
        a = a * 2 ;
        i = i + 1 ;
    }
    printf( "sum=%.0lf\n" , sum );
    return 0 ;
}
```

【运行结果】

```
sum=18446744073709552000
请按任意键继续. . .
```

有人用电子秤测算：50g 大米约 2600 粒，那么 500g 大米约 26000 粒。如果放的是这样的大米，那么宰相西萨·班·达依尔大概要拿走 3547007834058.5kg 大米，该重量确实非常惊人！

例 5.5　从键盘输入若干个字符，统计其中数字、字母和其他符号出现的次数。

【算法分析】

重复语句分析：从键盘输入一个字符（设保存到字符型变量 ch）有两种实现语句：

```
scanf( "%c" , &ch ) ;  或者  ch = getchar( ) ;
```

显然从键盘输入的若干字符目前只能边输入边计数，因为我们还没有学习一次保存多个字符。先申请三个变量（设 s1，s2，s3）分别用来保存数字、字母和其他符号的个数。对于每一个字符：

若 ch>='0' && ch<='9' 取值为真，ch 是数字，则 s1 计数；

否则 若 ch>='a' && ch<='z' 或者 ch>='A' && ch<='Z' 取值为真，ch 是字母，则 s2 计数；

否则 s3 计数。

循环条件分析：若输入的字符个数是已知的，如总数为 20，则可以用计数器来控制循环。

【程序代码】

```
#include <stdio.h>
int  main()
{
    int     i=1,s1,s2,s3 ;
    char  ch;
    s1=s2=s3=0;
    while(i<=20)
    {
    scanf( "%c" , &ch ) ; // 也可以 ch=getchar( )
    if(ch>='0' && ch<='9')   s1++;
    else
        if(ch>='a' && ch<='z' || ch>='A'&&ch<='Z')   s2++;
        else   s3++;
     i++;
    }
    printf( " 有%d 个数字\n" ,s1 );
    printf( " 有%d 个字母\n" ,s2 );
    printf( " 有%d 个其他符号\n" ,s3 );
    return  0 ;
}
```

但有时想随意输入一段长度不固定的字符串，就要改变循环控制条件。例如，将循环控制条件改为输入到回车换行结束，则其循环控制条件为 ch!='\n'。改进后的程序代码如下：

```
#include <stdio.h>
int  main()
{
```

```
int     i=1,s1,s2,s3 ;
char  ch;
s1=s2=s3=0;
ch=getchar(); //事先输入一个字符，使它能第一次进入循环
while(ch!='\n')
{
if(ch>='0' && ch<='9')  s1++;
else
    if(ch>='a' && ch<='z' || ch>='A'&&ch<='Z')  s2++;
    else  s3++;
 ch=getchar();
 }
printf( " 有%d个数字\n" ,s1 );
printf( " 有%d个字母\n" ,s2 );
printf( " 有%d个其他符号\n" ,s3 );
return  0 ;
}
```

由于每次循环都要执行一次输入操作，而循环条件部分也是每次都会执行的，因此可以将 ch=getchar()存放在循环控制条件中，改进后的程序段如下：

```
while((ch=getchar())!='\n')
{
if(ch>='0' && ch<='9')  s1++;
else
    if(ch>='a' && ch<='z' || ch>='A'&&ch<='Z')  s2++;
    else  s3++;
}
```

这种 while((ch=getchar())!='\n')循环控制，也经常出现在要对一批个数未知的字符进行处理的时候使用。

5.2 do…while 语句

除了 while 语句，C 语言还提供了 do…while 语句来实现循环结构，其语法形式为

```
do
    语句
while(表达式);
```

其中，“语句”是循环体，表达式是循环继续的条件。

由图 5.5 可知，do…while 语句的执行特点是，先执行循环体，再计算表达式的值，若为真，则继续循环；若为假，则终止循环。因此，do…while 至少要执行一次循环语句。

例 5.6 使用 do…while 语句改写例 5.2。

【算法分析】

例 5.2 中分析出重复语句为：sum=sum+i; i++; 循环继续的条件是 i<=100。用 do…while 语句改写，需要把循环体放在前，循环继续的条件放在后面，例 5.6 的程序流程图如图 5.6 所示。

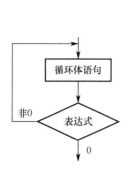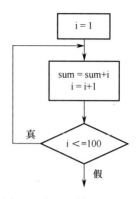

图 5.5   do…while 语句流程图   图 5.6   例 5.6 的程序流程图

【程序代码】

```c
#include <stdio.h>
int main()
{
    int sum=0 , i=1 ;
    do
    {
    sum+=i;    // sum=sum+i;
    i++;       // i=i+1;
    }while (i<=100);
    printf("sum=%d\n",sum);
    return 0 ;
}
```

【运行结果】
sum=5050
请按任意键继续...

通过上例我们发现，用 while 语句编写的程序，只需要将循环继续的条件和循环体交换位置，就可以改写成用 do…while 语句来实现。

例 5.7   do…while 语句 与 while 语句的区别。

（1）使用 while 语句实现的程序。

【程序代码】

```c
#include <stdio.h>
int main()
{
    int sum=0,i;
    printf("Enter i :");
    scanf("%d",&i);
    while(i<=10)
    {
        sum=sum+i;
        i++;
    }
    printf("sum=%d\n",sum);
    return 0 ;
```

```
}
```

第一次运行：

Enter i :1
sum=55
请按任意键继续...

第二次运行：

Enter i :11
sum=0
请按任意键继续...

（2）使用 do…while 语句实现的程序。

【程序代码】

```
#include <stdio.h>
int main()
{
    int sum=0,i;
    printf("Enter i :");
    scanf("%d",&i);
    do
    {
        sum=sum+i;
        i++;
    }while(i<=10);
    printf("sum=%d\n",sum);
    return 0 ;
}
```

第一次运行：

Enter i :1
sum=55
请按任意键继续...

第二次运行：

Enter i :11
sum=11
请按任意键继续...

在第一次执行这两个程序时，输入 1，两者的循环条件 i<=10 都为真，循环进行 10 次，运行结果相同。在第二次执行这两个程序时，输入 11，while 语句需要先执行表达式，再决定循环是否继续，表达式 i<=10 为假，循环语句一次也不执行，运行结果为 0。而 do…while 语句先执行循环语句，再计算表达式，循环语句至少要执行一次，运行结果为 11。

while 语句和 do…while 语句都是当型循环语句，其结构非常相似，但两者之间也存在一定的差别。使用时要注意以下三点：

（1）在 while 语句中，条件控制表达式后没有分号，而在 do…while 循环控制结构表达式后面必须加分号。

（2）当 while 和 do…while 语句在控制表达式的值为真时，程序的运行结果相同，两者之间是等价的。但是当控制表达式的值第一次就取值为假时，程序的运行结果会有所不同。

（3）while 语句和 do…while 语句之间可以互相改写。

例 5.8　从键盘反复输入一个整数，直到它是一个三位正整数，将其百位数字和个位数字交换形成一个新数，然后将该数输出。

【算法分析】

本例的任务可以理解为输入一个数据，当它不是一个三位正整数时，继续输入。

循环体：输入语句 scanf("%d",&a);

循环继续条件：while(a<100 || a>999)，即 a 不是一个三位正整数。

【程序代码】

```c
#include <stdio.h>
int  main()
{
    int  a , b;
    do
    {   printf("请输入一个三位数:");
        scanf("%d",&a);
    }while( a<100 || a>999 );
    b=a/100+a/10%10*10+a%10*100;
    printf("新的三位数为：%d\n",b);
    return 0 ;
}
```

【运行结果】

```
请输入一个三位数:12
请输入一个三位数:89
请输入一个三位数:-908
请输入一个三位数:6666
请输入一个三位数:123
新的三位数为：321
请按任意键继续...
```

这样的一段循环程序可以起到"闸门"的作用，即只有当数据是合理的，才能继续后续程序的运行。

例 5.9　从键盘输入 10 个实数，求其中的最大数。

【算法分析】

求最大数或最小数，都可以使用"打擂法"。先预设第一个数为最大数，然后与后续数据进行比较，若出现了更大数，则更新最大数，直到所有数据比较完毕，就可以得到最大数。现在我们还没有学习如何保存批量数据，只能定义一个变量，例如 x，分时地给 10 个数据使用。定义一个变量 max，用来存放最大数。

循环体：输入一个数据到 x，若 x>max，则 max = x。这里一定要注意第一个数需要事先输入，这样才能进行最大数的预设。

循环继续的条件：这是一个循环次数已知的程序设计，可以用计数器控制循环过程。

【程序代码】

```c
#include <stdio.h>
int main( )
{
    float x,max;
    int     i=1;  // i 为计数器，其值从 1 变化到 10，起控制循环的作用
```

```
  scanf("%f",&x);  //第一个数的输入要单独放在循环外面，先进行处理
  max=x;    //预设最大数为第一次输入到 x 中的数据
  do
  { scanf("%f",&x);
    if (x>max)
         max=x;
     i++;
     }while (i<10);
  printf("max=%f\n",max);
 return 0;
}
```

思考：while 后的表达式为什么是 i<10，而不是 i<=10？

例 5.10　求 $1+\dfrac{1}{3}+\dfrac{1}{5}+\dfrac{1}{7}+...+\dfrac{1}{2n-1}$ 的和，直到发现某项加数的值小于 10^{-6} 为止。

【算法分析】

这是一个多项式求和的例子。

循环体：求和与构造加数。后一项加数的分母是前一项加数的分母加 2。设 p 存放和，t 存放加数，n 存放分母，例 5.10 的程序流程图如图 5.7 所示。

循环继续的条件：加数的值不小于 10^{-6}。

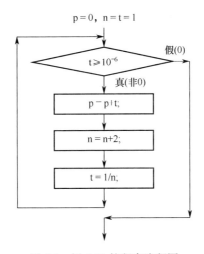

图 5.7　例 5.10 的程序流程图

【程序代码】

```
#include <stdio.h>
int main( )
{
   double  p = 0, t, n ;
   t = n = 1;  //设置初值
   do
   {
      p = p + t ;  //求和
```

```
        n = n + 2; //改变分母
        t = 1 / n ; //构造加数
    } while( t >=1e-6 );
    printf( "%f\n", p );
    return 0;
}
```
【运行结果】
7.542937
请按任意键继续. . .

请问，若此程序中的变量 n 为 int 型，则需要修改哪个语句才能使结果正确？

5.3　for 语句

C 语言不仅提供了 while 语句和 do…while 语句来实现循环结构，还可以用 for 语句来实现循环结构。for 语句非常适用于循环次数已知的程序的编写，也适用于循环次数未知的循环结构的编写。for 语句的语法形式如下：

for(表达式 1；表达式 2；表达式 3)
　　　循环体语句

通过图 5.8，掌握 for 语句的执行流程。

【执行流程】

（1）先求解表达式 1。

（2）求解表达式 2，若其值为真（非 0），则执行循环体语句，然后进入第（3）步；若其值为假（0），则结束循环，转到第（5）步。

（3）求解表达式 3。

（4）转回第（2）步，继续从前向后执行 for 语句。

（5）循环结束，执行 for 语句下面的语句。

表达式 1：只执行一次，用来对一个或多个变量设置初值。可以没有。

表达式 2：会被重复执行，用来作为 for 语句循环继续的条件。

表达式 3：也会被重复执行，是循环的调整器。

for 语句执行时，先计算表达式 2 的值，再决定是否需要继续循环，与 while 语句执行过程类似，只是表达式和循环体放在不同的位置书写而已。for 语句也会因为条件不满足，从而循环一次也不执行。

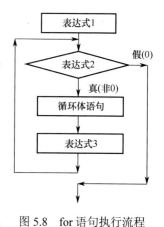

图 5.8　for 语句执行流程

例 5.11　使用 for 语句改写例 5.2 中的 while 语句。

【程序代码】

```
#include <stdio.h>
int  main()
{
    int sum=0 ,i;
    for(i=1;i<=100;i++)
    sum=sum+i;
```

```
    printf("sum=%d\n",sum);
    return  0 ;
}
```

表达式 1：i=1; 是对设置循环控制变量（在这里也作为加数）的初值。

表达式 2：i<=100; 是循环继续的条件。

表达式 3：i++; 是用来改变循环控制变量（也是加数）的值。

三种循环语句可以互相改写。试对分别用三种循环语句实现求和任务的程序段进行比较。

（1）用 while 语句实现。

```
i = 1;
while ( i < = n )
    sum + = i + + ;
```

（2）用 do…while 语句实现。

```
i = 1;
do
    sum + = i + + ;
while ( i < = n );
```

（3）用 for 语句实现。

```
for(i=1;i<=100;i++)
    sum=sum+i;
```

显然用 for 语句编写的循环结构更简单、容易阅读，便于从全局了解循环过程和执行次数。

【说明】

（1）for 循环中的"表达式 1""表达式 2"和"表达式 3"都是可以省略的，但分号（;）不能省略。

（2）若省略了"表达式 1"，则表示不在 for 语句中为循环控制变量赋起始值。例如

```
i=1;
for(i<=100 ; i++; )   / *在 for 语句之前给循环变量赋初值*/
{
 sum=sum+i;
}
```

（3）若省略了"表达式 2"，则不做其他处理，便成为无限循环。例如

```
for( i=1; ; i++ )  sum=sum+i;
```

相当于

```
i=1;
while(1)
{
 sum=sum+i;
    i++;
}
```

（4）若省略了"表达式 3"，则不在表达式 3 的位置对循环控制变量，这时可在语句体中加入修改循环控制变量的语句。例如

```
for( i=1; i<=100 ; )
{
```

```
  sum=sum+i;
  i++;
}
```

（5）若同时省略了"表达式 1"和"表达式 3"，则 for 语句就相当于 while 语句。例如

```
i=1;
for( ; i<=100 ; )
{ sum=sum+i;
i++;}
```

相当于

```
i=1;
while(i<=100)
{
 sum=sum+i;
 i++;
}
```

（6）若 3 个表达式均省略，则 for 语句是无循环终止条件的循环。例如

```
 i=1;
for( ; ; )
{ sum=sum+i;
i++;
}
```

相当于

```
while(1)
{ sum=sum+i;
i++;
}
```

（7）表达式 1 可以是设置循环变量初值的赋值表达式，也可以是其他表达式。例如

```
i=1;
for( sum=0; i<=100; i++ )
sum=sum+i;
```

（8）表达式 1 和表达式 3 可以是一个简单表达式，也可以是逗号表达式。特别是在有两个循环变量参与对循环控制的情况下，若表达式 1 和表达式 3 均为逗号表达式，则程序将显得非常清晰。例如

```
for( sum=0,i=1; i<=100; i++ )
    sum=sum+i;
```

又如

```
for( i=0,j=100; i<=100; i++,j-- )
    k=i+j;
```

（9）表达式 2 一般是关系表达式或逻辑表达式，但也可以是数值表达式或字符表达式，只要其值非零，就执行循环体。例如

```
for( i=0; (ch=getchar())!='\n'; i+=ch );
```

又如：

```
for( ; (ch=getchar())!='\n' ; )
  printf("%c",ch);
```

（10）循环体也可以为空语句。例如

将循环体放进表达式 3 中，即

```
for(sum=0,i=1;  i<=100;  sum+=i,i++)  ;
```

或者也可以把循环体放进表达式 2 中，即

```
for(sum=0,i=1;  sum+=i,  i<100;  i++)  ;
```

综上所述，for 语句是非常方便灵活的，关键是掌握它的执行流程。

例 5.12 编程输出斐波那契（Fibonacci）数列的前 40 个数。

Fibonacci 数列为：1, 1, 2, 3, 5, 8, 13, 21, 34, …

$$F_1 = 1$$
$$F_2 = 1$$
$$F_n = F_{n-1} + F_{n-2} \quad (n \geqslant 3)$$

【程序分析】

这个任务涉及一批数据，怎么用少量的存储空间来完成这个任务呢？只能定义几个变量，轮流使用。定义两个变量：f1、f2，前两个数据没有规律，将其直接设置为 1，如表 5.1 所示。

表 5.1　在 Fibonacci 数列中使用两个变量的变化规律

第 1 个	第 2 个	第 3 个	第 4 个	第 5 个	第 6 个	第 n 个
f1	f2	f1'	f2'	f1''	f2''	…
1	1	f1+f2	f2+f1'	f1'+f2'		…

利用变量的特性"新的来旧的去"，可以在前两个数据使用完变量后，将变量的使用权后移。这样做的缺点是不能回溯，第 6 章会解决这个问题。那么重复语句如下：

```
f1 = f1 + f2 ;
f2 = f2 + f1;
输出 f1,f2;
```

显然这是一个已知循环次数的程序，可以设置计数器来控制程序的执行，用变量 i 作为计数器，例 5.12 的程序流程图如图 5.9 所示。

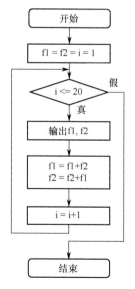

图 5.9　例 5.12 的程序流程图

【程序代码】

```c
#include <stdio.h>
int main()
{
  int  f1=1,f2 = 1, i;
  for( i=1; i<=20; i++)
{
    printf("%12d %12d ",f1,f2);
    if( i%2 == 0 )  printf("\n");  // 每执行两次循环，换一行，每行打印四个数
    f1=f1+f2;
    f2=f2+f1;
}
  return 0;
}
```

【运行结果】

```
         1            1            2            3
         5            8           13           21
        34           55           89          144
       233          377          610          987
      1597         2584         4181         6765
     10946        17711        28657        46368
     75025       121393       196418       317811
    514229       832040      1346269      2178309
   3524578      5702887      9227465     14930352
  24157817     39088169     63245986    102334155
```
请按任意键继续. . .

例 5.13　鸡兔共有 30 只，脚共有 90 只，问鸡兔各有多少只？

【算法分析】

这是一个古老的数学问题。该程序最大的特点就是可以使用枚举法，也称为穷举法，列出每组数据，然后判断其可能性，鸡与兔的数量关系如表 5.2 所示。

表 5.2　鸡与兔的数量关系

鸡的数量/只	0	1	2	3	…	30
兔的数量/只	30	29	28	27	…	0
脚的数量/只	120	118	116	114	…	60

循环继续的条件可以用鸡（或者兔）的数量来控制，即 0～30。

【程序代码】

```c
#include <stdio.h>
int  main()
{
    int  x;   //x 代表鸡的数量，则兔的数量为(30-x)只
    for(x=0; x<=30; x++)
       if( 2*x + 4*(30-x) = = 90 )
       //可以把表达式 1 理解为 x 的初值，表达式 2 是 x 的终值
       {  printf("鸡:%d\n",x);
          printf("兔:%d\n",30-x);
```

```
        }
    return  0;
}
```

【运行结果】
鸡:15
兔:15
请按任意键继续. . .

思考题:请问可以继续优化本程序吗?

5.4　循环结构的嵌套

与选择结构一样,循环结构也可以嵌套。一个循环体内又包含另一个完整的循环结构,称为循环的嵌套。内嵌的循环体称为内循环,外面的循环体称为外循环。若内循环体中又嵌套循环语句,则构成多重循环。while、do…while 和 for 三种循环可以互相嵌套。

在循环嵌套的程序中,要求内循环必须被包含在外层循环的循环体中,不允许出现内外层循环体交叉的情况,并且内层循环和外层循环的循环控制变量最好不要相同。

下面几种循环结构的嵌套形式都是合法的。

```
(1) while( )        (2) do             (3) for(;;)
    {…                   {…                  {…
     while( )             do                  for(;;)
      {…}                  {…}                 {… }
     …                    } while( );          …
    }                    } while( );          }
(4) while( )        (5) for(;;)        (6) do
    {…                   {…                  {…
     do                  while( )            for(;;)
     {…                   {…}                 {…}
     }while( );          …                   …
    }                    }                   }while( );
```

例 5.14　编写程序,输出用符“*”组成如下的一个矩形。

```
*****
*****
*****
*****
*****
```

【程序分析】本例输出一个平面图形,每行输出 5 个“*”,一共输出 5 行。对于某一行要输出 5 个字符,这是一个重复过程,重复次数为 5 次。可以用

```
for(i=1; i<=5; i++)   printf("*");
```

若要输出 5 行,则应该把上述语句重复 5 次,即

```
for( j=1; j<=5; j++ )   // j控制行
    {
      for( i=1; i<=5; i++ )
```

```
        printf("*");
    printf("\n");
}
```

这里每输出一行后要换行，否则就会输出到同一行。

```
＊
＊＊
＊＊＊
＊＊＊＊
＊＊＊＊＊
```

【程序代码】

```
#include <stdio.h>
int main()
{ int  i,j;
  for( j=1; j<=5; j++ )  // j 控制外循环
  {
      for( i=1; i<=5; i++ )  printf("*");  // i 控制内循环
      printf("\n");
  }
  return 0;
}
```

【程序运行过程】

以上程序含有两层循环嵌套，程序运行先从外循环进入，执行到内循环时，只有当内循环的所有次数执行完毕，才能进入下一轮外循环。

两层循环嵌套程序的运行过程如表 5.3 所示。

表 5.3　两层循环嵌套程序的运行过程

j	j=1（第一次外循环）					j=2（第二次外循环）					…
i	1	2	3	4	5	1	2	3	4	5	…
内循环	*	*	*	*	*	*	*	*	*	*	…
					换行					换行	…

改写例 5.14 程序，输出如下由*组成的直角三角形。可以先查找规律，这个图形的第一行输出一个 "*"，第二行输出两个 "*"，以此类推，因此输出的 "*" 的个数与行号是一致的。可以设置一个计数器 i，控制 "*" 的输出，因此某一行输出就可以用语句：for(i=1; i<=行号; i++) printf("*");实现。行号从 1 变化到 5。

【程序代码】

```
#include <stdio.h>
int main()
{ int  i,j;   //j 是控制行号的变量，i 是输出*的计数器
  for( j=1; j<=5; j++ )
  {
      for( i=1; i<=j; i++ )  printf("*");
      printf("\n");
  }
  return 0;
}
```

例 5.15　编程输出如下所示的九九乘法表。

```
1×1=1
1×2=2    2×2=4
1×3=3    2×3=6    3×3=9
1×4=4    2×4=8    3×4=12   4×4=16
1×5=5    2×5=10   3×5=15   4×5=20   5×5=25
1×6=6    2×6=12   3×6=18   4×6=24   5×6=30   6×6=36
1×7=7    2×7=14   3×7=21   4×7=28   5×7=35   6×7=42   7×7=49
1×8=8    2×8=16   3×8=24   4×8=32   5×8=40   6×8=48   7×8=56   8×8=64
1×9=9    2×9=18   3×9=27   4×9=36   5×9=45   6×9=54   7×9=63   8×9=72   9×9=81
```

【算法分析】

以第 4 行的输出为例：1*4=4   2*4=8   3*4=12   4*4=16

（1）printf("%d * %d = %d   ", 1, 4, 1*4);

（2）printf("%d * %d = %d   ", 2, 4, 2*4);

（3）printf("%d * %d = %d   ", 3, 4, 3*4);

（4）printf("%d * %d = %d   ", 4, 4, 4*4);

这是 4 个相似的语句，只有第一个乘数不同，即从 1 变化到 4，假设用 j 表示这个乘数，这 4 个语句就可以变成相同的，即 printf("%d * %d = %d   ", j, 4, j*4); 这条语句将重复执行 4 次，写成循环如下：

```
for ( j=1; j<=4; j++ )
        printf("%d * %d = %d   ", j, 4, j*4);
```

用同样的方法，可以得出输出第 5 行的程序段：

```
for ( j=1; j<=5; j++ )
        printf("%d * %d = %d   ", j, 5, j*5);
```

依此类推，每行的输出都是用一个循环程序段完成的，而且这些程序段是相似的，一共输出 9 行，使用变量 i 控制行，i 从 1 变化到 9：

```
for ( i=1; i<=9; i++)
    { for ( j=1; j<=i; j++)  //输出第 i 行;
            printf("%d*%d=%-2d  ",j,i,i*j);
        printf("\n"); //换行;
    }
```

【程序代码】

```
#include <stdio.h>
int main()
{   int i ,j ;
    for ( i=1; i<=9; i++)
    { for ( j=1; j<=i; j++)
            printf("%d*%d=%-2d  ",j,i,i*j);
        printf("\n");
    }
    return 0;
}
```

例 5.16   百元买百鸡问题。假定小鸡每只 5 角，公鸡每只 3 元，母鸡每只 2 元。现有 100 元要买 100 只鸡，列出所有可能的购鸡方案。

【算法分析】

本例与例 5.13 相似，涉及 3 种不同种类的鸡，也可以使用穷举法。设 x 代表公鸡的数量，y 代表母鸡的数量，z 代表小鸡的数量。公鸡最少有 0 只，最多有 100 只，母鸡最少有

0 只，最多有 100 只，小鸡最少有 0 只，最多有 100 只。在所有情况中，买到的鸡的总数必须是 100 只，即 x+y+z==100，而且花的钱必须是 100 元，即 3*x+2*y+0.5*z==100。

【程序代码】

```
#include <stdio.h>
int main()
{   int x,y,z;  //x 代表公鸡的数量，y 代表母鸡的数量，z 代表小鸡的数量
    for(x=0;x<100;x++)
    for(y=0;y<100;y++)
      for(z=0;z<100;z++)
       {
            if(((3*x+2*y+0.5*z)==100)&&((x+y+z)==100))
            printf("有公鸡%-3d 只,母鸡%-3d 只,小鸡%-3d 只\n",x,y,z);
       }
    return  0;
}
```

【运行结果】
```
有公鸡2  只,母鸡30 只,小鸡68 只
有公鸡5  只,母鸡25 只,小鸡70 只
有公鸡8  只,母鸡20 只,小鸡72 只
有公鸡11 只,母鸡15 只,小鸡74 只
有公鸡14 只,母鸡10 只,小鸡76 只
有公鸡17 只,母鸡5  只,小鸡78 只
有公鸡20 只,母鸡0  只,小鸡80 只
请按任意键继续...
```

本程序是一个三层循环嵌套，循环总共要执行 100×100×100 次，也就是一百万次，本程序可以优化吗？请读者自行优化程序。

5.5　break 语句和 continue 语句

5.5.1　用 break 语句提前终止循环

break 语句通常用在循环语句和开关语句中。当 break 语句用于开关语句 switch 中时，可使程序跳出 switch 而执行 switch 后面的语句；当 break 语句用于 while、do…while、for 循环语句中时，可以终止当前循环而执行循环后面的语句，通常 break 语句总是与 if 语句放在一起，当满足一定条件时便跳出循环。以 while 循环中用到 break 语句为例：

```
while(表达式 1)
   { …
     if(表达式 2)  break;
     …
   }
```

break 语句用在 while 循环中的执行流程如图 5.10 所示。

从图 5.10 中可以看出，循环有以下两个结束的出口：

（1）当表达式 1 取值为假时，循环结束，这是循环的正常出口；

（2）当表达式 2 取值为真时，执行 break 语句，循环提前结束，这是一个新的出口。

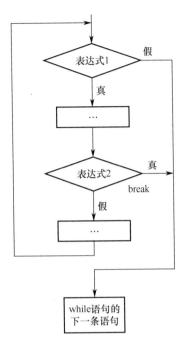

图 5.10　break 语句用在 while 循环中的执行流程

例 5.17　从键盘输入一个大于 3 的正整数 n，判定它是否为质数（Prime，又称素数）。

【算法分析】

质数是只能被 1 和自身整除的自然数。对于正整数 n，若能被 $2 \sim (n{-}1)$ 之间的任何一个整数整除，则 n 一定不是质数，可以结束判断过程。循环控制条件是除数从 2 变化到 $(n{-}1)$。例 5.17 的算法流程图如图 5.11 所示。

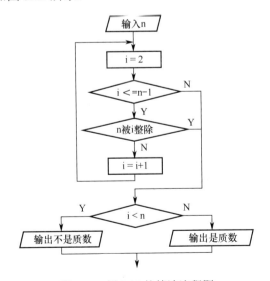

图 5.11　例 5.17 的算法流程图

循环有两个结束的出口：① i<=n-1 不成立；② n 能被 i 整除。从出口①结束循环，说明 n 是质数；从出口②结束循环，说明 n 不是质数。

对于那些无法结束的循环，也可以在循环体内设置 break 语句，避免无限循环。

【程序代码】

```c
#include <stdio.h>
int main()
 { int n,i;
   printf("Enter n: ");
   scanf("%d",&n);
   for (i=2; i<=n-1; i++)
      if(n%i==0) break;
   if(i<n) printf("%d is not a prime number. \n",n);
   else    printf("%d is a prime number.\n",n);
   return  0;
}
```

【运行结果】

```
Enter n: 14
14 is not a prime number.
请按任意键继续. . .
```

【程序分析】

第一次进入循环，i=2，14%2 为 0，执行 break 命令，提前结束循环，循环只执行了一次。i 此时的值为 2，小于 14，输出不是质数。

【程序改进】

不必用 2～(n-1)之间的数进行整除运算，只需用 2～$\sqrt{n}$ 之间的数进行整除运算，就可以判断 n 是否为质数。$\sqrt{n}$ 是一个实数，整除运算要求只能整数参与，因此可以取 $\sqrt{n}$ 的整数部分进行比较。求平方根要用到数学函数 sqrt()，在程序开头要包含数学函数库文件 math.h。

改进后的程序代码如下：

```c
#include <stdio.h>
#include <math.h>
int main()
{
int n,i,k;
printf("Enter  n: ");
scanf("%d",&n);
k=sqrt(n);
for (i=2; i<=k; i++)
  if(n%i==0) break;
if(i<=k)    printf("%d is not a prime number. \n",n);
else        printf("%d is a prime number.\n",n);
return  0;
}
```

例 5.18   求 3～100 以内所有的质数。

【算法分析】

这是对例 5.17 程序功能的延伸。被判断的数据为 3～100，每个数据的判断过程都与例 5.17 类似，因此该程序是一个循环嵌套程序，内循环判断一个数是否为质数，外循环控制被判断的数从 3 变化到 100。这里要注意变量所代表的信息范畴，一般情况下，一个变量名只给同一类数据使用，有自己的变化轨迹。如此处的 k 与被测试的除数范围有关，为 2～$\sqrt{n}$，因此当 n 变化时，它也会变，所以要把"k=sqrt(n)";放到外循环体内，每执行一次外循环要重新算一次。

【程序代码】

```c
#include <stdio.h>
#include <math.h>
int main()
{ int n,i,k,m=0;  //m用来计数
 for(n=3; n<100; n+=2)
 { k=sqrt(n);
   for (i=2; i<=k; i++)
       if(n%i==0)  break;
       if(i>k)     //没有提前结束循环，是质数
       {
           printf("%5d",n);
           m++;
           if(m%5==0)  putchar('\n'); //输出到m的倍数个就换行
       }
 }
 printf("\n");
 return  0;
}
```

【运行结果】

```
   3    5    7   11   13
  17   19   23   29   31
  37   41   43   47   53
  59   61   67   71   73
  79   83   89   97
请按任意键继续. . .
```

5.5.2　用 continue 语句提前结束本轮循环

continue 语句的作用是跳过循环体中剩余的语句而强行执行下一次循环。continue 语句只用在 for、while、do…while 等循环体中，常与 if 条件语句一起使用，用来加速循环。以 while 循环中用到的 continue 语句为例：

```c
while(表达式1)
    { …
       if(表达式2)  continue;
       …
    }
```

continue 语句用在 while 循环中的执行流程如图 5.12。

例 5.19　从键盘输入 10 个数，求输入的正数之和。

【程序代码】

```c
#include<stdio.h>
int main( )
```

```
{
    int i,n,sum=0;
    for(i=1;i<=10;i++)
    {
        scanf("%d",&n);
        if(n<0)  continue;
        sum=sum+n;}
    printf("SUM=%d\n",sum);
    return  0;
}
```

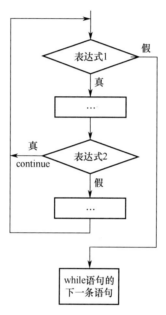

图 5.12   continue 语句用在 while 循环中的执行流程

【程序分析】

在循环体中有一条语句"if(n<0) continue;",若输入的是一个负数,就会执行 continue 语句,循环体中后续的语句"sum=sum+n;"会被跳过。用 continue 语句可以提前结束本次循环,是加速循环的一种好方式。

习题 5

一、选择题

1. C 语言中,下列叙述正确的是（   ）。

A．由 do…while 语句编写的循环不能改写成由 while 语句编写的循环

B．由 do…while 语句构成的循环,必须用 break 语句才能退出

C．由 do…while 语句构成的循环,当 while 语句中的表达式值为非零时结束循环

D．由 do…while 语句构成的循环,当 while 语句中的表达式值为零时结束循环

2. 阅读程序：

```c
#include <stdio.h>
int main()
{
    int num=0;
    while( num <=2){
    num++;  printf("%d\n",num);
    }
return  0;
}
```

上面程序的输出结果是（　　　）。

A. 1　　　　　　　B. 1　　　　　　　C. 1　　　　　　　D. 1
　　2　　　　　　　　　2　　　　　　　　2
　　3　　　　　　　　　3
　　4

3. 设变量已正确定义，以下不能统计出一行中输入字符个数（不包含回车符）的程序段是（　　　）。

A. n=0; while（(ch=getchar（）)! ='\n'） n++;

B. n=0; while（getchar（）! ='\n'） n++;

C. for（ n=0;getchar（）! ='\n';n++）;

D. n=0; for（ch=getchar（）; ch! ='\n';n++）;

4. 在 for 语句的语法形式中：

```
for(表达式 1；表达式 2；表达式 3)
      循环体；
```

其中（　　）是控制循环继续的表达式。

A. 表达式 1　　　　　B. 表达式 2　　　　C. 表达式 3　　　　D. 都是

5. 以下程序的功能是按顺序读入 4 名学生 3 门课程的成绩，计算出每名学生的平均成绩并输出，程序如下：

```c
#include<stdio.h>
int main( )
{   int n,k;
    float score,sum,ave;
    sum=0.0;
    for(n=1;n<=4;n++)
    {
        for(k=1;k<=3;k++)
        {
            scanf("%f",&score);
            sum+=score;}
        ave=sum/3.0;
        printf("NO%d:%f\n",n,ave);
    }
    return 0;
```

```
}
```

上述程序运行后结果不符合题意，是因为其中有一条语句在程序中的错误位置，这条语句是（   ）。

A．sum+=score;   B．printf("NO%d:%f\n",n,ave);

C．ave=sum/3.0;   D．sum=0.0;

6．有如下程序段：

```
for(n=100;n<=200;n++)
{ if(n%3==0)  continue;
printf("%5d",n);  }
```

与上述程序段等价的是（   ）。

A．for(n=100;(n%3==0)&&n<=200;n++)   printf("%5d",n);

B．for(n=100;(n%3==0)||n<=200;n++)   printf("%5d",n);

C．for(n=100;n<=200;n++)

    if((n%3)!=0)   printf("%5d",n);

D．for(n=100;n<=200;n++)

    { if(n%3==0) printf("%5d",n);

    else   continue;

    break;}

7．阅读以下程序：

```
#include "stdio.h"
#include "math.h"
int main()
{
float x,y,z;
scanf("%f,%f",&x,&y);
z=x/y;
while(1)
{
if( fabs(z)>1.0 )
{ x=y;  y=z;  z=x/y; }
else   break;
}
printf("%5.2f\n",y);
return 0;
}
```

当从键盘输入 3.6,2.4 <CR>后，程序运行结果为（   ）。

A．1.8   B．1.6   C．2.0   D．1.4

8．以下程序的输出结果为（   ）。

```
#include<stdio.h>
int main( )
{
  int i,j,m=1;
  for(i=1;i<3;i++)
  {
```

```
    for(j=3;j>0;j--)
    {  if(i*j>3)  break;
        m*=i*j;}
}
printf("m=%d\n",m);
return 0;
}
```

A. m=6　　　　　B. m=2　　　　　C. m=5　　　　　D. m=4

9. 以下程序的输出结果是（　　）。

```
#include <stdio.h>
int main()
{
int a, b ;
for(a = 1 , b = 1 ; a <= 100 ; a++) {
if(b >= 20) break ;
if (b%3 == 1) { b += 3 ; continue ; }
b -= 5 ;
}
printf("%d\n", a) ;
return  0;
}
```

A. 7　　　　　B. 8　　　　　C. 9　　　　　D. 10

10. 对于下述 for 循环语句，说法正确的是（　　）。

```
int i,k;
for(i=0,k=-1;k=1;i++,k++)
    printf("%%%%%%%");
```

A. 循环结束的条件是错误的　　　　B. 这是一个无限循环

C. 循环体只执行一次　　　　　　　D. 不能进入循环

二、填空题

1. break 语句可以用在 C 语言的（　　）语句或（　　）语句中。

2. 有以下程序：

```
#include<stdio.h>
int main( )
{
int  y=10;
while(y--);
printf("y=%d\n",y);
return  0;
}
```

程序运行后的输出结果是（　　）。

3. 以下程序运行后的输出结果是（　　）。

```
#include<stdio.h>
int main( )
```

```
{
int k=10;
while( k=0 )
    k=k-1;
printf("%d\n",k);
return 0;
}
```

4．以下循环最多执行（   ）次，最少执行（   ）次。

```
for(i=0,x=0; i<=9&&x!=876; i++)
        scnaf("%d",&x);
```

5．有以下程序：

```
#include<stdio.h>
int main( )
{
char  c1, c2;
scanf("%c",&c1);
while(c1<65||c1>90)    scanf("%c",&c1);
c2=c1+32;
printf("%c, %c\n",c1, c2);
return 0;
}
```

当运行程序时，输入 B 后，程序的运行结果为（   ）。

6．有以下程序段：

```
int  i, j;
for( i=5; i <0; i--)
for(j=1; j<5; j++)
{...}
```

假设内循环中没有 break 语句和 continue 语句，则内循环执行的总次数为（   ）。

7．以下程序运行后的输出结果是（   ）。

```
#include<stdio.h>
int main( )
{
  int  k=1, s=0;
  do{
    if((k%2)!=0)  continue;
    s+=k;    k++;
  }while(k>10);
printf("s=%d\n",s);
return 0;
}
```

8．下列程序运行时，若输入 1abcd7Y2f<回车> 则输出结果为（   ）。

```
#include<stdio.h>
int main( )
{
```

```
    char a=0,ch;
    while((ch=getchar())!='\n')
    {
        if (a%2!=0 && (ch>='a'&&ch<='z'))
            ch=ch-'a' +'A';
        a++;
        putchar(ch);
    }
    printf("\n");
    return 0;
}
```

9. 以下程序的功能是输入任意整数给 n 后，输出 n 行由大写英文字母 A 开始构成的三角形字符阵列图形。例如，输入整数 5 后（注意，n 不得大于 10），程序运行结果如下：

```
A B C D E
F G H I
J K L
M N
O
```

请完成该程序。

```
#include<stdio.h>
int main( )
{
int i,j,n; char ch='A';
scanf("%d",&n);
if(n<11)
{ for(i=1;i<=n;i++)
{ for(j=1; j<=n-i+1;j++)
{ printf("%2c",ch);
_____;
}
_____;
}
}
else printf ("n is too large!\n");
printf("\n");
return 0;
}
```

10. 以下程序的功能是将输入的正整数按逆序输出。如输入 135，输出 531。

```
#include<stdio.h>
int main( )
{
int n, s;
printf ("Enter a number: "); scanf ("%d",&n);
printf ("Output: ");
do
```

```
{ s = n%10; printf ("%d",s);
_____ ; } while (n!=0);
printf ("\n");
return 0;
}
```

11. 用 for 语句循环输出 1 4 7 10 13 16 19 22 25。假设所有变量都已经定义完成，要求：不增加新的变量和语句，只填一个表达式。

```
for(i=1;i<=9;i++)
    printf("%4d", _____ );
```

12. 用 for 语句按逆序输出所有大写英文字母（即从 Z 到 A），并且中间没有空格。假设所有变量都已经定义完成，要求：不增加新的变量，只填一条语句。

```
for( i = 0 ; i < 26 ; i++ ) _____ ;
```

输出结果为：ZYXWVUTSRQPONMLKJIHGFEDCBA

13. 用 for 语句循环输出 0 1 2 0 1 2 0 1 2。假设所有变量都已经定义完成，要求：不增加新的变量和语句，只填一个表达式。

```
for(i=1;i<=9;i++)
    printf("%-4d", _____ );
```

三、程序设计题

1. 从键盘输入 10 个数，求其中的最大数、最小数和平均数。

2. 编写程序，输出由*字符构成的倒等腰三角形，即倒立金字塔图形。

```
*******
 *****
  ***
   *
```

3. 编写程序，计算 1! +2! +3! +…+n!的和。

4. 编写程序，输出 1000 以内的所有完数及其因子。所谓完数是指一个整数的值等于它的因子之和，如 6 的因子是 1, 2, 3，而 6=1+2+3，故 6 是一个完数。

5. 译密码。对英文字母 A~Z，a~z，按如下规律将电文转换成密码：将 A 转换成 E，a 转换成 e，即转换成其后的第 4 个英文字母；W 转换成 A，X 转换成 B，Y 转换成 C，Z 转换成 D。小写英文字母也按上述规律转换，非英文字母保持不变。如 "China!" 转换为 "Glmre!"。输入一行字符，要求输出其相应的密码。

6. 用 $\frac{\pi}{4} \approx 1 - \frac{1}{3} + \frac{1}{5} - \frac{1}{7} + ... + (-1)^{n-1} \times \frac{1}{2n-1}$ 求 π 的近似值，直到某一项的绝对值小于 10^{-6} 为止。

7. 求 1~999 能被 3 整除，并且至少有一位数字是 5 的所有数字。

8. 打印某年某月的月历。

9. 新建的地铁线有 10 个站，乘客可以在任何站上下车，请用列举法编程，求地铁站需要准备的车票数量。

10. 有一根绳子长 1m，每次剪掉一半，求至少要剪多少次，才能使绳子的长度小于或等于 1cm。

第6章

数　组

在前面的章节中，我们编写的程序都只涉及少量数据，但即使遇到涉及较多数据的任务，我们也可以用数据轮流使用变量的方法来解决，如例 5.9 和例 5.12。但是有时我们需要保存大量数据，以备后用。例如，一个班学生的学习成绩，一行文字，一个矩阵等，这些数据的特点如下：

（1）数据量较大，数据不止一个；

（2）具有相同的数据类型；

（3）使用过程中需要保留相关数据。

因此为了解决数据量大的问题，需要更好的数据组织形式，数组是 C 语言提供的一种构造数据类型，它能进行同类型批量数据的存储。数组就是一组具有相同数据类型的数据的有序集合。数组有三个特征：数组中元素的类型都相同；数组中的元素存储在连续的存储空间中；数组名代表整个数组，数组中的元素可以用数组名加下标来描述。本章重点介绍怎样利用数组来进行同类型批量数据的存储和处理。

6.1　一维数组

一维数组是最简单的数组，由若干个数据元素组成，每个元素只有一个下标，元素可以理解为直线上的某一点。一维数组是最典型的线性表的顺序存储形式。

6.1.1　一维数组的定义

在 C 语言中，使用数组前必须先定义，定义一维数组的一般形式如下：

```
类型说明符    数组名[常量表达式];
```

【说明】

（1）数组的数据类型就是元素的数据类型，可以是 C 语言允许的任何数据类型；

（2）数组名必须符合标识符的命名规则，数组名表示数组首地址；

（3）在定义数组时，必须用方括号 "[ ]"；

（4）方括号中的常量用来指定数组中包含的元素个数，即数组长度。

例如：

```
int  a[6] ;
```

定义了一个名为 a 的整型一维数组，数组长度为 6，数组中有 6 个元素。

例如：

```
char  str[80];
```

定义了一个名为 str 的字符类型一维数组，数组长度为 80，数组中有 80 个元素。

例如：

```
#define  M  30;    //先定义符号常量 M
float    num[M];   //用符号常量作为数组的长度
```

定义了一个名为 num 的一维数组，数组类型为 float，数组长度为 M（即 30）。

6.1.2　一维数组元素的访问

1．一维数组元素的访问

访问数组元素的一般形式如下：

```
数组名[下标]
```

数组定义好后，可以把数组中的每个元素都单独看成一个变量，用**数组名[下标]**进行描述和访问，下标从 0 开始，小于数组的长度。

2．一维数组的存储

同一个一维数组中的元素存储在连续的存储空间中。例如，int a[6]的存储示意图如图 6.1 所示。

数组名表示整个数组，同时又是数组中首元素的地址，即 a[0]的地址。由于数组中的元素存储在连续的存储空间中，因此已知首元素的地址，就可以求出其他元素的地址。如 a[i]的地址为 a+i。理论上说应该是 a+i*元素数据类型所占用的空间数，但是在计算时，编译程序会自动计算，程序设计人员只需将其写成 a+i 即可。

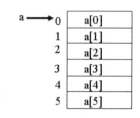

图 6.1　int a[6]的存储示意图

3．访问一维数组的常用程序段

对数组 a 中的所有元素进行访问，可以从前往后依次进行：访问 a[0]、访问 a[1]、访问 a[2]、访问 a[3]、访问 a[4]、访问 a[5]，对被访问到的元素可以进行输入、输出或参与运算等操作。对同类型的一批变量进行相同的操作，可以用循环实现，用下标变量（设下标变量名为 i）充当循环控制变量，下标从 0 变化到 5，上述过程就可以用以下程序段实现：

```
for(i=0;i<6;i++)
          访问元素 a[i]
```

若是任意一个数组，其长度为 N，则要依次访问该数组中的所有元素，程序段就可以写成：

```
for(i=0;i<N;i++)
          访问元素  数组名[i]
```

这个程序段在一维数组的程序设计中经常会用到，请记住并在适当的时候套用。

例 6.1　定义一个长度为 10 的一维整型数组，对数组元素依次赋值为 0,2,4,6,8,10,12…，然后按从后往前的顺序输出。

【算法分析】

首先定义数组，如 int a[10]；然后依次为数组中的元素赋值，元素之间的关系可以表

示为 "a[i]=2*i;"，最后按下标从大到小的顺序输出数组中的所有元素。

【程序代码】

```
#include <stdio.h>
int main()
{ int i,a[10];
    for ( i=0; i<=9; i++)   //对一维数组的各个元素赋值
        a[i]=2*i;
    for ( i=9; i>=0; i-- )   //输出一维数组中的各个元素
        printf("%d ",a[i]);
    printf("\n");
    return 0;
}
```

【运行结果】

18 16 14 12 10 8 6 4 2 0
请按任意键继续. . .

【说明】

在程序编译时，系统不会检查下标是否超过范围，也称为下标是否越界，只有当程序运行时才会发现结果错误，因此程序设计人员在进行数组有关编程时，一定要注意下标不要越界。

```
for ( i=1; i<=10; i++)   //错误，下标应该从 0 开始变化到 9
        a[i]=2*i;
```

6.1.3　一维数组元素的初始化

与普通变量　样，数组在定义时，也可以为其中全部或部分元素赋初值，该过程称为初始化。其一般形式为

类型说明符 数组名[常量表达式]={值 1，值 2……值 n}；

其中，在 {} 中的各数据值为各元素的初值，各值之间用逗号间隔。例如：

```
int a1[ 5 ] = { 1, 3, 5, 7, 9 };        // 所有元素都被初始化
int a2[ 5 ] = { 0 };          // 将第一个元素初始化为 0，其他元素使用默认值 0
int a3[ 5 ] = { 1, 2, 3, } ;    //a[0]、a[1]、a[2]的初始化值分别为 1、2、3；将
                                // a3[3]、a3[4]自动初始化为 0，后面的逗号可选
int a4[ ] = { 1, 2, 3, 4, 5, 6, 7 } ;       //省略数组长度，系统按照初始化数据
的数量，给一个最小长度，即为数组的长度
int a5[ 5 ] = { 1, 2, 3, 4, 5, 6, 7 } ;        // 错误，初始化数据过多，数组不够长
```

例 6.2　用数组处理求 Fibonacci 数列问题，输出 Fibonacci 数列的前 40 项。

【分析】

Fibonacci 数列在例 5.12 中是用两个简单变量来处理的，在此例中用数组来处理，将 Fibonacci 数列的前 40 项存储在数组的 40 个元素中。

【程序代码】

```
#include <stdio.h>
int main()
```

```
{  int i;  int  f[40]={1,1};   // f[40]={1,1};将前两个元素初始化为1,1
  for(i=2;i<40;i++)
      f[i]=f[i-2]+f[i-1];
  for(i=0;i<40;i++)
  {  if(i%5==0)   printf("\n");
      printf("%12d",f[i]);
  }
  printf("\n");
  return 0;
}
```

【运行结果】

```
          1            1            2            3            5
          8           13           21           34           55
         89          144          233          377          610
        987         1597         2584         4181         6765
      10946        17711        28657        46368        75025
     121393       196418       317811       514229       832040
    1346269      2178309      3524578      5702887      9227465
   14930352     24157817     39088169     63245986    102334155
```
请按任意键继续. . .

6.1.4 一维数组应用举例

例 6.3 已知存放在数组中的数值没有重复，在数组中查找与 x 值相同的元素的位置（x 值从键盘输入）。若找到，则输出该值及该值在数组中的位置；若没找到，则输出相应的提示信息。

【算法分析】

用访问一维数组的常用程序段，从前往后依次访问数组中的元素，与输入的 x 值进行比较。若相等，则输出元素所在的位置；若所有元素都比较完毕（访问数组结束，下标变量为 10），则表示没有找到，输出相应的提示信息。

【程序代码】

```
#include <stdio.h>
int  main()
{
    int a[10]={2,5,3,8,9,6,10,7,4,12},i,x;
    printf("数组中的元素是：\n");
    for(i=0;i<10;i++)
        printf("%5d",a[i]);
    printf("\n 请输入要查找的数据:");
    scanf("%d",&x);
    for(i=0;i<10;i++)
        if(a[i]==x)
        {
            printf("%d 在数组中下标为%d 的位置\n",x,i);
            break;
        }
    if(i==10)
        printf("数组中没有这个元素\n");
```

```
        return 0;
    }
```

【运行结果】

数组中的元素是：
    2   5   8   8   9   6   10   7   4   12
请输入要查找的数据：7
7在数组中下标为7的位置
请按任意键继续...

例 6.4 有一个升序排列、长度为 10 的一维数组，其中的元素值都不相同。对其用二分查找法，查找用户输入的某个数值，并输出查找结果。

【算法分析】

（1）low=0，high=9；取数组中间位置 mid=(low+high)/2，取整。

（2）若中间元素的数值与要查找的数值相等，则表示找到了；

若中间元素的数值比要查找的数值大，则在数组前半部分找，high=mid−1，转（1）重复执行；

若中间元素的数值比要查找的数值小，则在数组后半部分找，low=mid+1，转（1）重复执行；

直到 low>high。

举例：

int a[10]={8,14,25,33,37,48,50,63,67,80}，设要查找的数值为 50。

8	14	25	33	37	48	50	63	67	80

① 若 low=0,high=9,mid=4, a[mid]为 37, a[mid]<50，则 low=mid+1。

8	14	25	33	37	48	50	63	67	80

② 若 low=5,high=9,mid=7, a[mid]为 67, a[mid]>50，则 high=mid−1。

8	14	25	33	37	48	50	63	67	80

③ 若 low=5,high=6,mid=5, a[mid]为 48, a[mid]<50，则 low=mid+1。

8	14	25	33	37	48	50	63	67	80

④ 若 low=6,high=6,mid=6, a[mid]为 50, 找到了。

【程序代码】

```c
#include <stdio.h>
#define N 10
int main()
{
    int a[N]={ 8,14,25,33,37,48,50,63,67,80},k;
    int low=0,high=N-1,mid,find=0;
    printf("有序数组是：\n");
    for(k=0;k<10;k++)
        printf("%-5d",a[k]);
    printf("\n");
    printf("请输入要查找的数值：");
    scanf("%d",&k);
    while (low<=high)
    {
```

```
mid=(low+high)/2;   //mid 被定义为 int，会得到相除后的整数部分
if(a[mid]==k)
{
    printf("%d 找到了！位置为：%d\n",k,mid+1);
    find=1;
    break;
}
else if(a[mid]>k)   high=mid-1 ;
    else            low=mid+1;
}
if(!find)   printf("%d 未找到\n",k);
return 0;
}
```

【运行结果】
有序数组是：
8   14 25 33 37 48 50 63 67 80
请输入要查找的值：50
50找到了！位置为：7
请按任意键继续. . .

例 6.5　有一个长度为 10 的一维数组，运行时元素的值从键盘输入，请用冒泡排序算法对这个数组按从大到小的顺序排序，然后输出。

【算法分析】

（1）比较第 1 个元素与第 2 个元素，若为逆序 a[0]<a[1]，则两者交换顺序；然后比较第 2 个元素与第 3 个元素；依此类推，直至第(n-1)个元素与第 n 个元素比较结果，此时完成了第一轮冒泡排序，结果使最小的元素被安置在最后一个元素位置上；

（2）对前(n-1)个元素进行第二轮冒泡排序，结果使次小的元素被安置在第(n-1)个元素位置上；

（3）重复上述过程，共经过(n-1)轮冒泡排序后，排序结束。

举例：int a[6]={3,2,6,5,9,8}。

将两两相邻的元素进行比较，第一轮冒泡排序过程如下：

① 　3　 2　 6　 5　 9　 8　　　　a[0]>a[1]，不交换
② 　3　 2　 6　 5　 9　 8　　　　a[1]<a[2]，交换
③ 　3　 6　 2　 5　 9　 8　　　　a[2]<a[3]，交换
④ 　3　 6　 5　 2　 9　 8　　　　a[3]<a[4]，交换
⑤ 　3　 6　 5　 9　 2　 8　　　　a[4]<a[5]，交换

最后：　3　 6　 5　 9　 8　　 [2]

将最小的元素排到了最后，剩下的 5 个元素无序。这个过程写成如下程序段：

```
for(j=0;j<5;j++)
    if (a[j]<a[j+1])
    { t=a[j];a[j]=a[j+1];a[j+1]=t; }
```

将两两相邻的元素进行比较，第二轮冒泡排序过程与此类似，排序结果为

6　 5　 9　 8 [3　 2]

写成如下程序段：

```
for(j=0;j<4;j++)
    if (a[j]<a[j+1])
    { t=a[j];a[j]=a[j+1];a[j+1]=t; }
```

对于 6 个元素，在最坏的情况下要进行 5 轮冒泡排序，才能得到排序好的结果，这是一个重复过程，写成如下程序段：

```
for(i=0;i<5;i++)
    for(j=0;j<5-i;j++)
        if (a[j]<a[j+1])
            { 交换 a[j]、a[j+1]的值}
```

【程序代码】

```
#include <stdio.h>
#define  N  10
int main()
 {
    int a[10];
    int i,j,t;
    printf("input 10 numbers :\n");
    for (i=0;i<N;i++)
      scanf("%d",&a[i]);
    printf("\n");
    for(i=0;i<N-1;i++)              //进行 9 次循环，实现 9 轮比较
      for(j=0;j<N-1-i;j++)          //在每轮中都进行(9-i)次比较
        if (a[j]<a[j+1])            //相邻两个元素比较
          {t=a[j];a[j]=a[j+1];a[j+1]=t;}
    printf("the sorted numbers :\n");
    for(i=0;i<N;i++)
      printf("%d ",a[i]);
    printf("\n");
    return 0;
}
```

【运行结果】

input 10 numbers :
0 9 8 7 6 4 1 2 3 5

the sorted numbers :
9 8 7 6 5 4 3 2 1 0
请按任意键继续. . .

例 6.6　有一个长度为 10 的一维数组，运行时元素的值随机生成，请用简单选择排序算法对这个数组按从小到大的顺序排序，然后输出。

【算法分析】

（1）扫描整个数组，从中找出最小的元素，与第一个元素交换位置；

（2）除第一个元素外，对剩下的元素采用相同的方法找出次小的元素，与第二个元素交换位置；

（3）重复上述过程；

（4）对于长度为 n 的线性表，简单选择排序算法需要对表扫描 $(n-1)$ 次。

例如，int a[6]={ 15，14，22，30，37，11}。

第一轮选择排序，找到最小的元素，将其排到第一个位置。设最小的元素下标为 k（第一次 k 值为 0，也就是预设下标为 0 的那个元素最小）。

① 若 a[1]<a[k]，则 k=1;，写成语句 if(a[1]<a[k])　k=1;。

② 若 a[2]<a[k]，则 k=2;，写成语句 if(a[2]<a[k])　k=2;。

③ 若 a[3]<a[k]，则 k=3;，写成语句 if(a[3]<a[k])　k=3;。

④ 若 a[4]<a[k]，则 k=4;，写成语句 if(a[4]<a[k])　k=4;。

⑤ 若 a[5]<a[k]，则 k=5;，写成语句 if(a[5]<a[k])　k=5;。

最后求得最小的元素的下标，保存到变量 k，交换 a[k]与 a[0]，将最小的元素写入 a[0]，这个重复过程写成如下程序段：

```
k=0;  //先设下标为 0 的元素最小
for(j=1; j<6; j++)
        if(a[j]<a[k])  k=j;
交换 a[k]与 a[0]的位置
```

除已排好位置的第一个元素外，剩下的元素再次使用简单选择排序，第二轮简单选择排序过程与此相似，程序段如下：

```
k=1;  //预设下标为 1 的元素最小
for(j=2; j<6; j++)
        if(a[j]<a[k])  k=j;
交换 a[k]与 a[1]
```

从前面两轮排序的程序段来看，它们是相似的，只需局部调整就可以做成重复语句，写出以下程序段，完成所有轮的排序。

```
for(i=0;i<5;i++)
  { k=i;
    for(j=i+1; j<6; j++)
        if(a[j]<a[k])  k=j;
    交换 a[k]与 a[i]
  }
```

【程序代码】

```
#include<stdio.h>
#include<stdlib.h>
#include<time.h>
int main()
{
    int a [10],i, max , k,j;
    //调用种子函数
    srand ( time ( 0 ) ) ; //随机数初始化函数
    //用随机函数初始化数组
    for ( i = 0 ; i < 10 ; i ++ )
        a[i] = rand() % 100 ;//产生 0～99 的随机数
    //输出原始随机数序列
    for ( i = 0 ; i < 10 ; i ++ )
        printf("%5d",a[i]);
```

```
    printf("\n"); //选择排序
    for ( i = 0 ; i < 10-1 ; i ++ )
    {
        k = i ; //注意这个语句不能漏掉
        for ( j = i + 1 ; j < 10 ; j ++ )  //寻找最小元素
            if ( a[j] < a[k] )
                k= j ;
        if ( k != i ) //交换数组元素
          { max = a[i]; a[i] = a[k];a[k] = max;}
    }
    //输出排序的结果
    for ( i = 0 ; i < 10 ; i ++ )
        printf("%5d",a[i]);
    printf("\n");
    return 0;
}
```

【运行结果】
```
34   31   82   44   28   24   17   34   73   22
17   22   24   28   31   34   34   44   73   82
请按任意键继续...
```

【说明】

程序中用到的三个函数如下：

（1）随机函数 rand()，其功能是生成 0～RAND_MAX（32767）之间的任意数。

（2）随机数种子函数 srand()，也就是随机数发生器的初始化函数，用来配合 rand()函数的使用，产生随机数。

（3）获取当前系统时间的函数 time(0)，也称为读秒函数，该函数可以生成从 1970 年 1 月 1 日到当前机器时间的秒数，这个时间在每次运行程序时都会不断增长、变化。该函数在 time.h 库函数中。

例 6.7 有一个长度为 10 的一维数组，元素的值在运行时从键盘输入，请用插入排序算法对这个数组按从小到大的顺序排序，然后输出。

【算法分析】

（1）先假设 a[0]是有序的；

（2）将 a[1]插入有序的数组部分，使数组前两个数据 a[0]、a[1]有序；

（3）将 a[2]插入有序的数组部分，使数组前两个数据 a[0]、a[1]、a[2]有序；

（4）依此类推。

【程序代码】
```
#include <stdio.h>
int main( )
{   int a[10],t;
    int i,j;
    printf("请输入 10 个整数：");
    for ( i=0;i<10;i++) // 输入数据到数组
        scanf("%d",&a[i]);
    for (i=1;i<10;i++) //插入排序
```

```
    {   t=a[i];
        for (j=i-1;j>=0;j--)
            if (t <= a[j])   a[j+1]=a[j];  //若 t 较小，则 j 位置上的元素后移
            else  break;
        a[j+1]=t;
    }
    printf("排序后的数据：");
    for( i=0;i<10;i++)
        printf("%d ",a[i]);
    printf("\n");
    return 0;
}
```

【运行结果】
请输入10个整数：1 9 0 2 3 8 7 4 5 6
排序后的数据： 0 1 2 3 4 5 6 7 8 9
请按任意键继续. . .

6.2 二维数组

二维数组中的每个元素都有两个下标，用来表示它所在的位置，类似于平面上的点有横坐标和纵坐标。也可以将二维数组看成一个表格，每个元素都是表格中的一个单元格，如图 6.2 所示。

学号	语文	数学	外语	总成绩
02011001	92	90	88	270
03011003	90	98	80	268
02031100	95	92	89	276

图 6.2 二维数组的表示

6.2.1 二维数组的定义

定义二维数组的一般形式如下：

数据类型标识符   数组名 [常量表达式 1] [常量表达式 2]

【说明】

（1）二维数组的类型是数组中元素的类型。

（2）定义二维数组时的两个常量表达式必须用两对方括号分别括起来。

（3）常量表达式 1 表示第一维数组的长度，常量表达式 2 表示第二维数组的长度。

例如，int a[3][4];

定义了一个二维数组，数组名为 a，数组元素类型为 int，数组第一维长度为 3，第二维长度为 4，是一个 3 行 4 列的数组。

例如，float b[3][10];

定义了一个 3 行 10 列的二维数组，数组名为 b，数组元素类型为 float。

例如，char c[10][80];

定义了一个 10 行 80 列的二维数组，数组名为 c，数组元素类型为 char。

6.2.2 二维数组的访问

1. 二维数组元素的访问

二维数组中的元素都有两个下标，每个数组元素都可以看成一个变量，其访问的一般形式如下：

```
数组名[下标 1][下标 2]
```

下标 1 和下标 2 都从 0 开始，都小于对应维的长度。

例如，int a[3][4];

这是一个 3 行 4 列的二维数组，共有 12 个元素，对其中每个元素的访问方式如图 6.3 所示。一个二维数组可以看成由若干个一维数组组成，如 a[0][0]、a[0][1]、a[0][2]、a[0][3] 均可以看成一个一维数组，数组名为 a[0]。

2. 二维数组的存储

二维数组中的元素在内存中是按照一维数组进行存储的，先存储第一行的所有元素，再存储第二行的所有元素，依此类推，3 行 4 列二维数组的存储模型如图 6.4 所示。

	第0列	第1列	第2列	第3列
第0行	a[0][0]	a[0][1]	a[0][2]	a[0][3]
第1行	a[1][0]	a[1][1]	a[1][2]	a[1][3]
第2行	a[2][0]	a[2][1]	a[2][2]	a[2][3]

图 6.3 对 3 行 4 列二维数组中每个元素的访问方式

0	a[0][0]
1	a[0][1]
2	a[0][2]
3	a[0][3]
4	a[1][0]
5	a[1][1]
6	a[1][2]
7	a[1][3]
8	a[2][0]
9	a[2][1]
10	a[2][2]
11	a[2][3]

图 6.4 3 行 4 列二维数组的存储模型

3. 访问二维数组的常用程序段

一个二维数组可以看成由若干个一维数组组成，那么可以一个一个地访问所有一维数组。设有一个 N 行 M 列的二维数组 a，访问第 0 行所有元素，即 a[0][0], a[0][1], a[0][2], …, a[0][M]，可以看成一个数组名为 a[0]的一维数组，用访问一维数组的程序段：

```
for(j=0;j<M;j++)      a[0][j];
```

访问下一行的所有程序段：

```
for(j=0;j<M;j++)      a[1][j];
```

其他行相同，因此是进行重复操作，重复语句为

```
for(j=0;j<M;j++)     a[某行][j];
```

引入变量 i 作为行变量，值从 0 变化到(N−1)，则访问二维数组所有元素的程序段为

```
for(i=0;i<N;i++)
        for(j=0;j<M;j++)
```

```
                    访问 a[i][j]
```

以后再次遇到二维数组时，需要对元素进行部分或全部访问，可以套用这个程序段。二维数组中有些元素很特别，如 N 行 N 列的二维数组，对角线上的元素的行下标与列下标相等，对角线以下的元素的行下标大于列下标，对角线以上的元素的行下标小于列下标。

思考题：请试着写出访问 N 行 N 列数组对角线元素的程序段、访问对角线以下元素的程序段和访问对角线以上元素的程序段。

6.2.3　二维数组的初始化

在定义二维数组时，也可以对其元素进行初始化。其初始化一般形式如下：

数据类型　　数组名[第一维长度][第二维的长度]={{第 0 行的数据表},{第 1 行的数据表},…{ }};
其中，花括号内的数据表表示一行数据。

1. 对所有元素进行初始化

例如，int a[3][4]={{1,2,3,4},{5,6,7,8},{9,10,11,12}}; 也可以写为 int a[3][4]={1,2,3,4,5,6,7,8,9,10,11,12};，也可以省略第一维的长度，即 int a[][4]={1,2,3,4,5,6,7,8,9,10,11,12};。程序编译时，会根据初始化元素的个数计算出第一维的长度。

2. 对部分元素初始化

例如，int a[3][4]={{1,2},{5},{7}}; 等价于 int a[3][4]={{1,2,0,0},{5,0,0,0}, {7,0,0,0}};，也可以省略第一维的长度，即 int a[][4]={{1,2},{5},{7}};，还可以根据初始化元素的分行个数计算出第一维的长度。

例如，int a[3][4]={1,2,5,7};等价于 int a[3][4]={{1,2,5,7},{0,0,0,0}, {0,0,0,0}};。

例如，int a[3][4]={{1,2},{4,5}}; 等价于 int a[3][4]={{1,2,0,0},{4,5,0,0}, {0,0,0,0}};。

例 6.8　求一个 4×4 矩阵的转置矩阵。如将如下矩阵：

$$\begin{matrix} 4 & 3 & 2 & 1 \\ 5 & 4 & 3 & 2 \\ 6 & 5 & 4 & 3 \\ 7 & 6 & 5 & 4 \end{matrix} \quad 转换成 \quad \begin{matrix} 4 & 5 & 6 & 7 \\ 3 & 4 & 5 & 6 \\ 2 & 3 & 4 & 5 \\ 1 & 2 & 3 & 4 \end{matrix}$$

【算法分析】

定义一个 int a[4][4]二维数组来保存这些数据，访问二维数组中对角线以上的元素，将 i 行 j 列元素换到 j 行 i 列。使用访问二维数组的常用程序段如下：

【程序代码】

```c
#include <stdio.h>
#define  N  4
int main()
 {
    int  b[N][N]={4,3,2,1,5,4,3,2,6,5,4,3,7,6,5,4};
    int  i,j,t;
    printf("原始矩阵: \n");
    for(i=0;  i<N;  i++)        //输出二维数组中的所有元素，使用常用的程序段
    {for(j=0;  j<N;  j++)
        printf("%5d",b[i][j]);
```

```
        printf("\n");
    }
    for(i=0; i<N; i++)  //对部分元素进行访问，使用常用的程序段
        for(j=i+1; j<N; j++)  //对角线以上的元素，其列下标大于行下标
        { t=b[i][j]; b[i][j]=b[j][i];b[j][i]=t;}
    printf("转置矩阵：\n");
    for(i=0; i<N; i++)        //输出二维数组中所有元素，使用常用的程序段
    {for(j=0; j<N; j++)
        printf("%5d",b[i][j]);
    printf("\n");
    }
    return 0;
}
```

【运行结果】
原始矩阵：
```
    4    3    2    1
    5    4    3    2
    6    5    4    3
    7    6    5    4
```
转置矩阵：
```
    4    5    6    7
    3    4    5    6
    2    3    4    5
    1    2    3    4
```
请按任意键继续. . .

6.2.4　二维数组应用举例

例 6.9　4 名学生三门课程的成绩如表 6.1 所示。编程计算每名学生的平均成绩及所有学生平均成绩中的最高成绩。

表6.1　4 名学生三门课程的成绩

	Math	C	Logic
Jack	87	80	90
Marry	90	87	88
Tom	95	81	78
Harry	76	90	86

【算法分析】

（1）这是一个二维表格，显然可以用二维数组存储这些数据，由于数组中的元素都属于同一种数据类型，因此二维数组只能保存成绩部分的数据，姓名部分和科目部分的数据在本章的二维数组中是不能保存的。定义二维数组：float a[4][3];。

（2）计算出每名学生的平均成绩，将该平均成绩保存下来，用来求平均成绩中的最高成绩，可以设置一个一维数组，如 float v[4];，保存对应学生的平均成绩。

（3）计算平均成绩。第 0 行是 Jack 的三门课程的成绩，先计算出本行的总成绩 s，即 a[0][0]，a[0][1]，a[0][2]的和，然后求其平均成绩并将其存入 v[0]，即 v[0]=s/3.0;，程序段如下：

```
for(=0;j<3;j++)   s=s+a[0][j];
v[0]=s/3.0;
```

对其他行做相同的处理。

（4）求平均成绩中的最高成绩所对应的行号。先预设 v[0]是最高分，然后依次与 v[1]、v[2]和 v[3]进行比较，若有更高成绩，则将其行号记下来，并将其保存到变量 max 中。

【程序代码】

```c
#include <stdio.h>
#define N  4
#define M  3
int main()
{
    float  a[N][M]={87,80,90,90,87,88,95,81,78,76,90,86};//二维数组初始化
    float  v[N]={0},s;
    int  i,j,max;
    for(i=0;i<N;i++)
    {   s=0;        //在计算每行平均值前，都要将其清零
        for(j=0;j<M;j++)
         s=s+a[i][j];
        v[i]=s/3.0;
        printf("第%d 行的平均成绩为：%.2f\n",i,v[i]);
    }
    max=0;
    for(i=1;i<N;i++)
        if(v[max]<v[i])
            max=i;
    printf("第%d 行平均分最成绩\n",max);
    return 0;
}
```

【运行结果】

第0行的平均成绩为：**85.67**
第1行的平均成绩为：**88.33**
第2行的平均成绩为：**84.67**
第3行的平均成绩为：**84.00**
第1行平均成绩最高
请按任意键继续. . .

例 6.10 杨辉三角中数据的变化规律如下,编写程序,打印出杨辉三角的前 10 行数据。

```
1
1   1
1   2   1
1   3   3   1
1   4   6   4   1
1   5   10  10  5   1
```

【算法分析】

（1）杨辉三角中的第 0 列和对角线上的元素都为 1；

（2）除第 0 列和对角线上的元素外，其他元素的值均为前一行上的同列元素与前一列

元素之和。

用二维数组 int y[N][N]存储杨辉三角中的数据，N 为行号。杨辉三角只需要用到二维数组中对角线及其以下的元素，这些元素的特点是行下标大于或等于列下标。

算法很简单，就是为数组元素赋值。先给第 0 列和对角线上的元素赋值，然后访问对角线以下的元素并对其赋值，即 y[i][j]=y[i-1][j-1]+y[i-1][j];，最后输出该二维数组对角线及其以下的元素。

【程序代码】

```c
#include <stdio.h>
#define  N  10
int main()
{
    int  y[N][N],i,j;
    for(i=0; i<N; i++)        //对矩阵第 0 列和对角线上的元素均赋值为 1
    { y[i][i]=1;  y[i][0]=1; }
    for(i=2; i<N; i++)        //为矩阵对角线以下其他元素赋值
      for(j=1; j<i; j++)
          y[i][j]=y[i-1][j-1]+y[i-1][j];
    printf("杨辉三角形 : \n");
    for(i=0; i<N; i++)        //注意：只输出矩阵对角线以下的元素，因此 j<=i
    { for(j=0; j<=i; j++)  printf("%6d",y[i][j]);
      printf("\n");
    }
    return 0;
}
```

【运行结果】

```
杨辉三角形 :
     1
     1     1
     1     2     1
     1     3     3     1
     1     4     6     4     1
     1     5    10    10     5     1
     1     6    15    20    15     6     1
     1     7    21    35    35    21     7     1
     1     8    28    56    70    56    28     8     1
     1     9    36    84   126   126    84    36     9     1
请按任意键继续...
```

习题 6

一、选择题

1. 在数组中，数组名代表整个数组，它又是（   ）。

A. 数组第 1 个元素的首地址   B. 数组第 2 个元素的首地址

C. 数组所有元素的首地址   D. 数组最后 1 个元素的首地址

2. 以下对二维数组 a 的正确定义是（   ）。

A. int a[3][];   B. float a[][4];

C．double a[3][4];   D．float a(3)(4);

3．下列选项中，能够正确定义数组的语句是（   ）。

A．int num[0..2008];   B．int num[];

C．int N=2008;   D．#define N 2008

     int num[N];   int num[N]

4．若有以下数组定义语句，则最小元素和最大元素的下标分别是（   ）。

     int a[12] ={1,2,3,4,5,6,7,8,9,10,11,12};

A．1,12   B．0,11   C．1,11   D．0,12

5．若有数组定义语句：int k[][2]={1,3,5,7,9}，则以下叙述正确的是（   ）。

A．该定义存在语法错误

B．该定义等价于 k[][2]={{1,3,5},{7,9}}

C．该定义等价于 k[3][2]={1,3,5,7,9}

D．该定义等价于 k[2][2]={1,3,5,7,9}

6．有以下程序段：

```c
int main()
{
 int i,t[][3]={9,8,7,6,5,4,3,2,1};
 for(i=0;i<3;i++)  printf("%d\t",t[2-i][i]);
 return 0;
}
```

程序运行后的输出结果是（   ）。

A．7   5   3   B．3   5   7   C．3   6   9   D．7   5   1

7．有以下程序段：

```c
#include <stdio.h>
int main( )
{
int a[5]={1,2,3,4,5}, b[5]={0,2,1,3,0},i,s=0;
for(i=0;i<5;i++)
    s=s+a[b[i]];
printf("%d\n",s);
return 0;
}
```

程序运行后的输出结果是（   ）。

A．6   B．10   C．11   D．15

8．有以下程序段：

```c
int main()
{
int a[4][4]={{1,4,3,2,},{8,6,5,7,},{3,7,2,5,},{4,8,6,1,}},i,j,k,t;
for(i=0;i<4;i++)
    for(j=0;j<3;j++)
      for(k=j+1;k<4;k++)
          if(a[j][i]>a[k][i])
```

```
                {
                t=a[j][i];
                a[j][i]=a[k][i];
                a[k][i]=t;
                }  /*按列排序*/
for(i=0;i<4;i++)printf("%d,",a[i][j]);
return  0;
}
```

程序运行后的输出结果是（　　　）。

A. 1,2,5,7,　　　　B. 8,7,3,1,　　　　C. 4,7,5,2,　　　　D. 1,6,2,1,

9. 下面的程序中，有错误的行是（　　　）。

```
#include <stdio.h>
int main()
{
    float array[5]={0.0};          //第A行
    int i;
    for(i=0;i<5;i++)
      scanf("%f",array[i]);        //第B行
    for(i=1;i<5;i++)
      array[0]=array[0]+array[i];  //第C行
    printf("%f\n",array[0]);       //第D行
    return 0;
}
```

A. 第A行　　　　B. 第B行　　　　C. 第C行　　　　D. 第D行

10. 阅读程序，其运行结果是（　　　）。

```
#include <stdio.h>
int main()
{   float array[4][3]={
      {3.4,-5.6,56.7},
      {56.8,999,-23},
      {0.45,-5.77,123.5},
      {43.4,0,111.2}
    };
    int i,j,m,n,min;
    min = array[0][0];
    m=0;n=0;
    for(i=0;i<4;i++)
    for(j=0;j<3;j++)
      if(min > array[i][j])
      {
      min = array[i][j];
      m=i;n=j;
      }
    printf("min=%d,m=%d,n=%d\n",min,m,n);
```

```
        return 0;
    }
```

A．min=−23, m=1, n=2　　　　　　　B．min=−5.77, m=2, n=1

C．min=−5.6, m=0, n=1　　　　　　　D．min=−5, m=2, n=1

二、填空题

1．在 C 语言中，数组在内存中占（　　　　）的存储区，由（　　　　）代表它的首地址。数组名是一个（　　　　）常量，不能对它进行赋值运算。

2．有数组定义语句：int a[10]={9,4,12,8,2,10,7,5,1,3};，则 a[a[9]]的值为（　　），a[a[4]]+a[8]]的值为（　　）。

3．array 是一个一维整型数组，有 10 个元素，前 6 个元素的初值是 9, 4, 7, 49, 32 和−5，请写出该数组的定义语句（　　　　　　　　　　）。

4．有数组定义：float dell[][3]={{1,4,7},{2,5},{3,6,9}};，则数组 dell 第一维的长度为（　　）。

5．有数组 int a[10];，假设数组中的元素都有值，若要将第 6 个元素和第 4 个元素之和存入第 1 个元素，则实现语句为（　　　　　　　　　）。

6．以下程序的运行结果是（　　）。

```c
#include <stdio.h>
int main()
{   int    i,n[4]={1};
    for(i=1;i<=3;i++)
    {    n[i]=n[i-1]*2+1;  printf("%d",n[i]);  }
    return 0;
}
```

7．以下程序的运行结果是（　　）。

```c
#include<stdio.h>
int main( )
{
 int  n[2],i,j;
 for(i=0;i<2;i++)    n[i]=0;
 for(i=0;i<2;i++)
   for(j=0;j<2;j++)  n[j]=n[i]+1;
 printf("%d\n",n[1]);
 return  0;
}
```

8．阅读程序，写出运行结果（　　）。

```c
#include <stdio.h>
int main()
{
    int  a[6]={12,4,17,25,27,16}, b[6]={27,13,4,25,23,16},i,j;
    for(i=0;i<6;i++)
        {
        for(j=0;j<6;j++)  if(a[i]==b[j])  break;
        if(j<6)  printf("%d ",a[i]);
```

```
    }
    printf("\n");
    return 0;
}
```

9. 有以下程序，程序运行后的结果是（　　　）。

```
#include <stdio.h>
int main()
{
        int  a[3][3]={{1,2,3},{4,5,6},{7,8,9}};
        int  b[3]={0},i;
        for(i=0;i<3;i++)  b[i]=a[i][2]+a[2][i];
        for(i=0;i<3;i++)  printf("%d  ",b[i]);
        printf("\n");
        return 0;
}
```

10. 以下程序的运行结果是（　　　）。

```
#include <stdio.h>
int main( )
{   int  i,j,row,col,m ;
    int  arr[][3]={{150,200,320},{38,172,-30},{-350,21,60}} ;
    m=arr[0][0];
    for(i=0; i<3; i++)
       for(j=0; j<3; j++)
          if(arr[i][j]<m)
             { m=arr[i][j];   row=i;  col=j;  }
    printf("%d,%d,%d\n",m,row,col);
    return 0;
}
```

三、程序设计题

1. 从键盘输入 20 个整数，求其平均值，然后输出大于平均值的所有元素。

2. 将数据 1,2,3,4,5,6,7,8 保存到一维数组中，要求按逆序重新存放并输出。

3. 输入一行由字母组成的字符到字符数组，统计每个英文字母出现的次数，然后输出。

4. 有一组有序的数据，现在向数组插入一个数，要求保持数组依然有序。

5. 从键盘输入任意 8 个数，用选择排序法对其进行排序，然后输出。当在键盘上按下 0 时，按升序输出；当在键盘上按下 1 时，按降序输出。

6. 从键盘输入以下两个矩阵 A、B 的值，求 $C=A+B$。

$$A = \begin{pmatrix} 3 & 5 & 7 \\ 12 & 13 & 6 \end{pmatrix} \quad B = \begin{pmatrix} 4 & 8 & 10 \\ 6 & 13 & 16 \end{pmatrix}$$

7. 设 a 是一个 4×3 二维数组，设计程序将数组第 k 行的元素与第 0 行的元素交换。例如，有下列矩阵：

1　　2　　3

4　　5　　6

```
7     8     9
10    11    12
```

若 k 为 2，则程序的运行结果如下：

```
7     8     9
4     5     6
1     2     3
10    11    12
```

8. 设有一个长度为 20 的一维整型数组，其偶数和奇数各占一半，将该数组存入一个 2×10 的二维数组中，要求奇数占一行，偶数占一行。

9. 已知 5 名学生 4 门课程的成绩，求每门课程的平均成绩和总平均成绩。

10. 打印输出如下所示的杨辉三角。

第7章

函　数

函数是 C 程序的基本组成单位，它体现了"分而治之、分工协作"的思想。随着程序规模的扩大，很容易出现上千行、上万行甚至更多行的代码。如果把所有的程序代码都写出来，无论是阅读还是维护都将耗费巨大的成本，且可靠性不高。

如果将功能相对独立且反复用到的代码"封装"起来，并且只通过一个简单的名称和参数就能使用它，那么将极大减少主程序段的代码量，且变得容易编写和阅读，这就是函数的做法。同时，在软件开发过程中，经常会将一个大的编程任务分解为若干个小任务，以方便分工、协作并提高效率，这种任务的分解可以小到以函数为单位。

函数使用起来简单、方便，它将功能代码"封装"起来，对外只提供可见的接口（传入的形式参数与返回的函数值），使用者不用关心函数内部具体的实现细节。函数是一种功能模块，可以将函数比作电路板上的芯片模块，通过一定规格的接口与电路板连接，非常容易更换，维修或升级都很方便。

C 语言的程序总是由一个或多个函数构成，但其中总有一个主函数 main，它是程序的组织者，程序运行总是由主函数 main 开始执行，由主函数 main 直接或间接地调用其他函数来辅助实现整个程序的功能。

例 7.1　输入一个整数，输出其位数。

【程序代码】

```
#include <stdio.h>
int main()
{
int num_len(int n);                   //对函数 num_len()的声明
int x;
printf("请输入一个整数:");
scanf("%d",&x);
printf("这是一个%d 位数\n",num_len(x)); //打印函数 num_len()返回的位数
return 0;
}
int num_len(int n)                    //定义函数 num_len()
{   int count=1;
while((n=n/10)!=0)                    //循环除 10 取商，判断该商是否为 0
      count++;                        //统计循环除 10 的次数
return count;
}
```

【运行结果】

请输入一个整数:56489
这是一个5位数
请按任意键继续．．．

【程序说明】

在本例中，主函数 main()调用了函数 num_len()来实现求一个整数位数的功能，因而主函数 main()的代码非常简短，也很清晰。函数 num_len()的算法是将一个整数除以 10 取商，将得到的商再除以 10 再取商，直到商为 0 为止。通过循环次数就可求出整数位数，将 count 的初值设为 1，循环结束时 count 的值就是整数的位数，最后通过 return 语句返回该值。

在上面的例子中，除主函数 main()外还有两种函数，即标准库函数和自定义函数。标准库函数是系统预先定义好的，搭配相应的头文件就能直接使用，如函数 printf()。常用的标准库函数参见附录 C。自定义函数是用户根据自己的需求按规定的格式编写的，如函数 num_len()。用户自定义函数是接下来主要学习的函数形式。

7.1　函数的定义

C 语言中的函数要先定义才能调用，其形式一般如下：

```
类型名 函数名（形式参数表列）      //函数首部
{
    函数体
}
```

其中，第 1 行也称为函数首部，它包含以下 3 个方面的信息：

（1）类型名：即函数的类型，指明函数返回值的类型。

（2）函数名：函数的名称，方便按名调用。

（3）形式参数表列：是函数接收外部数据的接口，通过将实际参数的值赋值给形式参数来实现。

在函数首部后用花括号括起来的是函数体，它是函数功能的具体体现。当调用一个函数时，就会执行函数体的代码。

函数的定义形式多种多样，按参数形式可分为有参函数和无参函数，按函数类型可分为有返回值函数和无返回值函数。

1．有参函数和无参函数

（1）定义有参函数：在函数名后的圆括号中，将每个形式参数均加上对应的类型说明符，并将这些形式参数分别书写出来，每个形式参数之间用逗号分隔。

例如：

```
int max(int x,int y)
{  int z;
   z=x>y?x:z;
   return z;
}
```

本函数的功能是求两个整数中的最大值，需接收两个值来参与比较，所以需要两个形式参数且都为整型，定义如上所示。

【注意】

不能将同种类型的形式参数放在一起且共用一个类型说明符，必须将每个形式参数分别用一个类型说明符来说明，即不能写成 int max(int x,y);的形式。

（2）定义无参函数：在函数名后的圆括号中，不写任何内容或只写一个 void，圆括号不可省略。

例如：

```
void printstar()
{  printf("*********************\n");
}
```

本函数的功能是在屏幕上打印一行*，不需要接收数据，故可以定义成无参函数的形式，其函数首部也可以写成 void printstar(void)。

2. 有返回值函数和无返回值函数

（1）有返回值函数的定义。函数的返回值是通过 return 语句来实现的，其一般形式如下：

```
return 表达式;   或  return (表达式);
```

若函数的类型为某种确定的数据类型，则表示该函数将返回一个该类型的值。此时，该函数的函数体中必须有 return 语句以用来返回一个值。

若函数有返回值，则其函数体中可以有多个 return 语句，但函数的返回值只能有一个。当调用函数时，只要执行了其中任意一个 return 语句，函数就将返回，函数体中该 return 语句之后的代码将不被执行。

例如：

```
int max(int x,int y)
{
   if(x>y)  return x;
   else     return y;
}
```

该函数有两个 return 语句，显然它将返回两个整数中的最大值，即只有一个返回值。

（2）无返回值函数的定义。若函数无返回值，则应将其对应的类型定义为 void。同时，该函数的函数体中可以没有 return 语句。若有 return 语句，则 return 语句后不能跟表达式。

例如：

```
void printstar()
{  printf("*********************\n");
   return ;        //无返回值，return 语句后无表达式；或者直接省略 return 语句
}
```

这是前面出现过的打印一行*的函数，显然该函数没有返回值，所以其函数类型定义为 void。同时，函数体中不需要 return 语句，若有 return 语句，则 return 语句后面不写表达式。

有参和无参是从函数的形式参数角度来划分的函数定义形式，有返回值和无返回值是从函数的类型角度来划分的函数定义形式，两者并无关联。例如，也可以出现有参而无返回值的函数。

此外，在定义函数时还需注意以下 4 点：

➢ 函数名的命名应遵循标识符的命名规则，好的命名应能见名知义。

➢ 函数不能嵌套定义，即不能在一个函数的函数体中又出现另一个函数的定义。

➢ 当省略函数的类型名时，默认其为 int 型。

➢ 函数体可以为空，表示空函数，即什么也不做，常见于程序设计初期，用来表示分配了功能但还未实现，需要后续实现其功能。

7.2　函数的调用

在定义好一个函数后，就可以使用该函数了，各个函数的功能是通过调用函数来实现的。通常，主函数 main()可以调用库函数和自定义函数；各种自定义函数之间可以相互调用；主函数 main()不能被其他函数调用，只能由系统调用。

定义函数时，函数名后面的变量名称为形式参数（简称"形参"）；调用函数时，函数名后面的参数称为实际参数（简称"实参"）。在书写函数调用时，函数名应与其定义时的名称一致，函数实参的个数也应与形参的个数相同。具体来说，函数调用一般有以下三种形式：

1．函数调用语句

将函数调用单独写成一条语句。例如，要打印一行*，可调用前面的函数 printstar()，其形式为

```
printstar();
```

以语句的形式调用函数，一般只是完成一定的操作，显然不会用到函数的返回值。所以，函数调用语句一般适用于无返回值的函数；若以语句形式调用有返回值的函数，则其返回值无意义。

2．函数表达式

将函数调用写在一个表达式中，如求整型变量 a 和 b 的最大值，并将其保存到整型变量 c 中，可调用前面的函数 max()，其形式为

```
c=max(a,b);
```

函数调用出现在表达式中，参与运算的是其返回值，此时需注意其返回值的类型与参与的运算是否兼容，否则应先进行适当的处理。

3．函数参数

将函数调用作为另一个函数的参数来使用。如求 3 个整数中的最大值，同样调用函数 max()，其形式可写成

```
d=max(max(a,b),c);
```

在上面的形式中，先求 max(a,b)得到 a 和 b 的最大值，将其与 c 作为参数再调用一次函数 max()，就得到 a、b、c 中的最大值了。

函数参数也可以出现在函数 printf()中，例如

```
printf("%d\n",max(a,b));
```

其结果是直接输出函数 max()的返回值，即 a 和 b 的最大值。

7.3 函数的声明

在一个 C 程序中，因为功能的划分，可能会出现几十个甚至更多的自定义函数。在书写时，通常习惯将函数 main()写在所有函数之前，因为程序的入口是主函数，将其写在最前面便于程序阅读。自然地，若干自定义函数会写在函数 main()之后。这就很可能出现这样的情况：在函数 main()中调用的函数，其函数定义出现在函数调用之后。

当一个函数的定义出现在其调用形式之后，会对编译系统造成困扰，因为无法检查这个函数的调用形式是否正确。这时，可提前将该函数的类型、函数名和函数参数等需要检查的信息告知编译系统，可以通过函数声明语句来实现。

例 7.2 输入一个整数，求其立方值。

【程序代码】

```
#include <stdio.h>
int main()
{
    int cube(int x);              //函数声明
    int a;
    printf("请输入一个整数:");
    scanf("%d",&a);
    printf("%d 的立方是%d\n",a,cube(a));
    return 0;
}
int cube(int x)                   //求立方函数
{
    return x*x*x;
}
```

【运行结果】

请输入一个整数:11
11的立方是1331
Press any key to continue

【程序说明】

在上面的程序中，求立方函数 cube()的定义在函数调用之后。在该函数调用之前，需对其进行声明。

函数声明的主要作用是在程序的编译阶段对调用函数的正确性进行全面检查。函数原型（Function Prototype）包含了函数的三个元素：函数的类型、函数名和形参表列。通过函数原型对函数进行声明，其一般形式如下：

类型名 函数名（形式参数表列）；

函数原型就是函数的首部，函数声明就是将函数首部单独写成一条语句。因为函数声明是一条语句，所以结尾一定要有分号。

在调用函数时，实参和形参是不同的对象，函数的调用形式中出现的是实参而不是形参。因此，在检查函数调用的正确性时，形参名不是必需的。所以，函数声明中的形参名可以省略。例 7.2 的函数声明也可以写成如下形式：

int cube(int);

如果函数的定义在函数调用之前，那么编译系统会把第一次遇到的该函数形式（函数定义）作为函数的声明。此时，就不需要单独的函数声明语句了。以下是例 7.2 的另一种写法。

```
#include <stdio.h>
int cube(int x)                    //求立方函数
{
    return x*x*x;
}
int main()
{
    int a;
    printf("请输入一个整数:");
    scanf("%d",&a);
    printf("%d 的立方是%d\n",a,cube(a));
    return 0;
}
```

由于各个自定义函数之间可以相互调用，而不是只能被函数 main()调用，所以建议在函数 main()之前，对所有自定义函数进行函数声明。这样，就无须担心以后出现的各种函数调用出现编译错误的情况了。

对于系统提供的标准库函数，同样需要进行函数声明，只不过库函数的声明都在其对应的头文件中，如函数 printf()的声明在 stdio.h 文件中。因此，对于库函数只需使用预编译指令 include 将相应的头文件包含起来就可以直接使用了。

【说明】

在需要函数声明时，有时忘了写函数声明语句，程序也能编译通过且正常运行。这是因为在 C 语言中，当函数在调用之前没有声明或定义时，会默认作隐式声明处理，即假设这个函数的参数列表就是调用语句中的参数类型，而返回值为 int 型。虽然，此时程序编译通过，但可能会出现警告信息。如例 7.1 若没有声明函数，则会出现警告信息"warning C4013:"num_len"未定义；假设外部返回 int"。而在 C++中，函数在被调用之前未声明或定义是不允许的。C 语言的这一特性看似灵活、省事，但会产生程序可读性差、易出错的问题。因此，建议在使用函数时最好做到先声明再调用，这是一种良好的纠错机制，如果不声明，虽然程序可以执行，但很有可能产生不正确的结果。

7.4　函数调用时的数据传递

7.4.1　函数的设计方法

在设计一个函数时，应首先根据函数的功能确定函数的参数和函数的返回值，然后再编写函数体的代码。如何确定函数的参数有几个、对应的含义，以及函数应该返回什么值，可以利用黑盒模型来辅助分析，如图 7.1 所示。

函数是一个功能模块，是"封装"好的一段功能代码，好比电路板上的芯片模块，连接好输入线路后，就会根据其功能得到一个输出。在此模型中，输入是根据函数的参数传递来实现的，而输出对应的就是函数的返回值。所以，先确定好有哪些输入数据，这些就是对应的函数参数；然后确定输出什么值，函数的返回值也就确定了；最后，实现函数体代码就会清晰明了、不易出错。

输入　　　　　函数模块　　　　　输出

图 7.1　函数的黑盒模型

7.4.2　函数调用时的数据传递举例

黑盒模型中的输入、输出都意味着函数模块要与外界进行数据的传递，这种数据传递是如何实现的呢？

例 7.3　对输入的两个整数调用函数 add()。

【程序代码】

```
#include <stdio.h>
int main()
{    int add(int x,int y);                //函数声明
     int a,b,c;
     printf("请输入两个整数:");
     scanf("%d%d",&a,&b);
     c=add(a,b);                          //函数调用
     printf("a=%d,b=%d\n",a,b);
     printf("结果是%d\n",c);
     return 0;
}
int add(int x,int y)                      //函数定义
{    x++;y++;
     return x+y;
}
```

【运行结果】

请输入两个整数:3 5
a=3,b=5
函数返回结果10
Press any key to continue

【程序说明】

函数 add() 的调用形式为 "c=add(a,b);"，其中变量 a 和 b 是实参。函数 add() 的定义首部为 "int add(int x,int y)"，其中变量 x 和 y 是形参。调用函数 add() 时，将实参 a 和 b 的值赋值给对应的形参 x 和 y，x 和 y 各自增 1 后，返回 x+y 的值。

需要注意两点：形参 x 和 y 自增，对应的实参 a 和 b 并不受影响；return 后面的表达式 x+y 本身并不能存储数据，需要将值放在匿名对象中再返回函数调用表达式 c=add(a,b)，从而完成对变量 c 的赋值。

本例中，函数调用时的数据传递示意图如图 7.2 所示，其具体变量值的变化过程如图 7.3 所示。

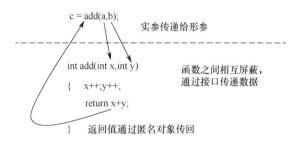

图 7.2 函数调用时的数据传递示意图

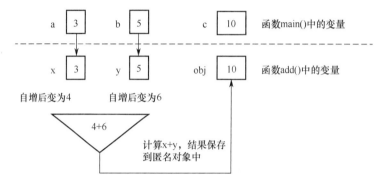

图 7.3 函数调用时具体变量值的变化过程

7.4.3 函数调用时的类型转换

在函数调用时会发生两次赋值操作：将实参的值赋给形参和将返回值赋给匿名对象。若赋值操作两边的数据类型不一致，则将按赋值运算的强制转换来操作。

（1）将实参的值赋给形参，按形参的类型转换。例如，在例 7.3 中，将函数调用改为如下形式：

```
c=max(2.3,5.6);
```

将 2.3 转换为 int 型整数 2 并赋给形参 x，将 5.6 转换为 int 型整数 5 并赋给 y。

（2）将返回值赋给匿名对象，按匿名对象的类型（函数的类型）转换。例如，修改函数 add()的定义为如下形式：

```
int add(double x,double y)
{
    return x+y;
}
```

若函数调用为

```
c=add(1.2,6.9);
```

则此时函数的类型为 int 型，而 return 后面的表达式为 double 型。计算 x+y 的结果为 8.1，将 8.1 转换为 int 型数据 8 并将其存储到匿名对象中，然后代入函数调用表达式，将变量 c 的值赋为 8。

总结以上，关于函数调用时的数据传递过程，需要理解以下 4 点：

➢   执行被调函数时，被调函数对形参变量所做的任何修改都不会改变主调函数中的实参变量（若实参为变量）的值，实参变量仍维持原值。

➢ 被调函数中的形参变量及函数体中定义的其他变量，在未调用函数时，并不会为它们分配存储单元；只有发生函数调用时，这些变量才会被分配存储单元；且当被调函数返回时，这些分配的存储单元都将被释放。

➢ 调用函数时，会把实参的值传递给被调函数的形参，若两者类型不一致，则按形参的类型自动强制转换。

➢ 被调函数返回时，若有返回值，则将返回值赋给匿名对象并传回；若两者类型不一致，则按匿名对象的类型（函数的类型）自动强制转换。

7.5 函数的嵌套调用和递归调用

7.5.1 函数的嵌套调用

C 语言的函数不存在嵌套定义，各函数之间相互独立、平行。除函数 main()只能被系统调用外，其他函数之间都可以相互调用，即函数之间可以嵌套调用。为了管理函数调用时的执行流程，保证程序正常运行，函数调用时会用栈的方式对存储空间进行分配管理。若函数 A()调用函数 B()，通常将函数 A()称为主调函数，将函数 B()称为被调函数。在调用函数时，通常有入栈和出栈两个操作过程。

在函数调用时，入栈操作包括：

（1）建立被调函数的栈空间；

（2）保存主调函数的运行状态和返回地址；

（3）传递参数；

（4）控制权交给被调函数。

在函数返回时，出栈操作包括：

（1）返回值保存在临时空间中；

（2）恢复主调函数的运行状态；

（3）释放栈空间中；

（4）根据地址返回主调函数。

栈的特点是后进先出，以栈的方式管理函数调用可以在各级主调函数和被调函数之间形成一种明确的程序流转。例如，函数 main()调用函数 f1()，而函数 f1()又调用了函数 f2()，这样形成了两层的函数嵌套调用，按栈的方式其程序运行流程如图 7.4 所示。

如图 7.4 所示，在函数的嵌套调用过程中，其程序运行控制权的转移是层层递进的，函数

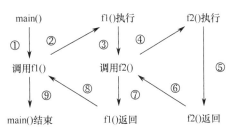

图 7.4 函数嵌套调用的执行流程（按栈的方式）

返回也不会出现"越级"返回的情况，被调函数一定是返回到调用自己的主调函数，这些都是靠栈的方式实现的。

例 7.4　求 $1^3+2^3+3^3+\cdots\cdots+10^3$。

【程序代码】

```c
#include <stdio.h>
int add_cube(int n);              //函数声明
int cube(int x);                  //函数声明
int main()
{   int a;
    printf("请输入一个整数:");
    scanf("%d",&a);
    printf("从 1 到%d 的立方和为:%d\n",a,add_cube(a));
    return 0;
}
int add_cube(int n)               //求 1 到 n 的立方和函数
{   int i,sum=0;
    for(i=1;i<=n;i++)
        sum=sum+cube(i);
    return sum;
}
int cube(int x)                   //求立方函数
{   return x*x*x;
}
```

【运行结果】

```
请输入一个整数:10
从1到10的立方和为:3025
Press any key to continue
```

【程序说明】

本例中，函数 main()调用了函数 add_cube()实现求从 1 到 a 的立方和，函数 add_cube()采用循环累加的方式将每个数的立方和累加起来，其中每个数的立方和又是通过调用函数 cube()求得的。即函数 main()调用函数 add_cube()，函数 add_cube()调用函数 cube()。

通过本例可知，通过将功能逐级分层用函数实现后，函数嵌套调用的写法可以使每个函数的代码要得简短且结构清晰。这样，程序代码的复杂程度得到控制，且只要调整相应的函数，就能较简单地扩充和改变程序的功能。

7.5.2　函数的递归调用

在函数的嵌套调用中存在一种特例，即一个函数自己调用自己，即递归调用。递归调用分为直接递归调用和间接递归调用，如图 7.5 所示。以递归算法实现的函数称为递归函数。

递归是一种典型的程序设计算法，它能通过有限的语句实现近似无限的问题求解，其基本思想是：把问题转化为规模缩小后的同类问题，在此过程中重复使用完全相同的方法。递归函数与循环结构有类似之处，如同循环要通过循环要素来控制一样，递归函数的实现也有以下两个要素：

（1）递归分解：将问题转化为同类规模较小的问题来求解，具体来说，函数体中应有函数调用自己的形式，且调用形式中的参数呈递减的趋势。

（2）递归终止条件：当递归问题的规模缩小到一定程度时，其结果是明确的，递归在此时终止，也称递归的出口。

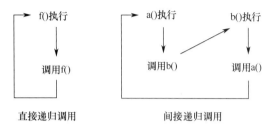

图 7.5　递归调用的两种形式

求 $n!$ 问题就可以使用递归调用，其递归公式如下所示：

$$n! = \begin{cases} 1 & n = 0,1 \\ n \times (n-1)! & n > 1 \end{cases}$$

根据上式，求 $n!$ 需要先求 $(n-1)!$，而求 $(n-1)!$ 又要先求 $(n-2)!$，可以看出方法还是同样的方法，问题的规模逐渐缩小。依此类推，当求 1!时，其结果是确定的 1，将结果层层向上迭代，最后就能求出 $n!$ 了。

例 7.5　求 1!+2!+3!+…+20!。

【程序代码】

```c
#include <stdio.h>
double fac(int n);                          //函数声明
int main()
{   int i;
    double sum=0;
    for(i=1;i<=20;i++)
        sum=sum+fac(i);
    printf("1 到 20 的阶乘之和为%f\n",sum);
    return 0;
}
double fac(int n)                           //递归实现求阶乘函数
{   if(n==1||n==0)      return 1;           //递归终止条件
    else if(n>1)        return n*fac(n-1);  //递归分解
}
```

【运行结果】

1到20的阶乘之和为2561327494111820300.000000
Press any key to continue_

【程序说明】

在之前的介绍中，使用循环结构实现求阶乘的算法，对比本例中的实现，递归函数的形式更加简洁，直接将递归的分段函数形式用分支结构书写出来就实现了求阶乘。需要注意的是，本例中，将求阶乘函数 fac()的返回值定义为 double 型，这是因为阶乘的值增长很快，若使用 int 型，则很容易造成数据的溢出。同时，虽然使用 double 型后，结果不会溢出，但由于 double 型只能保证 15 位有效数字，因此本例的结果实际上是不精确的。

　　递归函数的工作过程就是函数的嵌套调用，函数的每次执行都是以副本方式实现的，所以可以同时运行多个同名的函数。以求 fac(5)为例，其函数调用的执行流程如图 7.6 所示。

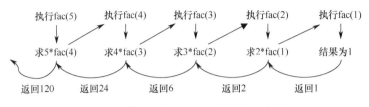

图 7.6　递归函数 fac(5)调用的执行流程

　　数学中有很多类似的问题都可以用递归调用求解，在理解其工作原理，明白递归求解的流程后，都可以很容易地用递归函数加以实现。例如，Fibonacci()数列的第 n 项的递归公式如下：

$$F_n = \begin{cases} 1, & n = 1, 2 \\ f_{n-1} + f_{n-2}, & n > 2 \end{cases}$$

按照这个定义形式，写出求 Fibonacci 数列第 n 项的函数 Fibonacci()如下：

```
int Fibonacci(int n)
{   if(n<= 2)    return 1;
    else         return Fibonacci(n-1) + Fibonacci(n-2);
}
```

　　除了以上比较明显有递归算法的问题可以用递归函数实现，还有很多问题若能找出其递归的求解方法，则也可以用递归函数实现。对于初学者而言，递归算法并不容易掌握，这需要对递归算法有一个熟悉运用的过程。

　　例 7.6　用递归算法实现逆序输出一个整数的每一位。

【程序代码】

```
#include <stdio.h>
void reverse(int n)
{   printf("%d,",n%10) ;       //输出当前整数 n 的个位数字
    if(n/10!=0)                //递归调用直到除 10 的商为 0 为止
    reverse(n/10);             //对除 10 的商递归调用
}
int main()
{   int  a;
    printf("请输入一个整数:");
    scanf("%d",&a);
    printf("%d 逆序输出的每一位为:",a);
    reverse(a);
    printf("\n");
return 0;
}
```

【运行结果】

```
请输入一个整数:2345
2345逆序输出每一位为:5,4,3,2,
Press any key to continue
```

【程序说明】

本例通过函数 reverse()逆序输出一个整数，由于函数的主要功能是输出数字，并不需要返回值，故函数类型为 void。函数 reverse()递归的执行流程如图 7.7 所示。

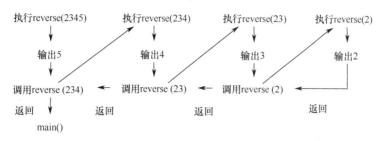

图 7.7   递归函数 reverse()的执行流程

7.6   数组作为参数的用法

函数调用时，函数的实参可以是常量、变量或表达式。如果需要函数对数组进行处理，那么将数组元素作为实参等同于变量作为实参；若要对整个数组进行处理，则应将数组名作为实参进行函数调用。

7.6.1   数组元素作为函数实参

数组元素是一个可以存放数据的内存空间，等同于普通变量。将数组元素作为实参，就是将数组元素的值传递给形参使用。

例 7.7   输入 10 个整数，找出其中的最小值。

【程序代码】

```
#include <stdio.h>
int min(int x,int y);            //函数声明
int main()
{   int a[10],m,n,i;
    printf("请输入 10 个整数:");
    for(i=0;i<10;i++)            //为数组输入 10 个整数
        scanf("%d",&a[i]);
    m=a[0];                     //用第 1 个元素为 m 赋初值
    for(i=1;i<10;i++)           //从第 2 个元素开始，依次与 m 进行比较
        m=min(m,a[i])   ;       //函数调用，实参是数组元素
    printf("最小值是%d \n",m);
    return 0;
}
int min(int x,int y)            //求最小值函数
{
    return (x<y?x:y);
}
```

【运行结果】
请输入10个整数:1 2 3 4 -5 9 8 7 6 10
最小值是-5
请按任意键继续. . .

【程序说明】
本例使用"打擂台"算法将变量 m 的值依次与数组元素进行比较。m 的初值取数组第一个元素的值；从数组第 2 个元素开始依次与 m 进行比较，每次比较通过调用函数 min() 将当前的最小值赋值给 m；循环结束后，m 保存的就是整个数组中的最小值。

调用函数 min() 时，其第 2 个实参是数组元素形式。函数 min() 实质上是求两个数的最小值，每次调用函数 min() 传递 1 个数组元素的值，因此要循环调用多次函数，这样做显然效率不高。

7.6.2　数组名作为函数实参

如果要对整个数组中的所有元素进行处理，那么该如何定义函数呢？首先，将函数的形参定义为数组形式；然后，在调用函数时，用数组名来表示对应的实参。这样，函数就能对整个数组进行处理了。

在此用法中，并不是将数组中所有元素的值都传递给函数形参，因为数组名是数组的首地址，所以传递给形参的是首地址。获取了数组的首地址后，对形参数组的访问就是访问的实参数组名对应的数组。具体的原理这里不做详细介绍，在学习了指针的相关知识后就能理解了，这里先了解其写法格式。

例 7.8　已知一个有 10 个元素的整型数组，找出其中的最小值。
【程序代码】

```c
#include <stdio.h>
int array_min(int array[10]);              //函数声明
int main()
{   int a[10],i;
    printf("请输入 10 个整数:");
    for(i=0;i<10;i++)
    scanf("%d",&a[i]);
    printf("最小值是%d\n",array_min(a));    //函数调用，实参是数组名
    return 0;
}
int array_min(int array[10])               //函数定义，将形参定义成数组形式
{   int i,min=array[0];
    for(i=1;i<10;i++)
    if(min>array[i])
        min=array[i];
return min;
}
```

【运行结果】
请输入10个整数:1 2 3 4 -5 6 7 8 9 10
最小值是-5
Press any key to continue

【程序说明】

本例中,利用定义的函数 array_min()可以求出整个数组中的最小值,按照前面的方法,其形参定义成有 10 个元素的整型数组 int array[10],在调用时,实参写成数组名 a。函数所用的方法还是与例 7.7 相同的"打擂台"算法。

观察函数 array_min(),发现该函数只能对长度为 10 的整型数组求最小值,因其循环语句中的条件 i<10 决定了数组元素比较到哪里。所以,形参定义形式 int array[10]中的数组长度 10 并没有什么意义,数组比较到第几个元素是循环条件决定的,不是形参决定的。

若要令函数 array_min()具备更强的通用性,则需要增加一个整型的形参来接收数组的长度,从而让循环语句按照数组的长度进行循环。如此一来,形参数组的长度显然并无实际意义,也就可以省略了。

例 7.9 对长度为 5 和长度为 10 的两个整型数组,分别求其最小值。

【程序代码】

```c
#include <stdio.h>
void input_array(int array[],int n);        //函数声明
int array_min(int array[],int n);           //函数声明
int main()
{   int a1[5],a2[10];
    printf("输入数组 a1:");
    input_array(a1,5);                        //函数调用,形参分别为数组名和数组长度
    printf("输入数组 a2:");
    input_array(a2,10);
    printf("数组 a1 的最小值是%d\n",array_min(a1,5)); //形参分别为数组名和数组长度
    printf("数组 a2 的最小值是%d\n",array_min(a2,10));
    return 0;
}
void input_array(int array[],int n)          //为任意长度的数组赋值
{   int i;
    for(i=0;i<n;i++)
        scanf("%d",&array[i]);
}
int array_min(int array[],int n)             //求任意长度数组的最小值
{   int i,min=array[0];
    for(i=1;i<n;i++)
        if(min>array[i])
            min=array[i];
return min;
}
```

【运行结果】

```
输入数组a1:1 2 -3 4 5
输入数组a2:1 2 3 -4 5 6 7 8 9 10
数组a1的最小值是-3
数组a2的最小值是-4
Press any key to continue
```

【程序说明】

观察本例中的两个函数，函数 array_min() 的功能是求任意长度整型数组的最小值，第 1 个形参是整型数组形式，但省略了长度；第 2 个形参是整型变量，用来接收数组的长度。这样修改后的函数的通用性更强了，可以适用不同长度的数组，而不仅适用长度为 10 的数组。

类似地，函数 input_array() 的功能是为任意长度的整型数组赋值，其参数形式与 array_min() 完全一样，同时由于其不需要返回值，因此将函数类型定义为 void 型。

7.6.3　二维数组名作为函数实参

对一个二维数组进行处理，可参照一维数组的形式，具体如下：将函数的形参定义为二维数组形式；调用函数时用二维数组名来表示对应的实参。

为了增强函数的通用性，使函数能对任意长度的二维数组使用，可以增加一个参数表示二维数组的长度。由于二维数组的特殊性，处理二维数组时必须保证二维数组有相似形态，即二维数组具有相同列数。所以，处理二维数组的函数可以增加一个参数表示二维数组的行数，对应的形参二维数组中的第 1 个维度可以省略。

例 7.10　求二维数组中的最小值并指出其位置。

【程序代码】

```
#include <stdio.h>
void array_min(int array[][4],int n);          //函数声明
int main()
{   int a[3][4]={{1,2,3,4},{5,6,-7,8},{9,10,11,12}};
    int i,j;
    printf("二维数组为:\n");
    for(i=0;i<3;i++)
    {   for(j=0;j<4;j++)
            printf("%4d",a[i][j]);
        printf("\n");
    }
    array_min(a,3);                            //实参为二维数组名和其行数
    return 0;
}
/*求二维数组中的最小值并指示其位置的函数*/
void array_min(int array[][4],int n)           //形参二维数组可省略行数
{   int i,j,min=array[0][0];
    int row,column;
    for(i=0;i<n;i++)
        for(j=0;j<4;j++)
            if(min>array[i][j])
            {   min=array[i][j];
                row=i;
                column=j;
            }
```

```
    printf("最小值是%d,在第%d行第%d列\n",min,row,column);
}
```

【运行结果】

```
二维数组为:
   1   2   3   4
   5   6  -7   8
   9  10  11  12
最小值是-7,在第1行第2列
Press any key to continue
```

【程序说明】

本例中，函数 array_min()用来求二维数组中的最小值，其第 1 个形参定义为二维数组形式并省略了行数，第 2 个参数定义为整型变量用来接收二维数组的行数。对应的实参分别是二维数组名和其行数。由于在函数 array_min()中直接输出最小值和其位置，其功能是直接输出结果，不需要返回值，因此将函数类型定义为 void 型。如果让函数同时接收一个二维数组的行数和列数，那么是否可以实现对任意形态的二维数组的处理呢？答案是否定的，因为二维数组名也是其首地址，但这个地址是行地址，可以理解为指向一维数组的指针，且这个一维数组的长度必须是明确的，所以只能省略行数，不能省略列数。关于这一点，学习了指针和数组的关系后就能理解了。

7.7　函数 main()的参数

前面介绍过函数的分类，函数按参数的形式可以分为无参和有参两种类型。有参函数可以通过其参数使函数的功能更加灵活、多样且便于控制，那么函数 main()能否加上参数呢？C 语言中的函数 main()比较特殊，它有很多种形式，其中也包括带参数的形式。

由于函数 main()是通过系统调用的，因此其参数的传递与一般函数调用通过实参传递的方式是不同的，它是通过命令行来接收参数的。当一个源程序经过编译、链接操作后，会生成一个同名的可执行的.exe 文件，在命令行中直接输入该可执行文件名就可以执行该程序，在输入可执行文件名的同时可以加上若干参数（以空格间隔），其格式如下：

盘符:\>可执行文件名 参数 1 参数 2 …

同时，这些参数的接收并不是表面上的一个形参对应一个实参。函数 main()的参数主要有两个：argc 和 argv。argc 是整型变量，用于接收统计命令行中参数的个数（可执行文件名本身也算作一个参数），argv 是一个字符指针数组，通过它可以将命令行的所有参数以字符串的形式存储起来，形成字符串数组的形式。在加上形参后，函数 main()的首部如下：

```
int main(int argc,char *argv[])
```

下面举例说明函数 main()的参数用法。

例 7.11　通过命令行方式给函数 main()传递参数，统计参数的个数并打印。

【程序代码】

```
#include<stdio.h>
int main(int argc,char *argv[])
{   int i;
    printf("一共有%d个参数\n",argc-1);
    for(i=1;i<argc;i++)
```

```
        printf("第%d个参数是:%s\n",i,argv[i]);
    return 0;
}
```

将源程序命名为 test.c，经过编译、链接操作后会在源程序所在文件夹的 debug 子文件夹中生成可执行文件 test.exe。为方便操作，将 test.exe 复制到 D:盘根目录下，然后打开命令提示符窗口，进入 D:盘根目录，输入如下形式：

```
D:\>test aaa bbb ccc<回车>
```

输入完成后，argc 将自动统计得到参数的个数为 4，文件名本身也算作一个参数。这些参数存储在 argv 数组中，其长度为 4，argv 数组的每个元素均是一个字符类型的指针，指向一个字符串常量，其存储形式如下：

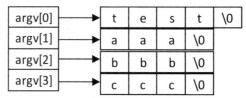

为了符合人们的一般习惯，把除文件名外的字符串均当作参数，故打印参数个数为 (argc−1)，相应地，从 argv 数组中的第 2 个元素开始输出具体参数，参数的序号正好和数组元素下标对应。整个程序在命令行窗口的运行结果如图 7.8 所示。

图 7.8   运行结果

本例中，使用%s 格式说明符输出整个字符串，%s 格式说明符对应的输出列表中的值是这个字符串的首地址。argv[]数组中的每个元素都是字符指针，其值就是指向的字符串的首地址。所以，%s 格式说明符对应的输出列表中写上数组元素形式就可以了。这里涉及指针与字符串的关系，学习过相关内容后再来理解就清楚了。

7.8   变量的作用域和生存期

一个 C 程序中通常会有若干个函数，这些函数使用的变量是否要各不相同呢？ 实际上，编程时为函数的形参及内部变量的命名是很随意的，不用考虑会与其他函数中的变量是否同名，这是因为不同变量各有其作用范围，即使作用范围重叠也有区分的机制，这里涉及变量作用域的概念。

再讲到函数的参数传递机制时，之前介绍过在函数调用时才会为函数中的变量分配内存空间，而当函数返回时，这些分配的内存空间也会被释放，也意味着变量不是一直存在的。这里涉及变量生存期的概念。

变量的作用域和生存期是两个非常重要的概念，只有对变量的作用域和生存期都有清楚、正确的认识后，才能对 C 程序的运行情况有准确的把握。

7.8.1 变量的作用域

变量按作用域可划分为局部变量和全局变量，区分的方式是看其定义的位置。

1. 局部变量

局部变量只在其所处的范围内有效，超出这个范围是无法访问该变量的。局部变量有以下两种形式：

（1）在函数内定义：包括函数首部中定义的形式参数和函数体中定义的其他变量，作用范围仅限于函数内部，函数外无法访问。

（2）在复合语句块内定义：用花括号括起来的一段语句块称为复合语句块，在其中定义的变量其作用范围仅限于花括号的范围内，超过花括号的范围无法访问。

2. 全局变量

在函数外定义的变量是全局变量，其作用范围是从其定义的位置开始直到其所在的源文件结束。

局部变量和全局变量的各种形式及其作用范围如图 7.9 所示。

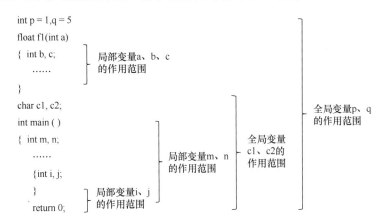

图 7.9　局部变量和全局变量的各种形式及其作用范围

在使用局部变量和全局变量时，需注意以下 4 点：

（1）局部变量在其作用范围之外是无法访问的。例如

```
#include <stdio.h>
int max(int x,int y)
{   int z;
    z=x>y?x:y;                //局部变量 z 是函数 max()中的变量
    return z;
}
int main()
{   int a=5,b=10;
```

```
    max(a,b);
    printf("max=%d",z);        //错误，变量 z 超过范围不可见
    return 0;
}
```

上例中，变量 z 是函数 max()定义的变量，是局部变量，其作用范围仅限于函数 max()内部；在函数 main()中是无法访问变量 z 的，将产生如下的编译错误。

error C2065: 'z' : undeclared identifier

（2）假设存在同名变量，若作用范围不重叠，则在各自范围内有效；若作用范围有重叠，则在重叠范围内，根据"内层屏蔽外层"的原则访问。

例 7.12 同名变量作用范围重叠示例。

【程序代码】

```
#include <stdio.h>
int a=3,b=5;                           //全局变量 a, b
int main()
{   int max(int a,int b);
    printf("a=%d,b=%d\n",a,b);          //全局变量 a, b
    printf("max=%d\n",max(a,b));
    return 0;
}
int max(int a,int b)
{   int c;
    a=8;                               //函数内局部变量 a
{   int a=10;                          //语句块内局部变量 a
    c=a>b?a:b;
}
return(c);
}
```

【运行结果】

```
a=3,b=5
max=10
Press any key to continue
```

【程序说明】

本例中，有 3 个同名变量 a，函数 main()内访问的是全局变量 a，调用函数 max()传递的是全局变量 a 和 b 的值。函数 max()的形参名也是 a 和 b，但它们是不同的对象，属于函数内定义的局部变量，函数体中将形参 a 赋为 8。函数 max()内还有一个复合语句块也定义了一个变量 a，它与形参 a 是不同的对象，属于复合语句块中定义的局部变量，赋值为 10。因此，当计算表达式 c=a>b?a:b 时，其中的 a 是复合语句块中的变量 a，其值为 10，其中的 b 是函数的形参，接收了实参的值 5，最后返回值为 10。

（3）全局变量可以被其作用范围内的所有函数访问、使用。利用这一点，可以间接使函数得到多个返回值。

例 7.13 调用一个函数的同时求得数组中的最大值和最小值。

【程序代码】

```
#include <stdio.h>
```

```
int max,min;
void max_min(int array[],int n);
int main()
{   int a[10];
    int i;
    printf("请输入 10 个整数:");
    for(i=0;i<10;i++)
        scanf("%d",&a[i]);
    max_min(a,10);
    printf("最大数是:%d\n",max);
    printf("最小数是:%d\n",min);
    return 0;
}
void max_min(int array[],int n)
{   int i;
    max=min=array[0];
    for(i=1;i<n;i++)
    {   if(max<array[i]) max=array[i];
        if(min>array[i]) min=array[i];
    }
}
```

【运行结果】

```
请输入10个整数:1 6 9 14 16 87 76 54 32 23
最大数是:87
最小数是:1
Press any key to continue
```

【程序说明】

本例中，定义两个全局变量 max 和 min，定义了函数 max_min()来求数组的最大值和最小值。函数 max_min()并没有通过 return 语句来返回最大值或最小值，而是直接将最大值赋到全局变量 max 中，将最小值赋到全局变量 min 中。当函数返回时，函数 main()就能直接通过这两个全局变量来输出结果。由于函数 max_min()不依靠 return 语句返回值，故函数类型定义为 void 型。

在函数中使用全局变量后，会使得函数与外部数据产生联系，从而破坏了函数的封装性。这会降低函数的通用性、可靠性和可移植性，也会降低程序的清晰度，容易导致错误的发生，所以不推荐在函数中使用全局变量。

（4）全局变量若不赋值，则其值默认为 0。

7.8.2　变量的生存期

变量的作用域是从空间的角度来观察变量的工作方式的。若从时间的角度来观察变量，则变量也有不同的工作方式，这主要与变量的存储方式有关，其存储方式主要分为两种：动态存储方式和静态存储方式。

在动态存储方式下，变量在程序运行期间根据需要以动态方式分配存储空间，需要时分配，不需要时释放。这种方式下，每次分配给变量的地址显然是不相同的，所以称为动态存储。

在静态存储方式下，变量被分配存储空间后会一直存在，直到程序结束才会释放。在这种方式下，变量只会分配一次，故其地址不会变化，所以称为静态存储。

变量的存储方式由存储类别决定，在定义变量时，加上存储类别关键字就能决定变量的存储方式。C 语言中的存储类别包括：auto（自动的）、static（静态的）、register（寄存器的）和 extern（外部的）。下面分别对局部变量和全局变量的存储类别分别进行介绍。

1．局部变量的存储类别

（1）auto（自动局部变量）

若局部变量在定义时不加存储类别，则默认其存储类别为 auto，属于动态存储方式。在前面讲到函数的数据传递时曾提到，函数的形参变量不是一直都存在的，而是只有当调用函数时才会被分配内存空间，而当函数调用返回时，形参变量会被释放，这就是典型的动态存储方式。例如

```
int f(int a)          //形参变量 a
{   auto int b;       //局部变量 b
    ……
}
```

其中，变量 a、b 都是局部变量，都属于动态存储方式，即自动变量。定义变量 b 时，存储类别关键字 auto 可省略。

（2）static（静态局部变量）

若在定义局部变量时加上 static 关键字，则该变量就变成了静态局部变量，属于静态存储方式。静态局部变量在第 1 次调用函数时被分配空间，但当函数调用返回时，静态局部变量不会被释放，而是一直存在，直到程序结束才释放。这样，当函数被反复调用时，其中的静态局部变量的值会接着上一次的值继续使用，从而导致函数的返回值可能每次都不相同。

例 7.14　静态局部变量示例。

【程序代码】

```
#include <stdio.h>
int fun(int);
int main()
{   int a=2,i;
    for(i=0;i<3;i++)
      printf("第%d 次函数返回%d\n",i,fun(a));
    return 0;
}
int fun(int a)
{   int b=2;
    static c=2;
    c=c+1;
    return(a+b+c);
}
```

【运行结果】

```
第1次函数返回7
第2次函数返回8
第3次函数返回9
Press any key to continue_
```

【程序说明】

函数 fun()中定义了一个静态局部变量 c，当第 1 次调用函数 fun()时，变量 c 被分配内存空间，根据静态存储方式，当函数 fun()返回时，变量 c 仍然存在并保留其目前的值。所以，在 3 次调用函数 fun()，每次计算表达式 a+b+c 时，变量 c 的值分别为 3、4、5。变量 a 和 b 是自动变量，每次调用函数时为其分配内存空间，函数返回时被释放，所以每次计算表达式 a+b+c 时，变量 a 和 b 的值都是 2。3 次调用函数 fun()，a+b+c 的值的变化情况如图 7.10 所示。

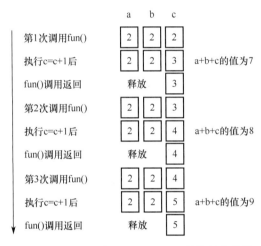

图 7.10　3 次调用函数 fun()，a+b+c 的值的变化情况

与全局变量类似，若静态局部变量不赋值，则其值默认为 0。实际上，在静态存储方式下，变量的值都会有默认值 0。全局变量的作用域直到文件结束，从时间的角度来理解就是直到程序结束，因此全局变量采用的就是静态存储方式。

（3）register（寄存器变量）

无论动态存储方式还是静态存储方式，变量都存放在内存中，寄存器变量是存放在 CPU 内部寄存器中的。因为 CPU 访问其内部寄存器的速度要比访问内存的速度快得多，所以将数据存放在寄存器中显然可以提高程序的运行速度，如在大批次循环中被反复引用的变量。定义寄存器变量的形式如下：

```
register int i;    //变量 i 为寄存器变量
```

只有局部自动变量才可以被定义为寄存器变量，因为寄存器变量属于动态存储方式，对于采用静态存储方式的变量，都不能将其定义为寄存器变量。

由于 CPU 内部的寄存器数量有限，容量也较小，而且现在 CPU 和内存的速度也越来越快，因此寄存器变量在编程中的优势已越来越不明显。同时，register 只是一个建议型关键字，能不能声名成功还取决于编译器，若没有请求成功，则变量会变成一个普通的自动变量。

2．全局变量的存储类别

在讲到静态局部变量时，已提到，全局变量采用静态存储方式，其值默认为 0。全局变量的存储类别主要是对其作用域进行扩展或者限制的，以决定其是否具有外部连接性（同一工程中的其他文件也可引用）。

（1）extern（扩展作用域）

extern 并不是在定义全局变量时使用的，而是用来对全局变量进行声明的，类似于函数声明的用法。若在一个文件内声明扩展全局变量，则该变量的作用域扩展到此声明语句的位置。

例如，

```c
#include <stdio.h>
extern int a;              //扩展全局变量 a 的作用域
int main()
{   ……
    printf("a=%d\n",a);
    ……
}
int a;                     //定义全局变量 a
int fun()
{……
}
```

若不使用 extern 对全局变量 a 进行扩展声明，则按全局变量的作用域理解，全局变量 a 只能被函数 fun()访问，而不能被主函数 main()访问。在程序的开头加上对全局变量 a 的扩展声明后，主函数 main()就可以访问全局变量 a 了。用 extern 声明全局变量时，可省略变量的类型，可写成如下形式：

```c
extern a;
```

利用 extern 声明全局变量，还可以将全局变量的作用域扩展到同一个工程中的其他文件中。

例 7.15 将全局变量的作用域扩展到其他文件中。

【程序代码】

```c
file1.c
#include <stdio.h>
int M;
int power(int);
int main()
{   int a;
    scanf("%d%d", &M,&a);
    printf("%d 的%d 次方为%d\n",M, a ,power(a));
    return 0;
}
file2.c
extern M;
int power(int n)
{   int i,p=1;
```

```
        for(i=1;i<=n;i++)
            p*=M;
        return p;
}
```

【运行结果】

```
5 3
5的3次方为125
请按任意键继续. . .
```

【程序说明】

本例中，在同一个工程中建立了两个源文件 file1.c 和 file2.c。在 file1.c 中定义了全局变量 M，若 file2.c 的函数 power()要使用该变量，则只需在源程序最开始的地方对变量 M 用 extern 进行声明就可以了。

（2）static（限制作用域）

与 extern 相对的是 static，它用来限制全局变量的作用域只在本文件中有效。当多人合作开发一个工程时，使用 static 声明全局变量可使得不与其他人用的同名变量相混淆，从而保持标识符一致。

例如，对例 7.15 做如下修改后，程序在链接时报错，提示没有外部变量 M。

```
file1.c
#include <stdio.h>
static int M;        //限制作用域
int power(int);
int main()
{   ......
}
```

```
file2.c
extern  M;
int power(int n)
{   int i,p=1;
    for(i=1;i<=n;i++)
        p*=M;           //出错
    return p;
}
```

与 extern 的声明用法不同，static 要在定义全局变量时同时使用，而不能单独使用。若在全局变量的定义后再单独使用 static，则系统会理解为对全局变量进行重新定义而报错。例如

```
int a;
static a;         //错误，重新定义
```

由 static 定义的全局变量有时也称为静态全局变量，这很容易造成误会。因为全局变量就是静态存储的，不会有动态的全局变量。全局变量的两种存储类别为 extern 和 static，其含义是扩展和限制全局变量的作用域，这与局部变量存储类别的含义是截然不同的，请读者注意区别。

7.9　内部函数和外部函数

函数定义好后就需要被另外的函数调用，所以可以理解为函数的作用域是全局的。函数的使用方式也与全局变量有着类似之处，即需要被外部文件所使用或只在本文件中使用。根据函数能否被其他源文件调用，可将函数分为内部函数和外部函数。

1. 内部函数

函数只能被本文件中的其他函数调用，称为内部函数。定义内部函数时，在函数定义

的首部部分的函数类型前需要加关键字 static，其形式如下：

```
static 类型名 函数名(形参表列)
```

使用内部函数后，其他文件中若有同名的函数也不会产生干扰。在多人分工进行的编程中，使用内部函数就不必担心会与他人有同名函数，提高程序的可靠性。

2．外部函数

若函数可以被其他文件调用，则称为外部函数。定义外部函数时，在函数定义的首部部分的函数类型前加关键字 extern，其形式如下：

```
extern 类型名 函数名(形参表列)
```

若在定义函数时没有加存储类别，则默认为 extern，所以在定义外部函数时，extern 可省略。在其他文件中调用外部函数，有以下两种方法：

（1）在其他文件中，用 extern 对外部函数进行声明。

（2）使用 include 指令将外部函数所在源文件包含进来。

例 7.16　外部函数用法示例。

【程序代码】

```
file1.c
#include <stdio.h>
extern int square(int n);              //外部函数声明
extern int cube(int n);                //外部函数声明
extern int power(int x,int y);         //外部函数声明
int main()
{   int a,b;
    printf("请输入两个整数:");
    scanf("%d%d",&a,&b);
    printf("%d 的平方为%d\n",a,square(a));
    printf("%d 的立方为%d\n",a,cube(a));
    printf("%d 的%d 次方为%d\n",a,b,power(a,b));
    return 0;
}
file2.c
int square(int n)                      //求平方函数
{   return n*n;
}
int cube(int n)                        //求立方函数
{   return n*n*n;
}
int power(int x,int y)                 //求 x 的 y 次方
{   int i,p=1;
    for(i=1;i<=y;i++)
        p*=x;
    return p;
}
```

【运行结果】

```
请输入两个整数:3 5
3的平方为9
3的立方为27
3的5次方为243
Press any key to continue
```

【程序说明】

file1.c 中的主函数 main()调用的 3 个函数在 file2.c 中进行了定义，为了能调用这 3 个函数，在 file1.c 中对其进行声明后就可以直接调用了。为方便编程，C 语言允许在声明函数时省略 extern，所以 file1.c 中的声明也可以写成如下形式：

```
int square(int n);
int cube(int n);
int power(int x,int y);
```

需要说明的是，若没有对 file2.c 中的函数进行声明，则程序也能运行。这是因为 C 语言并不强行要求函数在使用前先声明，若程序中出现一个未声明的函数，则当编译器编译到函数调用时，会假设这个函数的参数列表就是调用语句中的参数类型，而返回值为 int 型，即隐式函数声明，这在前面的函数声明语法部分已提到过。由于缺少函数声明会导致程序的可读性差且易出错，为养成良好的编程习惯，建议加上函数声明语句。

习题 7

一、单项选择题

1. 若函数调用时的实参为变量，则以下关于函数形参和实参的叙述中正确的是（　　）。

A. 函数的实参和其对应的形参共同占用同一个存储单元

B. 形参只是形式上存在的，不占用具体存储单元

C. 同名的实参和形参占同一个存储单元

D. 函数的形参和实参分别占用不同的存储单元

2. 下面的函数调用语句中，func 函数的实参个数是（　　）。

```
func( f2(v1,v2), (v3,v4,v5),(v6,max(v7,v8)));
```

A. 3　　　　　　　B. 4　　　　　　　C. 5　　　　　　　D. 8

3. 以下叙述中错误的是（　　）。

A. 用户定义的函数中可以没有 return 语句

B. 用户定义的函数中可以有多个 return 语句，以便可以一次调用返回多个函数值

C. 用户定义的函数中若没有 return 语句，则应当定义函数为 void 类型

D. 函数的 return 语句中可以没有表达式

4. 以下关于 return 语句的叙述中正确的是（　　）。

A. 一个自定义函数中必须有一条 return 语句

B. 一个自定义函数中可以根据不同情况设置多条 return 语句

C. 定义成 void 类型的函数中可以有带返回值的 return 语句

D. 没有 return 语句的自定义函数在执行结束时不能返回到调用处

5. 有以下程序：

```
int fun1(double a){return a*=a;}
int fun2(double x,double y)
{    double a=0,b=0;
    a=fun1(x); b=fun1(y);
```

```
      return (int)(a+b);
}
main()
{  double w; w=fun2(1.1,2.0);……}
```

程序运行后变量 w 中的值是（   ）。

A．5.21   B．5   C．5.0   D．0.0

6. 有如下程序：

```
#include <stdio.h>
void fun(int a,int b)
{  int t;
   t=a;a=b;b=t;
}
main()
{  int c[10]={1,2,3,4,5,6,7,8,9,0},i;
   for(i=0;k<10;i+=2)  fun(c[i],c[i+1]);
   for(i=0;k<10;i++)  printf("%d",c[i]);
   printf("\n");
}
```

程序的运行结果是（   ）。

A．1,2,3,4,5,6,7,8,9,0   B．2,1,4,3,6,5,8,7,0,9

C．0,9,8,7,6,5,4,3,2,1   D．0,1,2,3,4,5,6,7,8,9

7. 有以下程序：

```
int fun(int n)
{  if(n==1) return 1;
   else
   return (n+fun(n-1));
}
 main()
{  int x;
   scanf("%d",&x); x=fun(x); printf("%d\n",x);
}
```

程序运行时，给变量 x 输入 10，程序的输出结果是（   ）。

A．55   B．54   C．65   D．45

8. 有以下程序：

```
main(int argc,char *argv[])
{  int n=0,i;
   for(i=1;i<argc;i++)
     n=n*10+*argv[i]-'0';
   printf("%d\n",n);
}
```

编译、链接后生成可执行文件 tt.exe，若程序运行时，输入以下命令行：

```
tt 12 345 678
```

则程序运行后的输出结果是（   ）。

A. 12   B. 12345   C. 12345678   D. 136

9. 设函数中有整型变量 n，为保证其在未赋初值的情况下初值为 0，应该选择的存储类别是（   ）。

A. auto   B. register   C. static   D. auto 或 register

10. 有以下程序：

```
void fun2(char a,char b)
{ printf("%c,%c",a,b);}
char a='A',b='B';
void fun1( )
{ a='C'; b='D';}
main()
{ fun1();
  printf("%c%c",a,b);
  fun2('E','F');
}
```

程序的运行结果是（   ）。

A. CDEF   B. ABEF   C. ABCD   D. CDAB

11. 有以下程序：

```
fun(int x, int y)
{ static int m=0,i=2;
  i+=m+1;
  m=i+x+y;
  return m;
}
main()
{ int j=1,m=1,k;
  k=fun(j,m); printf("%d,",k);
  k=fun(j,m); printf("%d\n",k);
}
```

程序执行后的输出结果是（   ）。

A. 5，5   B. 5，11   C. 11，11   D. 11，5

12. 有以下程序：

```
int fun(int x[ ],int n)
{ static int sum=0,i;
  for(i=0;i <n;i++)  sum+=x[i];
  return sum;
}
main()
{ int a[]={1,2,3,4,5},b[]={6,7,8,9},s=0;
  s=fun(a,5)+fun(b,4);
  printf("%d\n",s);
}
```

程序运行后的输出结果是（   ）。

A. 45   B. 50   C. 60   D. 55

二、填空题

1. 以下函数 isprime 的功能是判断形参 a 是否为素数，若是素数，则函数返回 1；否则返回 0，请填空。

```
int isprime(int a)
{  int i;
   for(i=2;i<=a/2;i++)
   if(a%i==0)  _____;
   _____;
}
```

2. 请将以下程序中的函数声明语句补充完整。

```
#include <stdio.h>
_____;
main()
{  int  x,y;
   scanf("%d%d",&x,&y);
   printf("%d\n",max(x,y));
}
int max(int a,int b)
{  return  (a>b?a:b);}
```

3. 以下程序中，函数 fun 的功能是计算 x^2-2x+6，主函数中将调用函数 fun 进行计算。请填空。

```
y1=(x+8)²-2(x+8)+6
y2=sin²(x)-2sin(x)+6
#include <math.h>
double fun(double x)  {  return(x*x-2*x+6);}
main()
{  double x,y1,y2;
   printf("Enter x:");  scanf("%lf",&x);
   y1=fun(_____);
   y2=fun(_____);
   printf("y1=%lf,y2=%lf\n",y1,y2);
 }
```

4. 以下程序的输出结果是_____。

```
#include<stdio.h>
void fun(int x)
{  if(x/2>0) fun(x/2);
   printf("%d ",x);
}
main()
{  fun(3);
   printf("\n");
}
```

三、编程题

1. 编写一个函数，其功能是把华氏温度转换为摄氏温度，转换公式为 $C = (F-32) \times 5/9$，其中 C 表示摄氏温度，F 表示华氏温度。

2. 编写一个函数，其功能是判断一个年份是否为是闰年，要求函数返回 1 或 0。

3. 定义一个函数 digit(n,k)，其功能是返回整数 n 从右边数第 k 位的值，如 digit (38561,4)=8。

4. 输入两个正整数，求它们的最大公约数和最小公倍数，试分别编写两个函数实现。

5. 定义函数验证哥德巴赫猜想：一个不小于 6 的偶数可以表示为两个素数之和。如 6=3+3，8=3+5，10=3+7…。在主函数中输入一个偶数，调用验证函数输出结果为 34=3+31。

6. 用递归的方法编写函数，求 n 阶勒让德多项式的值，其递归公式如下：

$$Pn(x) = \begin{cases} 1 & , n = 0 \\ x & , n = 1 \\ ((2n-1) \cdot x - P_{n-1}(x) - (n-1) \cdot P_{n-2}(x))/n & , n \geqslant 2 \end{cases}$$

7. 用递归的方法编写函数，实现十进制整数转换为二进制整数的除 2 取余算法。在主函数中输入一个十进制整数，调用该函数输出其二进制数形式。

8. 用递归的方法编写函数 Power(int x,int y)，其功能是计算 x 的 y 次幂。

9. 编写一个函数，求一个整数数组中的所有偶数的平均值。

10. 编写一个函数，将数组中的元素逆序重新存放。例如，数组元素{2, 3, 8, 6, 5}，重新存放后变为{5, 6, 8, 3, 2}。

11. 编写一个函数，实现对数组元素的折半查找。

12. 编写一个函数，实现对给定的 3×4 的二维数组的转置。

13. 用二维数组表示一个班 10 名学生的学号和总成绩，要求实现：

(1) 编写函数，找出其中总成绩最高的学生。

(2) 编写函数，实现对给定的一个学号，查找其总成绩。

(3) 编写函数，实现对二维数组按总成绩由高到低的顺序排序。

第8章

指　针

指针是一种特殊的变量——指针变量用来存储其他变量的地址。不同类型的指针变量用来存储不同类型变量的地址，但是指针变量所占的存储空间是相同的。在 C 语言中，通过指针不仅可以对数据本身进行操作，还可以对存储数据的变量地址进行操作。

8.1　变量地址与指针

8.1.1　变量的地址

在 C 程序中，所有变量的值都存储在计算机内存中，可以将计算机内存看成由一系列具有连续编号的存储单元组成。其中存储单元的编号又称为地址，每个存储单元都具有一个唯一的地址。通常计算机采用一个无符号十六进制整数表示内存地址；32 位计算机通常采用 8 位十六进制数表示内存地址；64 位计算机通常采用 16 位十六进制数表示内存地址。以 32 位计算机为例，有如下变量定义，则变量 x、y、z 在计算机内存中的存储示意图如图 8.1 所示。

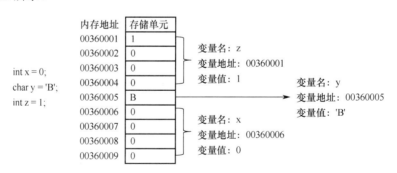

图 8.1　变量 x、y、z 在计算机内存中的存储示意图

在计算机内存中，每个存储单元都有一个存储地址，通常 1 字节是一个存储单元。在编译程序或者调用函数时，会为变量分配相应的存储空间。不同类型变量分配的存储空间大小不同，int 型变量和 float 型变量均占 4 字节，char 型变量占 1 字节，double 型变量占 8 字节。在图 8.1 中，变量 x 在内存中占 4 字节的存储空间（00360006～00360009），其中首地址 00360006 称为变量 x 的地址，这 4 字节中存储的数据就是变量 x 的值，x 的值为 0。同理，变量 y 在内存中占 1 字节的存储空间（00360005），地址为 00360005，该字节中存储的字符'B'就是 y 的值。变量 z 在内存中占 4 字节的存储空间（00360001～00360004），其中首地址 00360001 称为变量 z 的地址，4 字节中存储的数据 1 就是变量 z 的值。

　　变量在内存中的地址通常由操作系统和编译系统共同分配，我们通常不关心具体的存储单元编号。在 C 程序中，一般通过变量名对变量进行操作，如 x=28，这种操作称为直接访问。在 C 程序中可以通过使用取地址符&来获得变量的地址。

　　在输入语句中需要用到变量地址表列，使用&变量名表示变量地址，例如：

```
scanf("%d",&a);
```

　　还可以直接输出变量地址，如 printf("a 的值是%d,a 的地址是%d",a,&a);。

8.1.2　指针的概念

　　在 C 语言中除了使用变量名来操作变量，还可以使用指针来操作变量，这种方法称为间接访问。指针是一种特殊的变量，指针的值是另一个变量的地址。在 C 程序中，既可以通过变量名来直接访问变量，又可以通过指针来间接访问变量。

　　如图 8.2 所示，由指针 p 指向变量 z，即指针 p 中存储的是变量 z 的地址 00360001。

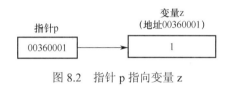

图 8.2　指针 p 指向变量 z

8.2　指针的定义与使用

8.2.1　定义指针变量

　　指针变量的一般定义形式如下：

```
类型 *指针变量名;
```

其中，类型表示指针变量所指向的变量的类型；指针变量名的命名规则与普通变量命名规则相同，例如

```
int *p1;
```

　　这条语句定义了一个指针变量 p1，指针 p1 指向一个整型变量。若定义两个指针都指向字符型变量，则可以使用下面语句实现：

```
char *c1,*c2;
```

在这条语句中的变量 c1 和变量 c2 都是指针变量，注意两个指针变量前面的*都不能省略。

　　若省略第二个指针变量前面的*，则将语句修改为：

```
char *c1,c2;
```

　　修改后的语句表示定义一个指针变量 c1（指向字符型变量），同时定义了一个字符型变量 c2，c2 是普通变量。

　　若需要定义指向不同类型变量的指针，则需要使用不同语句分开定义，例如

```
int *p1,*p2; //定义两个指针 p1 和 p2，都指向整型变量
char *c2; //定义一个指针 c2，指向字符型变量
float *f3; //定义一个指针 f3，指向单精度实型变量
```

8.2.2　指针变量赋值

1．将变量地址赋值给指针

指针变量的定义只是声明了指针变量的名称和指针变量能够指向的数据类型，指针变量本身并不进行初始化，也就是没有说明指针变量指向哪里。当指针变量没有初始化时，它的值是一个随机值，这时如果使用指针变量来访问内存单元，那么会给系统带来危险。因此在使用指针之前需要给指针进行赋值，也就是必须说明指针指向哪个变量，一般形式如下：

```
指针=&变量名; //指针指向变量
```

例 8.1　指针定义与赋值。

```
void main()
{
    int x=36,*p;
    p=&x;       //p指向x
    float y=4.9,*q;
    q=&y;       //q指向y
    printf("x的值是%d,x的地址是%x\n",x,&x);
    printf("指针p的值是%x\n",p);
    printf("y的值是%f,y的地址是%x\n",y,&y);
    printf("指针q的值是%x\n",q);
}
```

【运行结果】

```
x的值是36,x的地址是9bf980
指针p的值是9bf980
y的值是4.900000,y的地址是9bf968
指针q的值是9bf968
请按任意键继续. . .
```

【程序分析】

在本例中，通过语句"p=&x;"为指针 p 赋值，即指针 p 的值为变量 x 的地址，通常称为指针 p 指向变量 x。从运行结果可以看出，变量 x 的地址和指针 p 的值都是 9bf980，说明指针 p 的值就是变量 x 的地址，赋值成功。同理，指针 q 指向变量 y，从运行结果得知，变量 y 的地址和指针 q 的值都是 9bf968，如图 8.3 所示。

图 8.3　指针赋值

在例 8.1 中采用的是先定义后赋值的形式，也就是定义语句和赋值语句分开。我们也可以将定义语句和赋值语句合在一起，采用如下初始化的方式：

```
int x=36,*p=&x;           //定义指针 p，并初始化 p 指向 x
float y=4.9,*q=&y;        //定义指针 q，并初始化 q 指向 y
```

在初始化语句中，指针变量前面的*只是一个指针类型说明符，表明变量是一个指针变量，而不是普通变量。

由于在定义指针变量时已经说明了指针指向的变量类型，因此在为指针赋值时必须保证所指向变量的类型和指针定义中的类型相同，否则将会引起警告提示。如将例 8.1 中的指针赋值修改如下：

```
int x=36,*p;
float y=4.9,*q;
p=&y;        //p 指向 y
q=&x;        //q 指向 x
```

在定义语句中，声明指针 p（指向整型变量），指针 q（指向单精度实型变量）。在赋值语句中，强行让指针 p 指向单精度实型变量 y，让指针 q 指向整型变量 x。在程序编译时，出现错误提示：

```
error C2440:"=":无法从"float *"转换为"int *"、error C2440:"=":无法从
"int *"转换为"float *"。
```

2．将指针值赋给另一个指针

由于指针变量的值是另一个变量的地址，除了将变量地址赋给指针，还可以将另一个指针值赋给指针。一般形式如下：

```
指针=指针；
```

例 8.2　将指针值赋给另一个指针。

```
void main()
{
    int x=15,*p,*q;
    p=&x;
    q=p;     //指针赋值
    printf("x 的值是%d,x 的地址是%x\n",x,&x);
    printf("指针 p 的值是%x\n",p);
    printf("指针 q 的值是%x\n",q);
}
```

【运行结果】

```
x的值是15,x的地址是f8f86c
指针p的值是f8f86c
指针q的值是f8f86c
请按任意键继续. . .
```

【程序分析】

在本例中，使用语句"q=p;"为指针 q 赋值，该语句含义为指针 q 的值=指针 p 的值。在上一条赋值语句（p=&x）中，指针 p 的值等于变量 x 的地址，因此指针 q 的值=变量 x 的地址。从程序运行结果可以看到，指针 p 和指针 q 的值相同，都等于变量 x 的地址，也就是指针 p 和指针 q 都指向变量 x。

3．将 NULL 赋值给指针

有时为了避免用户忘记给指针赋值而直接使用指针（这样会给系统带来潜在危险），我们可以在定义指针的同时将指针的值初始化为 NULL。其在这里表示指针没有指向任何存储单元，例如

```
int a=728,*p=NULL;  //将 NULL 值赋给指针 p
```

8.2.3 使用指针

为指针赋值后，就可以使用指针访问变量了。在通过指针来间接访问变量时，先通过指针获得变量的地址值，然后根据地址值到内存中对应的存储单元去访问变量。那么如何使用指针来存取它所指向的变量值呢？在这里需要用到指针运算符*。在这里*表示指针指向的变量值，如语句"*p=4;"表示指针 p 指向的变量值等于 4。

例 8.3   使用指针间接访问变量。

```
void main()
{
    int x,y,*p,*q;
    p=&x;     //p 指向 x
    q=&y;     //q 指向 y
    printf("\t 请输入 x 的值：");
    scanf("%d",&x);
    printf("\t 请输入 y 的值：");
    scanf("%d",q);                     //输入 y
    *p=*q+3;                //p 指向变量的值=q 指向变量的值+3
    *q=100-*q;              //q 指向变量的值=(100-q)指向变量的值
    printf("x 的值是%d\n",*p);        //*p 表示 p 指向变量的值
    printf("y 的值是%d\n",y);
    printf("x+y=%d\n",*p+*q);   //(*p+*q)表示 p 指向变量的值+q 指向变量的值
}
```

【运行结果】

```
请输入 x 的值：48
请输入 y 的值：69
x 的值是72
y 的值是31
x+y=103
请按任意键继续. . .
```

【程序分析】

在本例中，定义了两个整型变量 x 和 y，以及两个指针 p 和 q。值得注意的是在定义语句 int x,y,*p,*q 中，*并不是指针运算符。在定义语句中出现的*仅表示变量 p 和 q 是指针变量而不是普通变量。在输入语句 scanf("%d",q);中，使用指针 q 的值表示变量 y 的地址。

除定义语句外，其他位置出现的*均为指针运算符，表示指针所指向的变量值。如最后一句中的*p+*q，表示 p 指向变量的值+q 指向变量的值，即 x+y。

例 8.4   使用指针交换两个整数的值。

```
void main()
{
    int x,y,*p,*q,t;
    p=&x;
    q=&y;
    printf("\t 请输入两个整数（使用逗号分隔）：");
    scanf("%d,%d",p,q);
```

```
    printf("\tx=%d,y=%d\n",*p,*q);
    t=*p;              //t=p 指向变量的值
    *p=*q;             //p 指向变量的值=q 指向变量的值
    *q=t;              //q 指向变量的值=t
    printf("\t 交换后：x=%d,y=%d\n",*p,*q);
}
```

【运行结果】

```
请输入两个整数（使用逗号分隔）：85,16
x=85,y=16
交换后：x=16,y=85
请按任意键继续. . .
```

【程序分析】

在本例中，使用指针 p 和 q 分别指向变量 x 和 y。在 scanf 语句中，使用指针 p 和 q 的值分别表示变量 x 和 y 的地址。scanf 语句等价于 "scanf("%d%d",&x,&y);"。程序中使用指针运算符*表示指针指向的变量值，从而间接访问变量 x、y，实现两个整型变量值的交换。

例 8.5　使用指针找出 3 个整数中值最大的数并输出最大值。

```
void main()
{
    int a,b,c,*max;
    printf("\t 请输入三个整数：");
    scanf("%d%d%d",&a,&b,&c);
    max=&a;              //max 指向 a
    if(*max<b)           //若 max 指向的变量值小于 b
        max=&b;          //则 max 指向 b
    if(*max<c)           //若 max 指向的变量值小于 c
        max=&c;          //则 max 指向 c
    printf("\t 最大值为：%d\n",*max);
}
```

【运行结果】

```
请输入三个整数：43 61 29
最大值为：61
请按任意键继续. . .
```

【程序分析】

在本例中，定义指针 max 指向当前最大值。首先将变量 a 的地址赋给 max，即默认变量 a 最大，max 指向变量 a。然后通过两个 if 语句，依次将 max 指向的变量值与 b 和 c 进行比较，若该值比 max 指向的变量值大，则修改 max 的值。最后输出 max 指向的变量值，即三个整数中的最大值。

8.3　指针与函数

在前面的章节中学习过使用普通变量作为函数参数，这是一种值传递函数调用方式，即将实参的值传递给对应的形参。如果函数调用采用值传递形式，那么实参的值不会发生变化。

例 8.6 普通变量作函数参数。

```c
void swap(int a,int b)   //交换函数
{
    printf("交换前的形参：a=%d,b=%d\n",a,b);
    int t=a;
    a=b;
    b=t;
    printf("交换后的形参：a=%d,b=%d\n",a,b);
}
void main()
{
    int x,y;
    printf("请输入两个整数：");
    scanf("%d%d",&x,&y);
    swap(x,y);       //函数调用
    printf("交换后的实参：x=%d,y=%d\n",x,y);
}
```

【运行结果】

```
请输入两个整数：85 36
交换前的形参：a=85,b=36
交换后的形参：a=36,b=85
交换后的实参：x=85,y=36
请按任意键继续. . .
```

【程序分析】

在本例中，定义函数 swap() 实现形参 a 和 b 的交换。运行结果显示，在函数调用时，形参 a 和 b 的值发生了交换，而函数调用后，实参 x 和 y 的值并没有发生改变，也就是说明通过值传递的函数调用方式无法改变实参的值。这是因为实参和形参分别占用不同的存储空间，在函数调用时，值传递的方向为从实参传递给形参。在函数调用时，实参 x 将值 85 传递给形参 a，实参 y 将值 36 传递给形参 b，如图 8.4 所示。

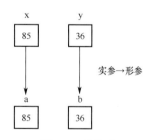

图 8.4 值传递

经过函数 swap() 运算后，形参 a 和 b 的值发生交换。但是由于值传递方向为单向传递，即无法由形参反向传递给实参，因此实参 x 和 y 的值没有发生改变。故最后输出结果中，实参 x 和 y 的值没有发生改变。

在前面的章节中已经介绍过，普通变量作函数参数无法改变实参的值。但是，可以通过使用函数返回值的方式来改变调用函数中的实参。

例 8.7 利用函数返回值改变实参。

```
int sum(int a,int b)
{
    return a+b;
}
void main()
{
    int x,y,result=0;
    printf("请输入两个整数：");
    scanf("%d%d",&x,&y);
    result=sum(x,y);
    printf("%d+%d=%d\n",x,y,result);
}
```

【运行结果】

```
请输入两个整数：3 5
3+5=8
请按任意键继续. . .
```

【程序分析】

在本例中，定义函数 sum()返回两个整数的和。在函数调用时采用"result=sum(x,y);"的形式将函数返回值赋给实参，从而将两个整数的和赋给 result。

这种方式可以改变实参的值。但是由于函数的返回值只能有一个，因此例 8.5 中希望通过函数调用交换两个整数的值（两个实参值都发生改变）无法通过这种方法实现。因此，除了使用普通变量作函数参数，还可以使用指针作函数参数，即直接通过变量的地址间接访问变量实现这一功能。

8.3.1 指针作为函数参数

当指针作为函数参数时，通常形参为指针，实参为变量的地址。在函数调用时，将实参表示的变量的地址传递给形参指针。在被调用函数中，通过指针间接访问实参变量。例如，将例 8.6 中的形参和实参进行修改，具体如下。

例 8.8 利用指针实现形参的交换。

```
void swap(int *a,int *b)  //交换函数
{
    printf("交换前的形参：a=%d,b=%d\n",*a,*b);
    int t=*a;     //t=a 指向变量的值
    *a=*b;        //a 指向的变量值=b 指向的变量值
    *b=t;         //b 指向的变量值=t
    printf("交换后的形参：a=%d,b=%d\n",*a,*b);  //输出
}
void main()
{
    int x,y;
    printf("请输入两个整数：");
    scanf("%d%d",&x,&y);
```

```
    swap(&x,&y);        //函数调用，变量的地址作为实参
    printf("交换后的实参：x=%d,y=%d\n",x,y);
}
```

【运行结果】

```
请输入两个整数：4 9
交换前的形参：4,9
交换后的形参：9,4
交换后的实参：x=9,y=4
请按任意键继续...
```

【程序分析】

在本例中，使用指针作为函数参数。在函数定义时，形参定义为指针，在函数调用时，实参为&变量名。在函数调用时，将变量 x 的地址与变量 y 的值分别传递给形参指针 a 与指针 b。也就是在进行地址传递后，指针 a 指向变量 x，指针 b 指向变量 y，如图 8.5 所示。

图 8.5　指针作为函数参数

在函数 swap()中，*a 表示指针 a 所指向变量的值，即 x 的值；而*b 表示指针 b 所指向变量的值，即 y 的值。首先执行 t=*a，即 t=a 指向变量的值，即 t=x=4；接着执行*a=*b，即 a 指向的变量值=b 指向的变量值，即 x=y=9；最后执行*b=t，即 b 指向的变量值=t，即 y=4。整个过程，通过指针 a 访问变量 x，通过指针 b 访问变量 b，改变了实参 a 和 b 的值。

例 8.9　利用指针实现大小写英文字母的转换。

```
void fx(char *pc)      //指针作为函数参数
{
    if(*pc>='A'&&*pc<='Z')
        *pc+=32;
    else if(*pc>='a'&&*pc<='z')
        *pc-=32;
}
void main()
{
    char ch;
    printf("请输入一个字符：");
    ch=getchar();
    fx(&ch);     //函数调用
    printf("转换后的字符：%c\n",ch);
}
```

【运行结果】

```
请输入一个字符：B
转换后的字符：b
请按任意键继续...
```

【程序分析】

在函数 fx()定义中，将形参定义为指针 pc。函数体内通过选择结构实现大小写英文字母的转换，即若指针 pc 指向变量的值是大写英文字母，则把 pc 指向的变量值+32（转换为

对应的小写英文字母）；若 pc 指向变量的值是小写英文字母，则把 pc 指向的变量值-32（转换为对应的大写英文字母）。在主函数中，函数调用语句 fx(&ch)中的实参为&ch，即是将变量 ch 的地址传递给形参 pc，进行地址传递。从程序运行结果可以看出，实参 ch 的值在函数调用后发生了改变。

8.3.2 指针作为函数返回值

指针既可以作为函数的形参，又可以作为函数的返回值。也就是函数的返回值既可以是 int、char、float 等基本类型，又可以是一个指针。当函数返回值是一个指针时，这种函数称为指针型函数。指针型函数的一般形式如下：

```
类型 *函数名（形参列表）
{
    …/*函数体*/
}
```

指针型函数的定义格式与普通函数相比多了一个*，表示指针型函数的返回值是一个指向该类型的指针。也就是说，这里的*表示函数返回值是一个指针，而类型指定这个指针所指向的变量类型，例如

```
float *ave(int a,int b,int c)
{
    float *result;
    ......
    return result;
}
```

在函数 ave()定义中，函数首部的 float *指定函数的返回值是一个指针，该指针指向 float 类型的变量。在对应的函数体中，定义一个指针 result 指向 float 型变量。函数体中最后使用 return 语句返回 result，即返回一个指向 float 型变量的指针。

例 8.10 定义指针函数，返回指向三个整数的中位数的指针（三个整数不相同）。

```
int *f(int a,int b,int c)    //指针型函数
{
    int *p;
    if((a-b)*(a-c)<0)
        p=&a;
    else if((b-a)*(b-c)<0)
        p=&b;
    else
        p=&c;
    return p;
}
void main()
{
    int x,y,z,*q;
    printf("请输入三个不相等的整数: ");
    scanf("%d%d%d",&x,&y,&z);
```

```
    q=f(x,y,z);    //函数调用
    printf("三个整数中的中位数是%d\n",*q);
}
```

【运行结果】

```
请输入三个不相等的整数：21 87 46
三个整数中的中位数是46
请按任意键继续...
```

【程序分析】

在本例中，函数 f()返回一个指向整型变量的指针，即指向 a、b、c 三个整数的中位数的指针。函数 f()中定义指针 p，p 指向三个整数的中位数。在选择结构中（默认输入三个不相同的整数），若满足(a-b)*(a-c)<0，即 a 的值在 b 与 c 之间，则 a 一定是中位数，通过赋值语句 p=&a;实现指针 p 指向变量 a。同理，若(b-a)*(b-c)<0，即 b 的值在 a 与 c 之间，则 b 是中位数，通过赋值语句 p=&b;实现指针 p 指向变量 b。若以上两种情况都不成立，则表示变量 c 是中位数，通过赋值语句 p=&c;实现指针 p 指向变量 c。最后，使用 return 语句返回指针 p，即函数返回指针。

在主函数中，定义指针 q。通过函数调用语句 q=f(x,y,z);将函数的返回值赋给指针 q，即指针 q 指向变量 x、y、z 的中位数。从运行结果可知，21, 87, 46 的中位数是 46。

例 8.11　定义指针函数，返回一个指针，该指针指向三个数中的最小值。

```
int *f(int a,int b,int c)
{
    int *p;
    p=&a;
    if(*p>b)
        p=&b;
    if(*p>c)
        p=&c;
    return p;
}
void main()
{
    int x,y,z,*q;
    printf("请输入三个不相等的整数：");
    scanf("%d%d%d",&x,&y,&z);
    q=f(x,y,z);    //函数调用
    printf("三个整数中的最小值是%d\n",*q);
}
```

【运行结果】

```
请输入三个不相等的整数：62 12 39
三个整数中的最小值是12
请按任意键继续...
```

【程序分析】

在本例中，函数 f()返回一个指向整型变量的指针。在函数 f()中，首先执行 p=&a;语句

为指针 p 赋值，即默认变量 a 的值最小，令指针 p 指向变量 a。接着通过 if 语句，若指针 p 指向的变量值大于变量 b 的值，则指针 p 指向变量 b；若指针 p 指向的变量值大于变量 c 的值，则指针 p 指向变量 c。最后返回指针 p。

在主函数中，执行函数调用 q=f(x,y,z)，将函数 f() 的返回值赋给指针 q，也就是令指针 q 指向变量 x、y、z 中的最小值。

8.4 指针与数组

8.4.1 数组首地址与数组元素地址

1. 数组首地址

在定义数组时，编译系统会为数组在内存中分配连续的存储空间。同时，数组的首地址也就确定了。数组的首地址是第一个元素的地址，通常首地址的值是不变的。数组名可以表示数组的首地址，即数组名是一个指针，其值是第一个元素的地址。但是由于数组首地址不会发生变化，因此可以将数组名看成一个常量指针，即其值不变。当然数组首地址也可以表示成第一个元素的地址。

例 8.12 输出数组首地址。

```
void main()
{
    printf("请输入数组元素值：");
    int x[8],i;
    for(i=0;i<8;i++)
        scanf("%d",&x[i]);
    printf("数组首地址为：%x\n",x);
    printf("第一个元素地址为：%x\n",&x[0]);
    printf("逆序输出数组元素值：");
    for(i=0;i<8;i++)
        printf("%3d",x[i]);
}
```

【运行结果】

```
请输入数组元素值：1 2 3 4 5 6 7 8
数组首地址为：4ffca0
第一个元素地址为：4ffca0
逆序输出数组元素值：  1  2  3  4  5  6  7  8
请按任意键继续. . .
```

【程序分析】

在本例中，首先定义整型数组 x，使用 for 循环依次输入数组元素的值。第一个 printf 语句输出数组名 x 的值，即输出数组首地址。第二个 printf 语句输出第一个元素地址 &a[0]。从程序的运行结果看出，数组首地址和第一个元素地址都是 4ffca0，即数组首地址就是第一个元素的地址。

2. 数组元素地址

在例 8.12 中，使用 scanf 语句输入数组元素，数组元素的地址表示为&x[i]，即数组元素的地址可以表示为&数组名[下标]。例如，第一个元素 x[0]地址表示为&x[0]；第 3 个元素 x[2]的地址表示为&x[2]。

元素地址除了可以采用&数组名[下标]的方式表示，还可以采用首地址表示，即数组名表示。在例 8.12 中，数组名 x 表示数组首地址，即第一个元素 x[0]的地址。表达式 x+1 表示下一个元素的地址，即 x[0]后面一个元素 x[1]的地址&x[1]。表达式 x+2 表示 x[1]后面一个元素的地址，即 x[2]的地址&x[2]。表达式 x+3 表示 x[2]后面一个元素的地址，即 x[3]的地址&x[3]。依此类推，x+i 表示元素 x[i]的地址&x[i]，如图 8.6 所示。

元素地址	数组x	元素值
x或者&x[0]	1	*(x)或者x[0]
x+1或者&x[1]	2	*(x+1)或者x[1]
x+2或者&x[2]	3	*(x+2)或者x[2]
x+3或者&x[3]	4	*(x+3)或者x[3]
x+4或者&x[4]	5	*(x+4)或者x[4]
x+5或者&x[5]	6	*(x+5)或者x[5]
x+6或者&x[6]	7	*(x+6)或者x[6]
x+7或者&x[7]	8	*(x+7)或者x[7]

图 8.6 数组元素地址与元素值的表示

x 表示第一个元素地址，使用指针运算符*可以表示指针 x 指向的元素值，即 x[0]；x+1 表示第二个元素的地址，则*(x+1)表示元素 x[1]的值；x+2 表示第三个元素的地址，则*(x+2)表示元素 x[2]的值；依此类推，x+i 表示元素 x[i]的地址，*(x+i)表示元素 x[i]的值。

例 8.13 逆置数组元素。

```
void main()
{
    printf("请输入数组元素值：");
    int x[8],i;
    for(i=0;i<8;i++)
        scanf("%d",x+i);
    for(i=0;i<4;i++)
    {
        int t=*(x+i);
        *(x+i)=*(x+7-i);
        *(x+7-i)=t;
    }
    printf("输出逆置后的数组元素值：");
    for(i=0;i<8;i++)
        printf("%3d",*(x+i));
```

```
}
```

【运行结果】

```
请输入数组元素值：1 2 3 4 5 6 7 8
输出逆置后的数组元素值： 8 7 6 5 4 3 2 1
请按任意键继续. . .
```

【程序分析】

在本例中，使用 x+i 表示元素 x[i]的地址，*(x+i)表示元素 x[i]的值，*(x+7−i)表示元素 x[7−i]的值。第一个 for 循环使用 scanf 语句依次输入元素 x[i]的值，x+i 表示元素 x[i]地址。第二个 for 循环通过交换实现元素逆置，即定义中间变量 t，t 的值等于元素 x[i]，元素 x[i]的值等于元素 x[7−i]，最后元素 x[7−i]的值等于 t。最后一个 for 循环使用 printf 依次输出元素 x[i]的值。

综上所述，可以使用数组名 x 或第一个元素地址&x[0]表示数组首地址；可以使用 x+i 或者&x[i]表示元素 x[i]的地址；可以使用*(x+i)或者 x[i]表示元素 x[i]的值。

8.4.2 指针与数组元素

既可以通过数组名[下标]的方式直接访问数组元素，又可以通过指针间接访问数组元素。

1．使用指针间接访问某个数组元素

使用指针间接访问数组元素时，必须先对指针赋值，即令指针指向某个数组元素，例如

```
int x[10];
int *p=&x[3];   //指针 p 指向数组元素 x[3]
```

当然也可以使用 x+i 的方式表示数组元素地址，例如

```
int x[10];
int *p=x+3;
```

数组名 x 表示第一个数组元素地址，则 x+3 表示第 4 个数组元素（x[3]的地址）。通过赋值语句，指针 p 指向元素 x[3]。

例 8.14 通过指针间接访问数组元素。

```
void main()
{
    printf("请输入数组元素值：");
    int x[5],i,*p;
    for(i=0;i<5;i++)
        scanf("%d",&x[i]);
    p=&x[1];
    (*p)++;
    p=x+2;
    *p=*(p+1)-*(p+2);
    printf("数组元素：");
    for(i=0;i<5;i++)
        printf("%3d",x[i]);
}
```

【运行结果】

```
请输入数组元素值：1 2 3 4 5
数组元素： 1 3 -1 4 5
请按任意键继续. . .
```

【程序分析】

在本例中，赋值语句 p=&x[1]将元素 x[1]的地址赋值给指针 p，即令指针 p 指向数组元素 x[1]。语句 (*p)++表示指针 p 指向的变量值做自增运算，等价于 x[1]++。执行完毕后，x[1]的值等于 3。执行语句 p=x+2 后，指针 p 指向数组元素 x[2]。*p 表示 p 指向的数组元素值，即 x[2]。最后一条赋值语句*p=*(p+1)-*(p+2)表示 x[2]=x[3]-x[4]=4-5=-1。最后使用 for 循环输出数组元素的值。

2．指针运算

在例 8.14 中语句(*p)++;表示 p 指向的变量值做自增运算，若去掉括号*p++;，则该语句等价于*(p++);。

指针 p 指向数组元素，执行 p+1 时并不是简单地将 p 的值加 1，而是表示指针 p 指向下一个数组元素，同理 p-1 表示指针 p 指向前一个数组元素，两个指向同一个数组元素的指针相减即 p-q，表示两个数组元素之间相差几个数组元素。

例 8.15　指针运算。

```
void main()
{
    printf("请输入数组元素值: ");
    int x[8],i,*p,*q;
    for(i=0;i<8;i++)
        scanf("%d",&x[i]);
    printf("数组元素: ");
    for(i=0;i<8;i++)
        printf("%3d",x[i]);
    p=&x[0];
    q=x+6;
    printf("\n 指针 p 和指针 q 之间数组元素的个数: %d\n",q-p);
    printf("%d %d",*p++,*p);
}
```

【运行结果】

```
请输入数组元素值：1 2 3 4 5 6 7 8
数组元素： 1 2 3 4 5 6 7 8
指针p和指针q之间数组元素的个数：6
1 2
请按任意键继续. . .
```

【程序分析】

在本例中，指针 p 的初值为 x[0]的地址，即指针 p 指向元素 x[0]。指针 q 的初值为 x+6，即指针 q 指向元素 x[6]。倒数第二个 printf 语句输出 q-p 的差值，即指针 q 和指针 p 之间相差的数组元素的个数。因为 p 指向第 1 个元素 x[0]，q 指向第 7 个元素 x[6]所以如运行结果所示，指针 p 和指针 q 之间有 6 个数组元素。最后一个 printf 语句中的第一个%d 首先输出*p++;，*p++;中加 1 运算的对象是 p。但是由于++在后，因此先使用*p（输出*p 的值），再加 1（p=p+1，p 指向下一个数组元素 x[1]），最后一个 printf 语句中的第 2 个%d 再输出 *p 的值，因为此时 p 指向元素 x[1]，所以输出 2。

3．使用指针访问整个数组

数组元素连续存储在固定的存储空间中，而当指针指向数组中的某个元素时，既可以通过指针运算符*访问该数组元素，也可以通过加 1 或减 1 让指针指向下一个元素或上一个元素。也就是说，可以使用指针方便地访问整个数组，其一般形式如下：

```
for(p=第一个元素地址;p<=最后一个元素地址;p++)
{
    …//访问 p 指向的数组元素
}
```

例 8.16　使用指针访问整个数组：实现输入、输出数组元素并求数组元素的最大值。

```
void main()
{
    printf("请输入数组元素值: ");
    int x[8],*p,max;
    for(p=x;p<x+8;p++)
        scanf("%d",p);
    printf("数组元素: ");
    for(p=x;p<x+8;p++)
        printf("%3d",*p);
    max=x[0];;
    for(p=x+1;p<x+8;p++)
        if(max<*p)
            max=*p;
    printf("数组元素最人值: %d\n",max);
}
```

【运行结果】

```
请输入数组元素值: 34 61 92 103 25 67 39 83
数组元素:  34 61 92103 25 67 39 83
数组元素最大值: 103
```

【程序分析】

在本例中，指针 p 作为循环变量使用 for 循环实现数组元素输入、输出及求最大值。

（1）输入数组元素

```
for(p=x;p<x+8;p++)
    scanf("%d",p);
```

p 的初值为 x，即指针 p 指向第一个数组元素 x[0]。循环体中使用 scanf 语句输入 p 指向的数组元素值。在 scanf 语句中，指针 p 表示数组元素的地址。在输入一个数组元素后，执行 p++，指针 p 指向下一个数组元素。

（2）输出数组元素

```
for(p=x;p<x+8;p++)
    printf("%3d",*p);
```

在输出中，初始化时指针 p 指向第一个数组元素 x[0]。循环体中通过 printf 语句输出

*p，即输出 p 指向的数组元素值。输出一个数组元素后，通过指向 p++，指针 p 指向下一个数组元素。

（3）求最大值

变量 max 用来存储当前最大值，max 的初值等于第一个数组元素的值。在求最大值的过程中，使用 for 循环依次将指针 p 指向的数组元素值与 max 进行比较，若*p（p 指向的数组元素值）大于 max，则修改数组 max 的值。在 for 循环中，指针 p 的初值为 x+1（p 指向 x[1]），依次将 max 的值与指针 p 指向的数组元素值进行比较，并通过 p++，令指针 p 指向下一个数组元素。

例 8.17 使用指针访问整个数组，即输出数组中值为偶数的数组元素的平均值。

```
void main()
{
    printf("\t 请输入数组元素值：");
    int x[8],*p,sum=0,num=0;
    for(p=x;p<x+8;p++)
        scanf("%d",p);
    for(p=x;p<x+8;p++)
        if(*p%2==0)
        {
            sum+=*p;
            num++;
        }
    printf("\t 数组中所有偶数的平均值为%.2f\n: ",1.0*sum/num);
}
```

【运行结果】

```
请输入数组元素值：2 3 3 4 6 7 9 8
数组中所有偶数的平均值为5.00
请按任意键继续. . .
```

【程序分析】

在本例中，定义变量 sum 表示偶数的和，变量 num 表示偶数的个数。变量 sum 和 num 的初值均为 0。本例通过 for 循环求偶数的和及偶数的个数，具体如下：

```
for(p=x;p<x+8;p++)
    if(*p%2==0)
    {
        sum+=*p;
        num++;
    }
```

在 for 循环中，p 的初值为 x（指针 p 指向第一个元素 x[0]）。依次访问指针 p 指向的数组元素值，若满足*p 是偶数，即指针 p 指向的数组元素值能够被 2 整除（*p%2==0），则求和（sum+=*p）且计数器 num 的值加 1。

4．指针作为函数参数访问数组元素

若编写函数处理数组中的所有元素，则可以将函数的形参定义为指针，调用函数时对应实参使用数组名。

例 8.18　使用指针作为函数参数实现数组元素英文字母的大小写转换。

```
void input(char *c,int n)   //输入
{
    int i;
    printf("请输入数组元素值: ");
    for(i=0;i<n;i++,c++)
        scanf("%c",c);
}
void output(char *c,int n)     //输出
{
    int i;
    printf("输出数组元素值: ");
    for(i=0;i<n;i++,c++)
        printf("%c",*c);
}
void convert(char *c,int n)     //英文字母大小写转换
{
    int i;
    for(i=0;i<n;i++,c++)
        if(*c>='A'&&*c<='Z')
            *c+=32;
        else if(*c>='a'&&*c<='z')
            *c-=32;
}
void main()
{
    char x[8];
    input(x,8);
    convert(x,8);
    output(x,8);
}
```

【运行结果】

```
请输入数组元素值：ab124XY9
输出数组元素值：AB124xy9
请按任意键继续. . .
```

【程序分析】

本例中定义了三个函数，函数 input()、函数 output()和函数 convert()。三个函数的形参均定义为(char *c,int n)，指针 c 指向数组元素，整型变量 n 表示数组元素的个数。在进行函数调用时，实参为(x,8)，将实参 x（数组首地址）传递给指针 c，将实参 8（数组元素个数）传递给形参 n。

（1）输入

```
for(i=0;i<n;i++,c++)
    scanf("%c",c);
```

参数传递时，形参 c 的值为数组首地址，即指针 c 指向第一个元素 x[0]。在函数 input()

中，使用 scanf 语句实现输入，其中变量地址用指针 c 表示，并且通过 c++移动指针 c，指向下一个数组元素。

（2）输出

```
for(i=0;i<n;i++,c++)
    printf("%c",*c);
```

同理，在函数调用时，指针 c 的值为数组首地址。在函数 output()中，使用 printf 语句实现输出，其中使用*c 表示指针 c 指向的数组元素值；c++表示指针 c 指向下一个数组元素。

（3）英文字母大小写的转换

```
for(i=0;i<n;i++,c++)
    if(*c>='A'&&*c<='Z')
        *c+=32;
    else if(*c>='a'&&*c<='z')
        *c-=32;
```

在英文字母大小写转换函数中，同样使用指针 c 依次访问每个数组元素。指针 c 最初指向第一个元素 x[0]。然后对指针 c 指向的数组元素值进行判断，若指针 c 指向的数组元素是大写英文字母（if(*c>='A'&&*c<='Z')），则将指针 c 指向的数组元素值加 32，转换为对应的小写英文字母。若指针 c 指向的数组元素是小写英文字母（if(*c>='a'&&*c<='z')），则将 c 指向的数组元素值减 32，转换为对应的大写英文字母。指针 c 指向的数组元素处理完毕后，通过 c++将指针 c 移动到下一个数组元素。

例 8.19 指针作为函数参数实现顺序查找。

```
int search(int *p,int key,int n)
{
    int i;
    for(i=0;i<n;i++,p++)
        if(*p==key)
            break;
    if(i<n)
        return 1;
    else
        return 0;
}
void main()
{
    int x[8]={23,19,56,72,63,39,45,78};
    int data,result;
    printf("\t 数组元素: ");
    for(int i=0;i<8;i++)
        printf("%5d",x[i]);
    printf("\n\t 请输入要查找的数组元素: ");
    scanf("%d",&data);
    result=search(x,data,8);
```

```
if(result==1)
    printf("\t 查找成功! \n");
else
    printf("\t 查找失败! \n");
}
```

【运行结果】

```
数组元素:   23  19  56  72  63  39  45  78
请输入要查找的元素：72
查找成功!
请按任意键继续...
```

【程序分析】

在本例中，通过函数 search()实现顺序查找。在函数 search()定义中，返回值为整型，若查找成功，则返回 1；若查找失败，则返回 0。函数 search()的形参为(int *p,int key,int n)，指针 p 指向数组元素，key 表示要查找数组元素的值，n 为数组元素的个数。在函数调用时，通过调用语句 result=search(x,data,8);使实参和形参的值一一对应。数组名 x（数组首地址）传递给形参指针 p，即地址传递，data 的值传递给形参 key，8 表示有 8 个数组元素，并将其传递给形参 n。

在函数调用语句中，将函数 search()返回值赋给 result，并保存查找结果。

8.5 指针和二维数组

8.5.1 二维数组元素的地址

二维数组与一维数组一样，在定义时，会为其中的元素分配固定的存储空间。

例 8.20 二维数组的存储。

```
void main()
{
    int x[3][4]={15,26,43,75,23,41,32,68,92,37,51,69};
    int i,j;
    printf("二维数组元素值: \n");
    for(i=0;i<3;i++)
    {
        for(j=0;j<4;j++)
            printf("%5d",x[i][j]);
        printf("\n");
    }
    printf("二维数组元素地址: \n");
    for(i=0;i<3;i++)
    {
        for(j=0;j<4;j++)
            printf("%8x",&x[i][j]);
        printf("\n");
```

```
        }
    }
```

【运行结果】

```
二维数组元素值：
    15    26    43    75
    23    41    32    68
    92    37    51    69
二维数组元素地址：
 6ff960  6ff964  6ff968  6ff96c
 6ff970  6ff974  6ff978  6ff97c
 6ff980  6ff984  6ff988  6ff98c
请按任意键继续. . .
```

【程序分析】

在本例中，定义一个 3 行 4 列的二维数组，数组名为 x。从运行结果可以看出，在内存中二维数组 x 是按照行顺序进行连续存储的，如图 8.7 所示。

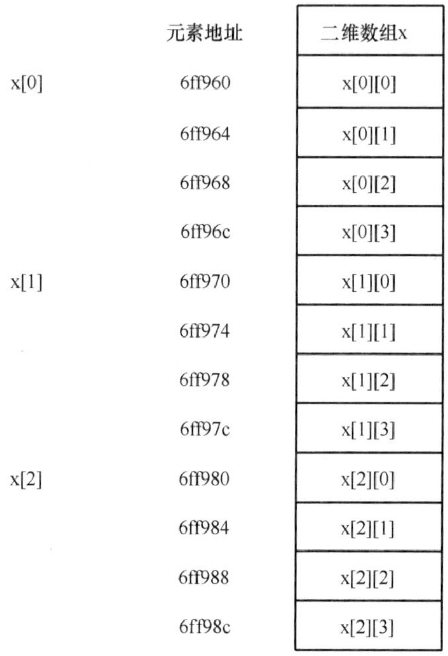

	元素地址	二维数组x
x[0]	6ff960	x[0][0]
	6ff964	x[0][1]
	6ff968	x[0][2]
	6ff96c	x[0][3]
x[1]	6ff970	x[1][0]
	6ff974	x[1][1]
	6ff978	x[1][2]
	6ff97c	x[1][3]
x[2]	6ff980	x[2][0]
	6ff984	x[2][1]
	6ff988	x[2][2]
	6ff98c	x[2][3]

图 8.7 二维数组存储示意图

1．二维数组中每行的第一个元素地址

（1）二维数组可以看成由若干行一维数组组成。若把二维数组的每行均看成一个整体（即一行看成一个元素），则整个二维数组就是一个一维数组。如在例 8.20 中的二维数组 x[3][4]，可以看成包含 3 个"元素"的一维数组，这个一维数组的名称是 x。在这个一维数组中，第一个元素就是第一行，第二个元素就是第二行，第三个元素就是第三行。

（2）一维数组中"元素"名称为 x[i]。在例 8.20 中，可以将二维数组 x[3][4]看成"一维数组"。在这个"一维数组"中，第一个元素的名称是 x[0]，由二维数组中的第一行（x[0][0]、x[0][1]、x[0][2]、x[0][3]）组成；第二个元素的名称是 x[1]，由二维数组中的第二行（x[1][0]、x[1][1]、x[1][2]、x[1][3]）组成；第三个元素的名称是 x[2]，由二维数组中的第三行（x[2][0]、x[2][1]、x[2][2]、x[2][3]）组成。

（3）二维数组中的每行地址均为 x+i。二维数组 x[3][4]可以看成包含 3 个"元素"的一维数组，每个元素是一行。在这个一维数组中，数组名 x 表示第一个"元素"，也就是第一行的地址。而 x+1 表示第二个"元素"，也就是第二行的地址。x+2 表示第三个"元素"，也就是第三行的地址。

（4）二维数组中的每行第一个元素地址

① 二维数组每行第一个元素地址可以使用&x[i][0]表示。在二维数组 x[3][4]中，第一行第一个元素是 x[0][0]，因此第一行第一个元素地址可以表示为&x[0][0]。同理第二行第一个元素是 x[1][0]，因此第二行第一个元素地址可以表示为&x[1][0]；第三行第一个元素是 x[2][0]，第三行第一个元素地址可以表示为&x[2][0]。

② 二维数组每行第一个元素地址可以使用 x[i]表示。在二维数组 x[3][4]中，第一行四个元素组成的一维数组名称为 x[0]。根据 C 语言规定，数组名称是数组首地址，也就是第一个元素地址。因此第一行第一个元素地址也可以用 x[0]表示。同理第二行四个元素组成的一维数组名称为 x[1]，第二行第一个元素地址可以 x[1]表示；第三行四个元素组成的一维数组名称为 x[2]，第三行第一个元素地址可以 x[2]表示，如图 8.7 所示。

③ 二维数组每行第一个元素地址可以使用*(x+i)表示。二维数组 x[3][4]可以看成由 x[0]、x[1]、x[2]三个元素组成的一维数组，因此第一个元素 x[0]的地址可以表示为&x[0]，也就是第一行的地址可以表示为&x[0]。又因为二维数组中，每行地址均可以表示为 x+i，也就是第一行地址也可以表示为 x+0。因此可以得出 x=&x[0]，那么*x=*(&x[0])=x[0]。又因为 x[0]表示第一行第一个元素地址，所以*x 也表示第一行第一个元素地址。同理 x+1=&x[1]，*(x+1)=*(&x[1])=x[1]，*(x+1)表示第二行第一个元素地址。同理 x+2=&x[2]，*(x+2)=*(&x[2])=x[2]，*(x+2)表示第三行第一个元素地址。

例 8.21　二维数组中每行第一个元素地址。

```
void main()
{
    int x[3][4]={15,26,43,75,23,41,32,68,92,37,51,69};
    int i,j;
    printf("二维数组元素值：\n");
    for(i=0;i<3;i++)
    {
        for(j=0;j<4;j++)
            printf("%5d",x[i][j]);
        printf("\n");
    }
    printf("二维数组中每行第一个元素地址&x[i][0]：\n");
    for(i=0;i<3;i++)
        printf("%16x",&x[i][0]);
    printf("\n");
    printf("二维数组元素每行第一个元素地址*(x+i)：\n");
    for(i=0;i<3;i++)
        printf("%16x",*(x+i));
    printf("\n");
    printf("二维数组元素每行第一个元素地址 x[i]：\n");
```

```
    for(i=0;i<3;i++)
        printf("%16x",x[i]);
    printf("\n");
}
```

【运行结果】

```
二维数组元素值：
    15    26    43    75
    23    41    32    68
    92    37    51    69
二维数组中每行第一个元素地址&x[i][0]:
         9bfab0              9bfac0                9bfad0
二维数组元素每行第一个元素地址*(x+i):
         9bfab0              9bfac0                9bfad0
二维数组元素每行第一个元素地址x[i]:
         9bfab0              9bfac0                9bfad0
请按任意键继续...
```

【程序分析】

在本例中，分别输出&x[i][0]、*(x+i)和 x[i]的值。由于&x[i][0]、*(x+i)和 x[i]都表示每行第一个元素地址，因此运行结果中的输出值均相同。

2．二维数组中元素地址

（1）二维数组元素地址——&x[i][j]。在二维数组中，每个元素都可以使用"数组名[行标][列标]"形式表示，因此每个元素的地址都可以在元素名前通过添加取地址符&表示出来。即在数组 x[3][4]中元素地址可以表示为&x[i][j]。

（2）二维数组元素地址——x[i]+j。在二维数组中可以使用 x[i]表示每行第一个元素的地址，那么该行所有元素的地址也都可以表示出来，如图 8.8 所示。

	x[0]	x[0]+1	x[0]+2	x[0]+3
x或者x[0]	x[0][0]	x[0][1]	x[0][2]	x[0][3]
x+1或者x[1]	x[1][0]	x[1][1]	x[1][2]	x[1][3]
x+2或者x[2]	x[2][0]	x[2][1]	x[2][2]	x[2][3]

图 8.8　二维数组元素地址

以数组 x 中第一行元素为例，如图 8.8 所示。第一行元素构成一个一维数组，一维数组名称为 x[0]。在 C 语言中规定数组名是该数组首地址，即第一个元素的值。因此 x[0]是第一行第一个元素的地址。由此可知，第一行中第二个元素 x[0][1]的地址可以表示为 x[0]+1；第二个元素 x[0][2]地址可以表示为 x[0]+2；第三个元素 x[0][3]地址可以表示为 x[0]+3。因此二维数组中元素 x[i][j]的地址可以表示为 x[i]+j。

（3）二维数组元素地址——*(x+i)+j。在二维数组中，*(x+i)表示的是每行第一个元素地址，因此*(x+i)+j 表示元素 x[i][j]的地址。

注意区分*(x+i)与 x+i。

① x+i 表示第 i 行地址。

② *(x+i)表示第 i 行第一个元素的地址。

③ (x+i)+j 表示第(i+j)行的地址。

④ *(x+i)+j 表示第 i 行第 j 个元素的地址。

例 8.22　二维数组中元素地址。

```
void main()
{
    int x[3][4]={15,26,43,75,23,41,32,68,92,37,51,69};
    int i,j;
    printf("二维数组元素值：\n");
    for(i=0;i<3;i++)
    {
        for(j=0;j<4;j++)
            printf("%5d",x[i][j]);
        printf("\n");
    }
    printf("第二行第二个元素地址(&x[i][j])：%x\n",&x[1][1]);
    printf("第二行第二个元素地址(x[i]+j)：%x\n",x[1]+1);
    printf("第二行第二个元素地址(*(x+i)+j)：%x\n",*(x+1)+1);
}
```

【运行结果】

```
二维数组元素值：
   15   26   43   75
   23   41   32   68
   92   37   51   69
第二行第二个元素地址(&x[i][j])：3dfb60
第二行第二个元素地址(x[i]+j)：3dfb60
第二行第二个元素地址(*(x+i)+j)：3dfb60
请按任意键继续. . .
```

【程序分析】

在本例中，分别使用&x[1][1]、x[1]+1 和*(x+1)+1 表示元素 x[1][1]的地址。

3. 二维数组中元素的值

由于二维数组中元素 x[i][j]的地址可以表示为&x[i][j]、x[i]+j 和*(x+i)+j，因此二维数组中元素的值也可以相应表示为 x[i][j]、*(x[i]+j)和*(*(x+i)+j)。

例 8.23 利用不同方法输出二维数组的元素值。

```
void main()
{
    int x[2][3];
    int i,j;
    printf("请输入二维数组 x[2][3]的元素值：");
        for(i=0;i<2;i++)
            for(j=0;j<3;j++)
    scanf("%d",x[i]+j);
    printf("二维数组：\n ");
    for(i=0;i<2;i++)
    {
        for(j=0;j<3;j++)
            printf("%5d",x[i][j]);
        printf("\n ");
    }
    printf("二维数组中第一行元素值为：");
    for(j=0;j<3;j++)
```

```
        printf("%4d",*(x[0]+j));
    printf("\n 二维数组中第三列元素值为: ");
    for(i=0;i<2;i++)
        printf("%4d",*(*(x+i)+2));
    printf("\n ");
}
```

【运行结果】

```
请输入二维数组x[2][3]的元素值: 1 2 3 4 5 6
二维数组:
    1    2    3
    4    5    6
二维数组中第一行元素值为:     1    2    3
二维数组中第三列元素值为:     3    6
请按任意键继续...
```

【程序分析】

在本例中,第一个两重循环 for 语句中使用 scanf 语句输入数组元素的值,其中用 x[i]+j 表示元素 x[i][j] 的地址。第二个两重循环使用 printf 语句输出数组元素的值,其中用 x[i][j] 表示元素的值。第三个 for 语句输出第一行元素的值,用*(x[0]+j)表示第一行元素的值。第四个 for 语句输出第三列元素的值,用*(*(x+i)+2)表示第三列元素的值。

8.5.2 使用指针访问二维数组元素

同样可以使用指针来访问二维数组元素。

1. 指针指向二维数组元素

在 C 语言中可以定义指针指向二维数组元素。若定义了指向元素的指针,则指针值加 1 表示指针指向下一个元素,指针值减 1 表示指针指向上一个元素。

例 8.24   使用指针访问二维数组元素。

```
void main()
{
    int x[3][4]={1,2,3,4,5,6,7,8,9,10,11,12},*p,j;
    printf("第一行元素: ");
    for(p=&x[0][0],j=0;j<4;j++,p++)
        printf("%4d",*p);
    printf("\n 第二行元素: ");
    for(p=*(x+1),j=0;j<4;j++,p++)
        printf("%4d",*p);
    printf("\n 第三行元素: ");
    for(p=x[2],j=0;j<4;j++,p++)
        printf("%4d",*p);
    printf("\n ");
}
```

【运行结果】

```
第一行元素:    1    2    3    4
第二行元素:    5    6    7    8
第三行元素:    9   10   11   12
请按任意键继续...
```

【程序分析】

在本例中,定义一个指向整型变量的指针 p。第一个 for 循环中指针 p 的初值为&x[0][0],即指针 p 指向元素 x[0][0]。第二个 for 循环中指针 p 的初值为*(x+1),即指针 p 的初值为第二行第一个元素的地址,指针 p 指向元素 x[1][0]。第三个 for 循环中指针 p 的初值为 x[2],即指针 p 的初值为第三行第一个元素的地址,p 指向元素 x[2][0]。

三个循环都使用 printf 语句输出*p,即输出指针 p 指向的元素值,输出完毕后执行 p++,令指针 p 指向下一个元素。

本例虽然采用了三种不同方法对指针 p 进行赋值,但是指针 p 的初值均为某个元素的地址,因此在执行 p++时,指针 p 均指向下一个元素。

例 8.25 使用指针输出二维数组每行元素的平均值。

```
void main()
{
    int x[3][4],*p,i,j,sum;
    printf("输入二维数组元素: ");
    for(p=&x[0][0];p<&x[0][0]+12;p++)
        scanf("%d",p);
    for(i=0;i<3;i++)
    {
        sum=0;
        for(p=x[i],j=0;j<4;j++,p++)
            sum+=*p;
        printf("第%d行平均值为: %.2f\n",i+1,sum/4.0);
    }
}
```

【运行结果】

```
输入二维数组元素: 1 2 3 4 5 6 7 8 9 10 11 12
第1行平均值为: 2.50
第2行平均值为: 6.50
第3行平均值为: 10.50
请按任意键继续. . .
```

【程序分析】

在本例中,实现元素的输入、求解并输出每行元素的平均值。

(1)元素输入。在本例中,使用一个单循环 for 语句实现元素的输入。指针 p 的初值为&x[0][0],即指针 p 指向第一行第一个元素 x[0][0]。使用 scanf 语句输入指针 p 指向的元素值,scanf 语句中指针 p 表示变量地址。输入一个元素后执行 p++,指针 p 指向下一个元素。

(2)求解每行元素的平均值。在本例中,使用两重循环求解每行元素的平均值。外循环 for(i=0;i<3;i++)表示数组一共有 3 行。在外循环体中,首先将变量 sum 的初值置为 0(sum=0),接着使用内循环对该行元素求和。在求和时,指针 p 指向本行第一个元素(p=x[i],x[i]为本行第一个元素地址),接着累加求和 sum+=*p;求和完毕后执行 p++(指针 p 指向下一个元素)。

2. 指针指向一维数组

使用指针访问二维数组元素时,除了使用指向元素的指针,还可以使用指向一个包含

n 个元素的一维数组的指针。若指针 p 是指向元素的指针，则 p+1 指向下一个元素，若 p 是指向一维数组的指针，则 p+1 指向下一个一维数组。

（1）定义。定义一个指向一维数组的指针的格式如下：

```
类型 （*指针名）[一维数组维数];
例如
int (*p)[3];
```

这里定义一个指针 p，p 指向一个一维数组，数组中有 3 个整型元素。

（2）赋值。定义一个指向一维数组的指针 p，则指针 p 的值一定是一维数组的地址（二维数组中行地址），例如

```
int x[3][4],(*p)[3];
p=&x[0];       //p 指向第一行
p=x+1;         //p 指向第二行
p=p+1;         //p 指向第三行
```

（3）引用元素。当指针 p 指向二维数组中的第一行时，可以通过以下形式引用元素 x[i][j]：

① *(p[i]+j) 等价于*(x[i]+j)；

② *(*(p+i)+j) 等价于*(*(x+i)+j)；

③ p[i][j] 等价于 x[i][j]。

例 8.26 指针指向一维数组。

```
void main()
{
    int x[3][3]={1,2,3,4,5,6,7,8,9},(*p)[3],i,j;
    printf("二维数组: \n ");
    p=&x[0];
    for(i=0;i<3;i++)
    {
        for(j=0;j<3;j++)
            printf("%4d",*(*(p+i)+j));
        printf("\n ");
    }
}
```

【运行结果】

```
二维数组：
   1   2   3
   4   5   6
   7   8   9
请按任意键继续. . .
```

【程序分析】

在本例中，定义一个 3 行 3 列的二维数组 x[3][3]，指针 p 是一个指向包含 3 个元素的一维数组的指针。执行赋值语句 p=&x[0];后，指针 p 指向二维数组中的第一行。最后使用一个两重循环输出二维数组元素，由于指针 p 是一个指向一维数组的指针，因此在 printf 语句中*(*(p+i)+j)表示元素 x[i][j]的值。

8.5.3　二维数组作为函数参数

二维数组作为实参时，可以使用指针作为函数的形参。

1. 指向二维数组元素的指针作为函数形参

当需要依次访问二维数组中每个元素时，可以使用指向二维数组元素的指针作为函数形参，其定义个数为(类型×指针名)。在函数调用时，实参是元素的地址，可以使用&x[i][j]、x[i]+j 或者*(x+i)+j。

例 8.27　使用指向二维元素的指针作为函数参数。

```c
void input(int *p,int m,int n)
{
    int i;
    printf("请输入数组元素: ");
    for(i=0;i<n*m;i++)
        scanf("%d",p++);
}
int count(int *p,int m,int n)
{
    int i,num=0;
    for(i=0;i<n*m;i++)
    {
        if(*p<0)
            num++;
        p++;
    }
    return num;
}
void main()
{
    int x[3][4];
    input(&x[0][0],3,4);
    printf("负数的个数为%d\n ",count(&x[0][0],3,4));
}
```

【运行结果】

```
请输入数组元素: 1 2 -3 4 -5 -6 -7 8 9 10 11 -12
负数的个数为5
请按任意键继续. . .
```

【程序分析】

（1）输入。在本例中，定义输入函数 input(int *p,int m,int n)。其中，形参 p 是一个指向元素的指针，形参 m 对应二维数组行数，n 对应二维数组列数。输入 scanf 语句中，使用 p 表示变量地址，用于接收从键盘输入的值。

在函数调用 input(&x[0][0],3,4)中，第一个实参&x[0][0]表示第一个元素地址，即将第一个元素地址传递给指针 p，第二个实参 3 表示二维数组有 3 行，第三个实参 4 表示二维数组有 4 列。

（2）计数。在本例中，定义计数函数 int count(int *p,int m,int n)。同理，形参 p 是一个

指向元素的指针。函数 count()有一个返回值，即返回二维数组中小于 0 的元素个数。在函数中，定义计数器变量 num 且初值为 0。然后使用一个 for 循环，依次将 p 指向的元素值与 0 进行比较，若*p（p 所指向的元素值）小于 0，则计数器 num 值加 1。

在函数调用时，使用函数 count()的返回值作为函数 printf()的表达式列表，即输出函数 count()的返回值。

2. 指向一维数组的指针作为函数形参

当二维数组中需要以行为单位进行操作时，可以使用指向一维数组的指针作为函数形参。

例 8.28　使用指向一维元素的指针作为函数参数。

```c
int fx(int (*p)[4],int no)
{
    int j,min=*(*(p+no));
    for(j=1;j<4;j++)
    {
        if(min>*(*(p+no)+j))
            min=*(*(p+no)+j);
        p++;
    }
    return min;
}
void main()
{
int x[3][4]={1,2,3,4,5,6,7,8,9,10,11,12},i;
for(i=0;i<3;i++)
    printf("\t第%d行最小值为%d\n",i+1,fx(&x[0],i));
}
```

【运行结果】

```
第1行最小值为1
第2行最小值为5
第3行最小值为9
请按任意键继续. . .
```

【程序分析】

在本例中，定义函数 fx()求解一行元素的最小值。函数 fx()第一个形参 p 是一个指向有 4 个元素的一维数组的指针，第二个形参 no 表示二维数组的行数。在函数 fx()中定义变量 min 表示当前最小值。min 的初值为当前行的第一个元素的值，用*(*(p+no))表示。j 的初值为 1，表示从当前行中第二个元素开始，依次将元素的值*(*(p+no)+j)与 min 进行比较，若该值比 min 小，则修改 min 的值。

在函数调用时，每行依次调用函数 fx()。调用时第一个实参为&x[0]，即指针 p 指向第一行。

8.6　函数指针

函数指针就是指向函数的指针，函数指针中存储的是函数在内存中的入口地址。

在 C 语言中，一个函数存储在内存中，也有一个入口地址。函数名就是这个函数源代码在内存中的入口地址。除了可以通过函数名调用函数，还可以使用函数指针调用函数。

1．定义函数指针

定义函数指针的一般形式如下：

类型（*指针名）（函数参数列表）；

例如

```
int (*fp)(int a,int b);
```

在函数指针的定义中，类型表示函数返回值的类型；函数参数列表必须与指针指向的函数参数列表一致。

2．函数指针赋值

函数指针定义后，可以使用以下格式为函数指针赋值：

指针=函数名；

例如

```
int (*fp)(int a,int b);
int max(int a,int b)
{
    if(a>b)
        return a;
    else
        return b;
}
fp=max;   //函数指针 fp 指向函数 max()
```

3．通过函数指针调用函数

使用函数指针调用函数的格式如下：

(*函数指针名)(实参列表)

例如

```
(*fp)(5,6);  //函数调用
```

例 8.29 函数指针。

```
int add(int a,int b)
{
    return a+b;
}
int sub(int a,int b)
{
    return a-b;
}
int mul(int a,int b)
{
    return a*b;
}
void main()
{
```

```
        int a,b;
        int (*p)(int,int);    //函数指针
        printf("\t 请输入两个整数:");
        scanf("%d%d",&a,&b);
        p=add;
        printf("\t%d+%d=%d\n",a,b,(*p)(a,b));
        p=sub;
        printf("\t%d-%d=%d\n",a,b,(*p)(a,b));
        p=mul;
        printf("\t%d*%d=%d\n",a,b,(*p)(a,b));
}
```

【运行结果】

```
请输入两个整数:12 24
12+24=36
12-24=-12
12*24=288
请按任意键继续. . .
```

【程序分析】

在本例中，定义一个函数指针 p，指针 p 指向一个返回值为整型且有两个整型变量作为形参的函数。程序中定义了三个函数 add()、sub()、mul()，其返回值均为整型，并且都有两个整型变量作为形参。本例通过"指针=函数名"的形式为指针赋值，并且通过(*p)(a,b)进行函数调用。

习题 8

一、选择题

1. 若有说明：int *p,m＝19,n;，则以下正确的程序段是（   ）。

A. p=&n; scanf("%d",&p);

B. p=&n; scanf("%d",*p);

C. scanf("%d",&n); *p=n;

D. p=&n; *p=m;

2. 若有以下定义，则对 a 数组元素地址的正确引用是（   ）。

```
int x[5],*p=x;
```

A. p+5   B. *x+1   C. &x+1   D. &x[0]

3. 下列语句定义 x 为指向 int 型变量 a 的指针，其中正确的是（   ）。

A. int a,*x=a;   B. int a,*x=&a;   C. int *x=&a,a;   D. int a,x=a;

4. 设 q1 和 q2 是指向同一个 int 型一维数组的指针变量，k 为 int 型变量，则以下不能正确执行的语句是（   ）。

A. k=*q1+*q2;   B. q2=k;   C. q1=q2;   D. k=*q1 * (*q2);

5. 声明语句为 int x[4][6];，下列表达式中与数组元素 x[2][1]等价的是（   ）。

A. *(x[2]+1)   B. x[9]   C. *(x[1]+2)   D. *(*(x+2)+1)

6. 数组定义为"int x[4][5];"，下列引用是错误的是（   ）。

A．*x　　　　　　　　B．*(*(x+1)+2)　　C．&x[3][4]　　　D．++x

7．若指针 p 已经指向某个整型变量 a，则(*p)++相当于（　　　）。

A．p++　　　　　　　B．a++　　　　　　　C．*(p++)　　　　D．&a++

8．若有以下说明：

```
int x[10]={1,2,3,4,5,6,7,8,9,10},*p=x;
```

则数值为 5 的表达式是（　　　）。

A．*p+5　　　　　　B．*(p+5)　　　　　　C．*p+=4　　　　D．p+4

9．若有说明：int i,j=7, *p=&i;，则与 i=j;等价的语句是（　　　）。

A．i=*p;　　　　　　B．*p=*&j;　　　　　C．i=&j;　　　　　D．i=**p;

10．下列语句定义 p 为指向 char 型变量 c 的指针，以下正确的是（　　　）

A．char c,*p=c;　　B．char c,*p=&c;　　　C．char *p=&c,c;　　D．char　c,p=c;

二、读程序写结果。

1．写出以下程序的运行结果。

```
void swap1(int x, int y)
{
    int temp;
    temp=x;
    x=y;
    y=temp;
}
void swap2(int *p)
{
    int temp;
    temp=*p;
    *p=*(p+1);
    *(p+1)=temp;
}
void swap3(int *p1,int *p2)
{
    int *temp;
    temp=p1;
    p1=p2;
    p2=temp;
}
void main()
{
    int a[]={2,4},b[]={1,3}, c[]={8,9};
    swap1(a[0],a[1]);
    swap2(b);
    swap3(&c[0],&c[1]);
    printf("%d,%d\n%d,%d\n%d,%d\n",a[0],a[1],b[0],b[1],c[0],c[1]);
}
```

2. 写出以下程序的运行结果。

```
int fun(char *s)
{
    char *t=s;
    while(*t)
        t++;
    return(t-s);
}
void main()
{
    char b[]={"wonderful!"};
    printf("%d\n",fun(b));
}
```

3. 写出以下程序的运行结果。

```
#include "stdio.h"
void main ()
{
int a[]={2,4,6,8,10};
    int y=1,x,*p;
    p=&a[1];
    for(x=0;x<3;x++)
        y + = * (p + x);
printf("%d\n",y);
```

4. 写出以下程序的运行结果。

```
void main()
{
int a[3][3], *p,i;
p=&a[0][0];
for(i=1; i<9; i++)
p[i]=i+1;
printf("%d\n",a[1][2]);
}
```

5. 写出以下程序的运行结果。

```
void main()
{
int a=100,b=10;
int *p1=&a,*p2=&b;
*p1=b;*p2=a;
printf("%d %d",a,b);
printf("%d %d\n",*p1,*p2);
}
```

三、程序设计题。

1. 已知一个整型数组 x[6]，其元素值分别为 12, 65, 78, 29, 15, 11。使用指针表示法编写程序，求数组元素之积。

2．编写函数 fun，其功能是统计字符串中大写英文字母的个数。

3．编写一个函数，统计 m 行 n 列二维数组中有多少个正数并返回统计结果。

4．编写函数 fun()，将 M 行 N 列的二维数组中的数据，按行的顺序依次存放到一维数组中，一维数组中数据的个数存放在形参 n 所指的存储单元中。例如，若二维数组中的数据如下

$$33\ 33\ 33\ 33$$
$$44\ 44\ 44\ 44$$
$$55\ 55\ 55\ 55$$

则一维数组中的内容应该是 33 33 33 33 44 44 44 44 55 55 55 55。

5．假定输入的字符串中只包含字母和？。请编写函数 fx()，除尾部的？之外，将字符串中其他？全部删除。形参 p 已指向字符串中最后一个英文字母。不得使用 C 语言中的字符串函数。例如，若字符串中的内容为****a*bc*def*g******，则删除后，字符串中的内容为 abcdefg******。

第9章

字　符　串

字符串是由多个字符组成的序列，在实际问题中很多信息都表现为字符串的形式，如姓名、专业、籍贯、家庭住址等。但是 C 语言中没有字符串类型，字符串是通过字符数组存储表示的，也可以用字符指针引用。

9.1　字符数组表示字符串

9.1.1　字符数组的初始化

一个字符型数据在内存中占据 1 字节(保存字符的 ASCII 码值)，若需要存储多个字符，则需要数组。用来存放多个字符型数据的数组就是字符数组。

字符数组的定义形式与整型数组相同。例如

```
char name [10];                    //定义一维字符数组 name，包含 10 个元素
char course[5][20];                //定义二维字符数组 course
```

通常，我们可以用单个字符常量或字符变量来为字符数组元素赋值。例如，name[0]='s'；name[1]='u',name[2]='n'。赋值后，数组 name 中的各元素值如图 9.1 所示。

可以看出，数组 name 的前三个元素被初始化为 sun，其他未初始化的元素则是随机值。这样的字符序列不能称为字符串，因为最后一个元素不是终止字符'\0'。我们把如图 9.2 所示的以终止字符'\0'结尾的字符序列称为字符串。

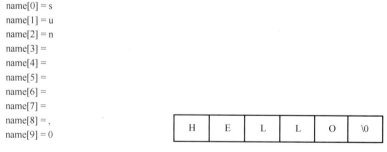

```
name[0] = s
name[1] = u
name[2] = n
name[3] =
name[4] =
name[5] =
name[6] =
name[7] =
name[8] = ,
name[9] = 0
```

图 9.1　数组 name 中的各元素值　　　　　　图 9.2　字符串"HELLO"

因为 C 语言中没有提供专门的字符串类型，所以字符串的处理是基于字符数组的，即利用字符数组实现字符串的存取。形如"sun"或"201922111920128"这样用一对双引号括起来的字符序列，被称为字符串常量，常用于初始化字符数组。存储字符串常量时系统会自动添加终止字符'\0'到字符序列尾部。

ye 用字符串常量初始化一维字符数组的常见形式有以下两种：

形式 1：char s1[10]= "sun";　　　 //规定数组长度

第一种形式规定了数组内最多容纳的字符个数为 10，数组 s1 的内存状态如图 9.3 所示。

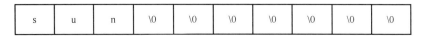

图 9.3　数组 s1 的内存状态

此时有两个概念需要区分：字符数组的长度和字符串的实际长度。如形式 1 中的 s1 数组的长度在定义数组时已被限定为 10。数组中实际存放的是's'、'u'、'n'这三个字符及若干个'\0'字符。为了测定字符串的实际长度，C 语言中规定终止字符'\0'作为字符串结束标志。在遇到第一个终止字符'\0'时，认为字符串结束，在'\0'前面的若干个字符组成一个字符串，其字符的个数即字符串的实际长度。数组 s1 中存放字符串的实际长度是 3。数组 s1 的长度是 10。

形式 2：char s2[]="sun";　　　　 //不规定数组长度

第二种定义形式没有限定数组元素个数，系统会根据初值的情况补上数组中的其他元素。此时，数组的长度由初值的个数决定。数组 s2 的长度是 4，字符串的实际长度是 3。数组 s2 的内存状态如图 9.4 所示。

图 9.4　数组 s2 的内存状态

可以将二维字符数组可以理解为存储了多个字符串的一维数组，一维数组中的每个元素均是个字符串。例如：

```
char course[5][20]={"english","math","chemistry", "physics","chinese"};
```

该语句声明了一个数组，该数组共有 5 行，每行均有 20 个字符。数组元素为 course[0]、course[1]、course[2]、course[3]、course[4]分别对应字符串"english"、"math"、"chemistry"、"physics"、"chinese"。

9.1.2　字符串的结束标志

程序中常见如下输出语句：

```
printf("Welcome to join us into the C world.");
```

在执行时，系统是如何知道输出何时停止呢？这依赖于终止字符'\0'，它是字符串结束的标志。执行输出语句时，每输出一个字符都要检查一次，看下一个字符是否为'\0'，若是，则停止输出。终止字符的作用见例 9.1。

例 9.1　测试终止字符'\0'在字符中输出时的作用。
【程序代码】

```
#include <stdio.h>
int main()
{
    printf("This is \0 only a test.");
    return 0;
```

```
}
```

【运行结果】
This is 请按任意键继续...

【程序说明】

输出字符串常量"This is \0 only a test."时，遇到第一个终止字符'\0'就会停止输出。因此只有终止字符之前的字符被输出了。

再次强调，字符数组的长度必须大于其存储的字符串的长度。在定义数组时，我们常声明一个足够容纳要存储的最大字符串长度的数组。如用来保存姓名字符串的 name 数组，考虑到复姓的可能，数组大小通常定义为 10。

终止字符'\0'除了可以帮助系统确认字符串常量的输出何时结束，还可以帮助我们确定字符串的实际长度，如例 9.2 所示。

例 9.2　计算字符串的实际长度。

【程序代码】

```c
#include <stdio.h>
int main()
{
    char str[100]="Can you count the number of characters? ";
    int i=0,num=0;
    while(str[i++]!='\0')
        num=num+1;
    printf("The length of the string is %d",num);
    return 0;
}
```

【运行结果】
The length of the string is 40请按任意键继续...

【程序说明】

本程序中定义了字符数组 str，申请分配 100 字节的存储空间，实际存储的是字符串"Can you count the number of characters? "。利用循环检测数组中各元素是否为终止字符'\0'来统计字符串实际长度，即只要数组元素不是终止字符'\0'，统计字符串实际长度的变量 num 就增加 1。

9.1.3　字符串的整体输入和输出

1. 字符串的整体输入

前面介绍过用字符串常量来初始化字符数组的例子，例如

```c
char name[10]="sun";
```

若定义数组时没有进行初始化，则该如何用字符串常量给字符数组赋初值呢？

```c
//尝试 1:
name="sun";         //定义数组后，尝试用字符串常量直接初始化数组
```

该语句是错误的。原因是，在赋值符号'='的左边应该是左值，即变量，而数组名 name 代表的是数组 name 的首地址，是一个常量。因试图修改常量的值而发生错误。

```
//尝试2:
int i;
for (i=0;i<10;i++)              //利用循环逐个输入字符
    scanf("%c", &name[i]);
```

该语句是正确的。但是通常我们存储在字符数组中的实际字符串长度都小于数组的长度，因此，以数组大小控制循环次数会浪费 CPU 和内存。

```
//尝试3:
scanf("%s",name);               //利用输入输出格式符%s 进行字符串整体输入
```

该语句是正确的，但需谨慎使用。需要说明的是：

（1）用格式符%s 可实现字符串的整体输入或输出。

（2）这里 scanf 函数的第二个参数是数组名 name，而不是&name。因为数组名本身就是地址。

（3）键盘键入的字符个数要小于数组 name 的长度，即最多可输入 9 个字符。

（4）C 语言中用空格字符、Tab 或换行字符作为输入字符串之间的分隔符。即无论输入多少个字符，都只会将空格（Tab 或换行字符）前的字符送至参数 name 所表示的地址中去。

例 9.3 scanf 函数在字符串整体输入时的用法。

【程序代码】

```
#include <stdio.h>
int main()
{
    char name[10];
    int i;
    printf("Hi,please input a name:");
    scanf("%s",name);

    for(i=0;name[i]!='\0';i++)                //利用循环逐个输出字符
        printf("%c",name[i]);
    return 0;
}
```

情况 1:

Hi,please input a name:<u>sun</u>✓   （下画线部分表示从键盘输入）

【运行结果】

```
Hi,please input a name:sun
sun请按任意键继续...
```

【程序说明】

数组 name 的前 4 个元素分别是's'、'u'、'n'、'\0'，其他元素均是随机值。

情况 2:

Hi,please input a name:<u>QiTianDaSheng</u>✓（下画线部分表示从键盘输入）

【运行结果】

```
Hi,please input a name:QiTianDaSheng
QiTianDaSh
```

【程序说明】

程序运行出现异常是因为输入的字符个数超过了数组 name 的长度，多余字符尝试非法占用未分配给 name 的内存空间，故系统提示错误。

情况 3：

Hi,please input a name: <u>sun wu kong</u>↙（下画线部分代表从键盘输入）

【运行结果】

```
Hi,please input a name:sun wu kong
sun请按任意键继续. . .
```

【程序说明】

在键盘输入的字符中，仅空格符前的字符保存至数组 name 中，即前 4 个数组元素是's'、'u'、'n'、'\0'，其他数组元素均是随机值。

2．字符串的整体输出

使用格式符%s，也可以对字符串整体输出。例如

```
char name[10]="sun";
printf("%s",name);
```

输出结果如下：

```
sun
```

需要说明的是：

（1）当使用格式符%s 时，printf 函数的第二个参数应为输出字符串的起始地址，而不是某个元素名，即从 name 表示的地址开始输出对应的字符。

（2）输出字符直至遇到终止字符'\0'停止。

（3）若字符数组中没有'\0'，则会继续访问数组存储空间以外的内容，直至遇到'\0'。这样对于内存安全来说是有隐患的。例如

```
char c[3]={'y','e','s'};
printf("%s",c);
```

输出结果：yes 蘒

除 yes 字符外，在遇到第一个终止字符前的其他内存单元的字符也输出了。因此，**在对字符数组初始化时要保证以'\0'结束**。对于字符串常量，系统会自动在其尾部添加'\0'。

将例 9.3 中字符串的循环单个字符输出替换成整体输出语句，如例 9.4 所示。

例 9.4 利用格式符%s 整体输入和整体输出字符串。

【程序代码】

```c
#include <stdio.h>
int main()
{
    char name[10];
    printf("Hi,please input a name:");
    scanf("%s",name);
    printf("%s",name);//利用%s 整体输出字符串
    return 0;
}
```

【运行结果】

```
Hi,please input a name:sunwukong
sunwukong请按任意键继续. . .
```

【程序说明】

在本程序中，输入 sunwukong，输出 sunwukong。输入与输出保持一致，但是若输入字符串中包含空格符，则输出结果中只有空格符之前的字符串。

综上，谨慎使用格式符%s，它是既正确又简单地实现字符串整体输入和整体输出的语句。

9.2 字符指针表示字符串

上一节介绍了用字符数组存储字符串，除此以外，还可以用字符类型的指针变量引用字符串。

9.2.1 字符指针指向字符串常量

使用字符指针变量指向一个字符串常量，通过指针引用字符串常量，用法如下：

```c
char *str="sun";
```

该语句的作用是，将字符串的首地址赋给指针变量 str，而不是把字符串本身赋给 str。也可等价于：

```c
char *str;
str="sun";          //将字符串 sun 的首地址存放 str 变量中
```

对比字符数组存储字符串的方法：

```c
char name[10]= "sun";
```

就不能等价于：

```c
char name[10];
name="sun";                   //错误语句。试图给常量赋值
```

这是两种表示字符串方法的第一个不同。

第二个不同是，用指针变量引用字符串只是创建了指针，即一个存储另一个内存单元地址的变量，没有开辟一个存储字符串的内存段。用字符数组存储字符串，首先就要向系统申请分配内存，分配成功后再存储字符串到该内存段。因此，下面的语句是错误的。

```
char *str;
scanf("%s",str);        //错误语句。str 只能存放地址，不能存放字符串
```

字符指针变量只存放字符串首地址，而不存放字符串本身，所以在赋值时不限制字符串的长度。例如

```
char *str;
str="sun";              //正确语句。指针 str 指向字符串 sun 的首字符，如图 9.5 所示
str="sun wu kong";      //正确语句。指针 str 指向字符串 sun wu kong 的首字符
```

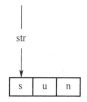

图 9.5　字符指针指向字符串的首字符

而下面的语句是错误的。

```
char name[10]="sun wu kong";              //错误语句。字符串长度超过数组长度
```

存放在系统分配给数组的空间中的字符个数应小于数组长度。

9.2.2　字符指针作为函数参数

首先来看下面的例子。

例 9.5　swap 函数的实际作用。

【程序代码】

```
#include <stdio.h>
void swap(int x,int y)              //定义交换 swap 函数
{
    int z;
    z=x;x=y;y=z;
}
int main()
{
    int num1,num2;
    printf("请输入需要比较大小的两个数 num1 和 num2: ");
    scanf("%d, %d", &num1,&num2);
    if(num1<num2)                   //若 num1 小于 num2，则调用 swap 函数
        swap(num1,num2);
    printf("调用 swap 函数使 num1 和 num2 的值分别为: %d 和%d\n",num1,num2);
    return 0;
}
```

【运行结果】

```
请输入需要比较大小的两个数num1和num2：36,72
调用swap函数使num1和num2的值分别为：36和72
请按任意键继续. . .
```

【程序说明】

结果令人意外。程序在 num1 小于 num2 的情况下调用 swap 函数，从字面意思上分析，是希望当 num1 小于 num2 时，两者相互交换，结果却无任何变化。原因在于当调用 swap 函数时，实参 num1 和 num2 的值传递给形参 x 和 y。在执行 swap 函数时，对形参变量所做的任何修改都不会改变主调函数中的实参变量的值，实参变量仍维持原值，这是前面所学的函数参数传递中传值的情况。

而当希望形参的修改影响实参对象时，可以用地址或指针作为参数。在这一节中，我们讨论字符串，就以指向字符串（字符数组）的字符指针作函数参数为例进行分析。

例 9.6 取字符串中前 n 个字符构成其子串。

思路：定义一个函数 leftstring 用来生成子串，在主函数中调用此函数。函数的形参和实参可以用字符数组名，也可以用字符指针变量。

（1）用字符数组名作实参，字符指针变量作形参。

【程序代码】

```c
#include<stdio.h>
char* leftstring(char *s1, char *s2, int n);//声明子串函数 leftstring, 三个参数
int main()
{
    char name[]="SunWukong",surname[4];
    int n;
    printf("His name is %s\n",name);
    leftstring(name,surname,3);
    printf("His surname is %s\n",surname);
    return 0;
}
char* leftstring(char *s1, char *s2, int n)
{
    int i;
    for(i=0;i<n;i++)
        *s2++=*s1++;
    *s2='\0';
    return s2;
}
```

【运行结果】

```
His name is SunWukong
His surname is Sun
请按任意键继续. . .
```

【程序说明】

name 和 surname 是字符数组，调用 leftstring 函数时，用数组名作实参，将数组 name 的地址传递给字符指针 s1，将数组 surname 的地址传递给字符指针 s2。作用类似于语句

char *s1=name 和 char *s2=surname。此时指针 s1 获得数组 name 首地址，指向数组 name 中第一个字符，指针 s2 获得数组 surname 首地址，指向数组 surname 中第一个字符，如图 9.6 所示。

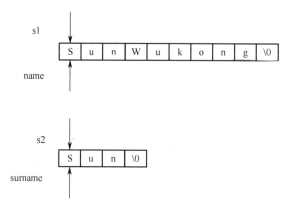

图 9.6　调用 leftstring 函数各形参指针指向示意图

leftstring 函数将指针 s1 指向的字符复制到指针 s2 指向的单元中，实质是把数组 name 中的内容复制到数组 surname 中，复制字符的个数由参数 n 决定，这里 n=3。leftstring 函数调用结束时，数组 surname 的内容由原来的未赋值变成 Sun。在这种情况下，对形参对象的运算影响了实参对象。通过将实参对象（数组地址）传递给形参对象（字符指针），任何在形参地址单元进行的内容修改，也是对实参地址单元的内容修改，因为形参和实参在同一个单元。

（2）用字符指针变量作实参，字符指针变量作形参。

【程序代码】

```
#include<stdio.h>
char* leftstring(char *s1, char *s2, int n);
int main()
{
    char name[]="SunWukong",surname[4];
    int n;
    char *p1=name,*p2=surname;
    printf("His name is %s\n",name);
    leftstring(p1,p2,3);
    printf("His surname is %s\n",surname);
    return 0;
}
char* leftstring(char *s1, char *s2, int n)
{
    int i;
    for(i=0;i<n;i++)
        *s2++=*s1++;
    *s2='\0';
    return s2;
}
```

【运行结果】

```
His name is SunWukong
His surname is Sun
请按任意键继续. . .
```

【程序说明】

字符指针变量 p1 的值是字符数组 name 的首地址，即指针 p1 指向数组 name 的第一个字符，指针 p2 的值是字符数组 surname 的首地址，即指针 p2 指向数组 surname 的第一个字符。函数调用时，同样是传递地址，即类似语句 char *s1=p1 和 char *s2=p2 的作用。指针 s1 获得指针 p1 的值，即数组 name 的首地址，指针 s2 获得指针 p2 的值，即数组 surname 的首地址。依次将指针 s1 所指向的字符复制到指针 s2 所指向的单元中，复制字符个数为 3。

事实上，不管用字符数组名还是字符指针作为参数，本质是一样的，都表示地址。因此，归纳起来，用字符指针作函数参数时，实参与形参的形式有以下几种，如表 9.1 所示。

表 9.1 处理字符串函数的实参与形参的几种形式

实参	形参
字符数组名	字符数组名
字符数组名	字符指针
字符指针	字符数组名
字符指针	字符数组名

而且要知道的是，当函数形参是字符数组名时，编译系统也把字符数组名按指针变量处理，只是形式上看起来是数组。

注意，程序中*s2='\0'语句将字符串赋值为以'\0'结束，对于正确输出字符串内容尤其重要。

9.2.3 字符指针数组

实际应用中经常需要同时处理多个字符串，如全班学生姓名、学院各专业名称、课程名等。此时可以选择二维字符数组或字符指针数组存储表示多个字符串。

1. 二维字符数组

以下语句定义二维字符数组：

```
char course[5][20]= {"english","math","chemistry","physics","chinese"};
```

二维字符数组 course 的存储状态如图 9.7 所示。

course[0]	e	n	g	l	i	s	h	\0	\0	…	\0
course[1]	m	a	t	h	\0	\0	\0	\0	\0	…	\0
course[2]	c	h	e	m	i	s	t	r	y	…	\0
course[3]	p	h	y	s	i	c	s	\0	\0	…	\0
course[4]	c	h	i	n	e	s	e	\0	\0	…	\0

图 9.7 二维字符数组 course 的存储状态

将二维数组看成由多个一维数组构成的一维数组，二维数组的每个元素都是一个一维数组。二维字符数组可以看成一个存放若干字符串的一维数组。course 数组的定义限定了该数组可以存储 5 个字符串，每个字符串的长度均不能超过 20。course[0]是数组的第一个元素，即第一行，也是第一个字符串的首元素地址。course[0][2]是第一行第三列的数组元素，即字符'g'。course[i][j]表示第 i 行第 j 列的数组元素。course[i]表示第 i 行，即 course 数组第 i 个元素（一维数组）的名称，数组的名称是数组首元素的地址，因此 course[i]也是第 i 行第 1 个元素的地址，即&course[i][0]与 course[i]相等。

对二维字符数组可以进行以下操作。

（1）数组元素赋值（输入）。以下语句是错误的：

```
course[0]="painting";   //错误语句
```

其中，course[0]是地址常量，不可更改。即不能用赋值符号"="对一维字符数组进行整体赋值。

以下语句是正确的：

```
scanf("%s",course[0]); //接收长度 20 以内的字符串，输入受空格符影响
```

scanf 函数在接收字符串时不检查字符个数是否超过 20，所以我们要自己加以约束。

（2）输出数组元素。分两种情况，一种是输出一个字符串，另一种情况是输出一个字符。输出字符串时，需要确定其位置在第几行，例如

```
printf("%s",course[i]);
```

其中，i 表示行号，可以输出数组的第 i 行字符串。在输出字符时，需确定行号和列号，例如

```
putchar(course[i][j]);
```

其中，i 表示行号，j 表示列号。

2. 字符指针数组

创建字符指针数组，语句如下：

```
char *strarry[5]= {"english","math","chemistry","physics","chinese"};
```

strarry 是指针数组名，数组由 5 个字符指针构成，每个指针分别指向对应的字符串。字符指针数组初始化的状态如图 9.8 所示：

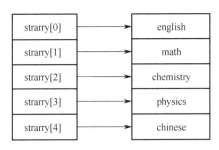

图 9.8   字符指针数组初始化的状态

（1）对指针数组元素赋值。

```
strarry[0]="painting";        //正确语句，将字符串首地址存储在指针变量 strarry[0]中
strarry[0]=" Engineering Mathematics";      //正确语句，字符串长度任意
```

而以下语句是错误的：

```
scanf("%s",strarray[0]);     //错误语句。strarray[0]只能存放地址，不能存放字符串
```

（2）输出数组元素。输出字符串语句如下：

```
printf("%s",strarry[0]);
```

该语句输出结果是字符串 english，而不是该字符串首地址。

```
printf("%s",strarry [0]+2);
```

该语句输出结果是字符串 glish，从 course[0]+2 的位置开始输出字符串，直到遇到终止字符为止。

该语句输出某字符串中某字符：

```
putchar(*(strarry[i]+j));
```

该语句输出的结果是第 i 行第 j 列的字符。

9.3 字符串处理和应用

9.3.1 字符串处理函数

C 语言的标准函数库提供了多种处理字符串的函数，以下我们介绍其中几种比较常用的功能。

1．输出字符串

函数原型：**int puts(const char *string)**

一般用法：**puts(字符串)**

该函数的作用是把字符串输出到终端。该函数有一个参数，是字符串地址（可以用一维字符数组名表示），从该地址开始依次输出字符，直到遇到终止字符'\0'时停止输出。

例 9.7 puts 函数的用法。

【程序代码】

```
#include <stdio.h>
int main()
{
    char name[10]= "sun";
    printf("%s\n",name);
    puts(name);
    return 0;
}
```

【运行结果】
```
sun
sun
请按任意键继续. . .
```

【程序说明】

puts 函数的参数是 name，是一个字符数组的名字，也可以是字符串常量，如 puts("hello")。上例中 printf("%s\n",name)与 puts(name)输出的结果是一样的。可见 puts 函数

的功能完全可以由 printf 函数等价实现。

2．输入字符串

函数原型：**char *gets(char *s)**

一般用法：**gets(字符数组名)**

该函数的作用是由终端输入字符串到字符数组中。该函数有一个参数，是字符数组名。由终端输入的字符串会存储到从该地址开始的连续空间中。

例 9.8　gets 函数的用法。

【程序代码】

```
#include <stdio.h>
int main()
{
    char name[10];
    gets(name);
    puts(name);
    return 0;
}
```

【运行结果】

情况(1)键盘输入：sun↙
输出结果：sun
情况(2)键盘输入：QiTianDaSheng↙
输出结果：QiTianDaSheng
情况(3)键盘输入：sun wu kong↙
输出结果：sun wu kong

【程序说明】

前面提醒过，在输入字符串时字符个数要小于字符数组的长度。但情况（2）似乎也可以得到正确的输出结果，这怎么解释呢？实际上，情况（2）是不安全的用法。gets 函数并不能在接收字符时检查其个数是否超过数组的长度，即使输入过多字符也不提示错误，多余字符会依次存储在 name+10、name+11 等地址空间中，很可能覆盖其他程序的数据，造成严重的后果。情况（3）说明 gets 函数不像 scanf 函数那样只能输入不带空格的字符串，当输入字符串中包含空格时，可以使用 gets 函数代替 scanf 函数用格式说明符%s 输入字符串。

gets 函数在接收字符串时不检查字符的个数，因此当输入字符个数超过数组的长度时，会产生不好的后果。我们建议用户使用更安全的字符串输入函数：fgets 函数。

函数原型：char *fgets(char *str, int maxline, FILE *fp)

一般用法：fgets(字符数组名,数组长度,stdin)

函数作用：该函数从 fp 指向的文件中读取下一个输入行（包含换行符），并将它存放在字符数组 str 中，它最多可读取(maxline−1)个字符。将读取的一行字符与终止字符'\0' 一同保存到数组中。

例 9.9　fgets 函数的用法。

```
#include<stdio.h>
#define N 10
```

```
int main()
{
    char name[N];
    printf ("请输入姓名：");
    fgets (name, sizeof(name), stdin);
    printf ("你好! ");
    printf ("%s",name);
    printf ("欢迎你! \n");
    return 0;
}
```

【运行结果】

情况 1：

请输入姓名：qitiandashengsunwukong
你好!qitiandas欢迎你!
请按任意键继续. . .

可以看到，输入字符个数超过了数组 name 长度，实际读取时最多读取了 9 个字符，以'\0' 结尾保存到字符数组 name 中。

情况 2：

请输入姓名：张三
你好!张三
欢迎你!
请按任意键继续. . .

与情况 1 不同的是，输入字符个数没有达到 9，实际读取输入的"张三"加上换行符，共 5 个字符，以'\0' 结尾保存到字符数组 name 中。

3．计算字符串长度

函数原型：**size_t^① strlen(str)**

一般用法：**strlen(字符串)**

该函数的作用是统计字符串长度。该函数有一个参数，可以是一维字符数组名，也可以是字符串常量。该函数统计从参数表示的地址开始的非终止字符个数，与例 9.2 中通过循环检测数组元素是否为终止字符'\0'来统计字符串实际长度的方式等价，统计都是在遇到第一个终止字符'\0'时结束。

例 9.10　strlen 函数的用法。

【程序代码】

```
#include <stdio.h>
#include <string.h>
int main()
{
    char name[10]="sun";
    char str[20]="sun\0wukong";
    printf("字符串 name 包含%d 个字符\n",strlen(name));
```

----

① size_t 是 C 标准库函数中定义的，在 64 位系统中为 long long unsigned int，非 64 位系统中为 long unsigned int。

```
    printf("字符串 str 包含%d 个字符\n", strlen(str));
    return 0;
}
```

【运行结果】
字符串name包含3个字符
字符串str包含3个字符
请按任意键继续. . .

【程序说明】

由上例可以看出，虽然数组 name 和数组 str 在初始化时的值不同，但是统计出的字符串实际长度都是 3，strlen 函数统计字符个数在遇到终止字符'\0'时就停止了，因此数组 str 中剩下的字符都未被统计在内。

4．复制字符串

函数原型：**char *strcpy(char * s1, const char * s2)**

一般用法：**strcpy(字符数组 1,字符串 2)**

该函数的作用是把字符串复制给字符数组。该函数有 2 个参数，第 1 个参数指定目标，第 2 个参数是源字符串，复制 s2 地址开始的一串字符（包含终止字符'\0'）到 s1 地址开始的字符数组中。

例 9.11   strcpy 函数的实现和使用。

①	②
```char *strcpy(char *s1, char *s2)\n{\n int i=0;\n while ((s1[i]=s2[i])!='\0')\n i++;\n return s1;\n}```	```char *strcpy(char *s1, char *s2)\n{\n char *rs=s1;\n while ((*s1=*s2)!='\0')\n {\n s1++;\n s2++;\n }\n return rs;\n}```
③	④
```char *strcpy(char *s1, char *s2)\n{\n char *rs=s1;\n while((*s1++=*s2++)!='\0')\n ;\n return rs;\n}```	```char *strcpy(char *s1, char *s2)\n{\n char *rs=s1;\n while(*s1++=*s2++)\n ;\n return rs;\n}```

以上 4 段代码是通过不同方法实现 strcpy 函数功能的对比：①通过数组方法实现；②用指针方法实现。此时要注意的是，每循环一次完成一个字符的拷贝，指针后移一位，直到将指针 s2 中的终止字符'\0'复制到指针 s1 指向的位置上，指针 s1 和 s2 同步移动。所以需要在循环前保存指针 s1 的初值，该值用于返回；③将指针的自增运算符放到了循环条件

语句中，后缀形式的自增运算表示先赋值，再增 1（指针后移）。先将指针 s2 当前指向的字符复制到指针 s1 指向的位置上，复制完成后，指针 s1 和 s2 分别后移，该字符值也同时与 '\0'比较，若相等，则结束循环。实际上，程序设计人员更喜欢用这种方法；④我们发现，在循环条件中，表达式与'\0'的比较是多余的，只需要判断表达式的值是否为 0 即可（因为终止字符'\0'的 ASCII 码值是 0），所以将判断去除，进一步精简程序。希望大家能够理解并掌握该方法，这是 C 程序中经常使用这部分的写法。

【程序代码】

```
#include <stdio.h>
#include <string.h>
int main()
{
    char source []="A thousand journey is started by taking the first step.",
destination [100];
    strcpy(destination,source);
    puts(destination);
    return 0;
}
```

【运行结果】

```
A thousand journey is started by taking the first step.
请按任意键继续. . .
```

【程序说明】

通过 strcpy(destination,source)语句将字符串 source 的内容（**包括终止字符'\0'**）复制到数组 destination 中。输出数组 destination 中的内容，该内容与数组 source 中的内容是一样的。

再看另一种情况：

```
#include <stdio.h>
#include <string.h>
int main()
{
    char source []="A thousand journey is started by taking the first step.",
destination [20];
    strcpy(destination,source);
    puts(destination);
    return 0;
}
```

【运行结果】

对于本例这种目标串长度不足的情况，C++标准中写道 "the behavior is undefined"，表明这是一种未定义的行为。对于未定义的行为，C++标准没有明确规定编译器应该怎么做，那么执行的结果就是不可预料的。"不同编译器"、"同一编译器的不同版本"或"同一编辑器同一版本在使用不同编译选项时"都可能会有不同的执行结果。

当选择 Debug 版本时，提示错误，如图 9.9 所示。

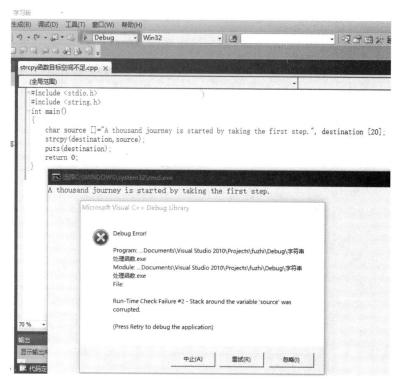

图 9.9　　"选择 Debug 版本"界面

当选择 Release 版本时，程序运行有结果，如图 9.10 所示。

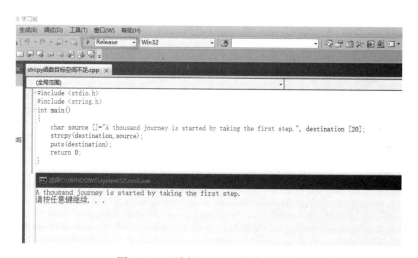

图 9.10　　"选择 Release 版本"界面

选择 Release 版本虽然显示运行结果，但是此时多余的字符会覆盖数组 destination 空间以外的内存空间，进而带来安全隐患。因此要注意，**源字符串长度要短于目标字符数组的长度**。

以下用法也是可以的：strcpy(destination,"sun")，即用字符串常量作源字符串。

5．连接字符串

函数原型：**char *strcat(char * s1, const char * s2)**

一般用法：**strcat(字符数组 1,字符数组 2)**

该函数的作用是把一个字符串连接到另一个字符串尾部。该函数有 2 个参数，复制 s2 地址开始的字符串（包括终止字符'\0'），追加到数组 s1 的尾部。字符数组 2 连接在字符数组 1 之后，形成新的字符串存放在字符数组 1 中。显然，此时字符数组 1 需要有足够的空间容纳连接后的新字符串。

例 9.12 实现字符串左旋转，即把字符串前面的若干个字符移动到字符串的尾部。如将字符串"QiTianDaSheng"左旋转 6 位得到字符串"DaShengQiTian"。

【程序分析】从题目要求可以看出，将字符串左旋转 6 位后，前 6 个字符依次变成字符串中的最后 6 个字符。因此我们可以考虑将原来的字符串分为两部分，再重新对其进行组合，如图 9.11 所示。

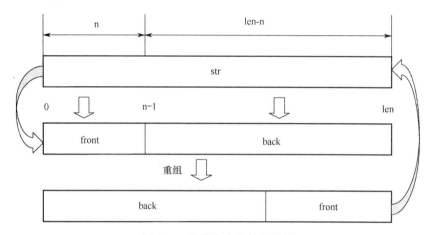

图 9.11 字符串左旋转与重组

【程序代码】

```c
#include <stdio.h>
#include <string.h>
#define N 20

//将字符串 str 左旋转 n 位
void *roatate_to_left(char *str,int n)
{
    char *ps=str;
    char front[N],back[N];
    char *fp=front,*bp=back;
    int i=0,j=0,len=strlen(str);

    //提取需旋转的前 n 个字符，并将其存入 front 数组中
    while( i++<n)
    {
        *fp++=*ps++;
    }
    *fp='\0';
```

```
    //提取剩下的(len-n)个字符，并将其存入 back 数组中
    while(j++<len-n)
    {
        *bp++=*ps++;

    }
    *bp='\0';

    strcat(back,front);   //将 front 连接至 back 尾部，完成左旋转
    strcpy(str,back);
}
int main()
{
    char str[N]="QiTianDaSheng";
    printf("字符串%s 左旋转 6 个字符变为",str);
    roatate_to_left(str,6);
    return 0;
}
```

【运行结果】

```
字符串QiTianDaSheng左旋转6个字符变为：DaShengQiTian
请按任意键继续. . .
```

【程序说明】

本例所用方法的思路比较简单，但是需要耗费两个长度为 N 的内存空间（数组 front 和数组 back）。有没有消耗空间较小的解法呢？仔细观察，将字符串左旋转 1 位，可以看成把字符串的第一个字符移至字符串末尾，第 2 个至第(len-1)个字符依次前移 1 位。将字符串左旋转 n 位，可以看成重复上述操作 n 次。由此我们可以写出一个 move 函数来实现字符串的左旋转。

```
void move(char *str,int n)
{
    char *p=str,str_first=*str;

    while(p++<str+strlen(str))
        *p=*(p+1);
    *(str+strlen(str))=str_first;
    n--;
    if (n>0)
        move(str,n);
}
```

在对应的主函数中调用 move(str,6)也可实现字符串的左旋转。并且 move 函数只定义了一个字符变量用于保存需要后移的那个字符，存储空间开销减小，程序瘦身了。

6. 比较字符串

函数原型：**int strcmp(const char *s1, const char *s2)**

一般用法：**strcmp(字符串 1,字符串 2)**

该函数的作用是比较两个字符串的大小，返回一个大于、等于或小于 0 的整数值。该函数有 2 个参数，若字符串 1 大于字符串 2，则函数结果为正整数；若两个字符串相等，则函数结果为 0；若字符串 1 小于字符串 2，则函数结果为负整数。也就是用返回值表明字符串的大小关系。

例 9.13 模拟实现网站系统登录的身份验证。输入用户名和密码，若用户名和密码均正确，则可以进入系统；若错误，则提示重新输入；若密码连续 5 次输入错误，则需等待 24 小时后再尝试登录。

```c
#include <stdio.h>
#include <string.h>
#define N 100
int check_user(char s1[N],char s2[N][N])
{
    int i;
    for(i=0;i<N;i++)
    {
        if(strcmp(s1,s2[i])==0)        //用户名匹配成功，返回对应数组下标
            return i;

    }
    return -1;
}

int main( )
{
    char user[N][N]={"SunWuKong","LiSiGuang","MaoBuYi","littlecat",
"Blossom"};
    char pass[N][N]={"ShenXian999","18891026","Someone like me","fishfish",
"QITIAN!"};
    char one_user[N],one_pass[N],s1[N]={0};
    int i=0,loc,access,userlen,passlen;

    //输入用户名，直至正确
    printf("请输入用户名:");
    do
    {
        fgets(one_user,N,stdin);
        userlen=strlen(one_user);
        if(one_user[userlen-1]=='\n')
            one_user[userlen-1]='\0';

        loc=check_user(one_user,user);
        if(loc==-1)
            printf("用户名错误，请重新输入");
    }while(loc<0);

    printf("请输入密码: ");
    fgets(one_pass,N,stdin);
    access=1;
```

```
        do
        {
            passlen=strlen(one_pass);
            //去除 fgets 函数接收字符串末尾的换行符
            if(one_pass[passlen-1]=='\n')
                one_pass[passlen-1]='\0';
            if(strcmp(one_pass,pass[loc])!=0)
            {
                access=0;
                printf("密码错误.\n 请输入正确的密码:");
                fgets(one_pass,N,stdin);
            }
            i++;
            if(i==5)
            {
                printf("密码错误 5 次，请 24 小时后再试");
                return 0;
            }
        }while(access==0);

        printf("\n 登录成功\n");
        return 0;
}
```

【运行结果】

（1）用户名和密码均正确的情况如下：

请输入用户名:SunWuKong

请输入密码:ShenXian999

登录成功
请按任意键继续...

（2）用户名或密码错误的情况如下：

请输入用户名:littlefish

用户名错误

请输入用户名:littlecat

请输入密码:fish

密码错误,还可输入4次.

请输入密码:fish

密码错误,还可输入3次.

请输入密码:fs

密码错误,还可输入2次.

请输入密码:littlefish

密码错误,还可输入1次.

请输入密码:fishlittle

密码错误5次，请24小时后再试
请按任意键继续...

【程序说明】

字符串比较的大小依据是其对应位置字符的 ASCII 码值的大小。本质上比较的是两个字符串中第一对不同的字符。以它们的 ASCII 码值的大小关系决定字符串的大小关系。若两个字符串的所有字符都相等，则两个字符串相等。

请注意，在使用字符串处理函数时，应在程序文件的开头用#include <string.h>把 string.h 文件包含到本文件中。

9.3.2　字符串应用

在实际程序设计中，对字符串的处理非常频繁，而且不仅限于复制、比较、连接等基本操作，还有搜索关键字（词）、取子串、插入字符串、删除字符串、去除重复字符串、字符串有序排列等操作。下面我们以不同的例子为大家介绍一些常见的字符串应用场景及解决办法。

1．搜索关键字（词）

例 9.14　在字符串中搜索指定字符，找到其第一次出现的位置。

【程序代码】

```
#include <stdio.h>
int main()
{
    char *str="QiTianDaSheng";
    char key='S';          //要搜索的关键字符是 S
    int loc=0;             //初始位置是 0
    for(;*str!='\0';str++,loc++)
        if(*str==key)              //若找到关键字符
        {
            printf("字符%c在字符串%s的第%d位首次出现\n",key,str-loc,loc);
            break;
        }
    if(*str==0)        //搜索直至字符串末尾
        printf("字符%c未出现在字符串%s中",key,str-loc);
    return 0;
}
```

【运行结果】

字符S在字符串QiTianDaSheng的第8位首次出现
Press any key to continue

【程序说明】

程序从字符串的第 1 个字符开始（loc=0 第 1 个字符的下标为 0），比较字符是否等于要搜索的关键字符。if(*str==key)表示若找到相等的字符，则输出其位置 loc；若第一个字符不等于要搜索的关键字符 key，则将指针后移，指向下一个字符，对应的 loc 也增加 1，表示下一个要对比的字符在字符串中的位置是(loc+1)。查找过程中一旦找到关键字符 key，就输出其位置,并退出循环 printf("字符%c在字符串%s的第%d位首次出现\n",key,str−loc,loc)

和 break。若查找以失败为告终，则指针最终指向字符串结尾，即终止字符'\0'。终止字符的 ASCII 码值为 0，通过比较循环结束后指针 str 指向字符的 ASCII 码值是否为 0，可以判断查找是否失败。如果为 0，则表示查找失败。

设想一下，以上问题变为在字符串中搜索另一个字符串，如系统在某个用户即将发布的信息中进行特定词汇的审查，那么该如何实现呢？我们把查找的对象定义为 substring，把查找的范围定义为 string，即在 string 中查找 substring。不考虑出现次数，只搜索第一次出现的位置，用 find_substring 函数实现。

```
char *find_substring(char * string, char *substring){
    int m=strlen(string);
    int n=strlen(substring);
    int i,j;
    if (m<n)                    //子串长度大于原字符串，无法搜索
        return 0;
    for(i=0; i<=m-n; i++)       // 逐个字符比较
    {
        for(j=0;j<=m-n; j++)
        {
            if(string[i+j]!=substring[j])
                break;
        }
        if (j==n)               //当出现 n 个字符均与子串字符相同时，返回其位置
            return string + i;
    }
}
```

从 string 中的第一个字符开始，若 string 中有连续 n（子串长度）个字符与 substring 字符相同，则找到，返回起始位置 string+i；若中途（还未达到 n 个连续相同）出现不同字符，则查找起始位置后移(i+1)个字符。

2. 对字符串取从任意位置开始的任意长度的子串。

例 9.15 已有学生的身份证号信息，请提取出学生的出生年月（8 位）信息。

【程序分析】这是一个典型的取子串操作。从字符串 str 的第 start 位（数组下标 start）开始提取 len 个字符存入数组 substr。首先读入身份证号 str（原字符串）、子串起始位置 start（第 6 位）、子串长度 len（8 位）。接着进行单个字符的复制，重复 len 次，即从第 start 位到(start+len−1)位。substr[i]=str[start+i], i 从 0 开始，最后在第 len 位填入终止字符 substr[len]='\0'。

【程序代码】

```
#include<stdio.h>
#define N 20
int main()
{
    char str[N],substr[N];
    int i=0,start=6,len=8;
```

```
printf ("\n 请输入身份证号: ");
fgets (str, sizeof(str), stdin);
for(;i<len;i++)
    substr[i]=str[start+i];
substr[len]='\0';
printf("对应出生日期为%s\n",substr);
return 0;
}
```

【运行结果】

请输入身份证号: 11010119900307 0230
对应出生日期为19900307
请按任意键继续. . .

【程序说明】

取子串操作本质上是一个复制字符串的操作,只是限定了与 strcpy 不同的复制起始位置,限定了要复制的字符个数。在头文件 striing.h 中定义了 strncpy 函数实现取子串操作(从数组首字符开始)。函数原型为 char *strncpy(char * s1,const char * s2,size_t n),将 s2 指向的字符串中前 n 个字符复制到 s1 指向的位置上,函数返回字符数组 s1 的起始地址。我们也可以将上例改写为一个从任何位置开始的取子串函数 char *strmncpy(char *s1,const char *s2,size_t m,size_t n),把 s2 指向的字符串中第 m 个字符开始的 n 个字符(不多于 n 个,终止字符'\0'之后的字符不复制)复制到 s1 指向的位置上。

3. 删除字符串

例 9.16 输入两个字符串,从第一个字符串中删除第二个字符串中的所有字符。例如,输入"They are students."和"aeiou",则将"aeiou"删除后第一个字符串变成"Thy r stdnts"。

【程序分析】这是一道传说中的微软面试题。先简化问题,解决在一个字符串 str 中删除特定字符 ch 的问题。我们可以逐个对比 str 中每个字符是否与 ch 相等,若不相等,则保留;若相等,则跳过,如图 9-12 所示。

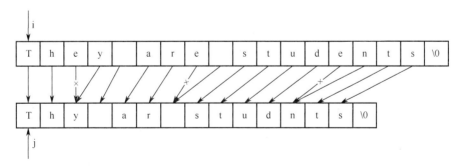

图 9.12 在字符串"They are student"中删除字符'e'

```
for(i=0,j=0;str[i]!='\0';i++)
    if(str[i]!='e')
        str[j++]=str[i];
str[j]='\0';
```

当问题变成在字符串 s1 中删除字符串 s2 中的所有字符时,该思想也适用。首先浏览字符串 s1，删除字符 s2[0]（字符串 s2 的第一个字符），再浏览字符串 s1，删除字符 s2[1]，重复此过程，直到 s2 中最后一个字符也被删除。这个解法需要用到双重循环，对字符串 s1 重复多次（strlen(s2)次）扫描，耗时较多。我们换个思路首先初始化 ASCII_table 数组，它是一个长度为 128，元素初值均为 0 的整型数组。初值为 0 表示基本 ASCII 码字符均未在字符串 s2 中出现（原始状态）。接着扫描字符串 s2，将其包含的字符对应的 ASCII 码值作为下标，数组 ASCII_table 中对应元素赋值为 1，表示该 ASCII 码值的字符是需要删除的。如例 9.16 中的 s2 的第一个字符是'a'，那么 ASCII_table[97]=1，把 97 改为用数组下标表示，则变为 ASCII_table[(int)s2[0]]=1，发生强制类型转换是因为 s2 数组元素为字符，不能直接用作数组下标，因此需要将其转换为 int 型。准备工作做好后，我们从字符串 s1 中的第一个字符开始扫描。若遇到的字符是字符串 s2 中未出现过的，就保留下来（赋值），否则就跳过（不赋值，直接指针后移）。如此反复，到字符串末尾停止。

【程序代码】

```c
#include <stdio.h>
#include <string.h>
#define N 20

char * delete_string(char *s1,char *s2)
{
    int i,loc=0;
    int len=strlen(s2);
    int ascii_table[256]={0};
    char *p=s1;
    for(i=0;i<len;i++)
    {
        ascii_table[(int)s2[i]]=1;
    }
    while( *p!='\0')
    {
        if(0==ascii_table[(int)*p])
        {
            s1[loc++] = *p;
        }
        p++;
    }
    s1[loc]='\0';
    return s1;
}

int main( )
{
    char s1[]="They are students.";
    char s2[]="aeiou";
    char *result=delete_string(s1,s2);
```

```
    printf("\n 在字符串\"%s\"中删除字符串\"%s\"中所有字符后变为：\"%s\"\n",s1,s2,
result);
    return 0;
}
```

【运行结果】

```
在字符串"Thy r stdnts."中删除字符串"aeiou"中所有字符后变为："Thy r stdnts."
请按任意键继续. . .
```

4．字符串排序

例 9.17 输入学生姓名，将其按姓氏首字母由小到大的顺序输出。

【程序代码】

```
#include<stdio.h>
#include<string.h>
#define N 100

int main()
{
    void string_sort(char name[][20],int n);
    void string_print(char name[][20],int n);
    char name[N][20];           //定义能存放 100 名学生姓名的 name 数组
    int n,i;
    printf("请输入学生人数：");
    scanf("%d",&n);             //实际学生人数 n
    getchar();                  //读缓冲区中的回车符

    printf("请依次输入学生姓名：\n");
    for(i-0;i<n;i++)
        gets(name[i]);

    string_sort(name,n);

    printf("学生姓名排序后为：\n");
    string_print(name,n);
    return 0;
}
void string_sort(char str[][20],int n)          //定义字符串排序函数，选择法排序
{
    char temp[20];
    int pos,scan,min;
    for(pos=0;pos<n-1;pos++)
    {
        min=pos;
        for(scan=pos+1;scan<n;scan++)
            if(strcmp(str[min],str[scan])>0)
                min=scan;
```

```
            if(pos!=min)
            {
                strcpy(temp,str[pos]);strcpy(str[pos],str[min]);strcpy(str
[min],temp);
            }
        }
    }
    void string_print(char str[][20],int n)              //定义字符串输出函数
    {
        int pos;
        for(pos=0;pos<n;pos++)
            puts(str[pos]);
    }
```

【运行结果】

```
请输入学生人数：5
请依次输入学生姓名：
王启帆
徐浩然
田展旭
李紫怡
周俊廷
学生姓名排序后为：
李紫怡
田展旭
王启帆
徐浩然
周俊廷
请按任意键继续. . .
```

【程序说明】

定义二维字符数组 name，实际初始化 5 个元素（字符串），利用 stringsort 函数对这 5 个字符串进行选择法排序。利用地址这个中间桥梁，形参对象的运算实际就是同单元内实参对象的运算，形参二维数组 str（实际并未创建数组）的排序即为数组 name 的排序。

使用字符指针数组实现本例，相关代码如下：

【程序代码】

```
#include<stdio.h>
#include<string.h>
int main()
{
    void string_sort(char *name[],int n);
    void string_print(char *name[],int n);
    char *name[5]={"王启帆""徐浩然""田展旭""李紫怡""周俊廷"};//定义指针数组 name
    int n=5,i;
    printf("未排序学生姓名：\n");
    string_print(name,n);
    printf("排序后学生姓名：\n");
    string_sort(name,n);
    string_print(name,n);
```

```
        return 0;
    }
    void string_sort(char *str[],int n)
    {
        char *temp;
        int pos,scan,min;
        for(pos=0;pos<n-1;pos++)
        {
            min=pos;
            for(scan=pos+1;scan<n;scan++)
                if(strcmp(str[min],str[scan])>0)
                    min=scan;
            if(pos!=min)
            {
                temp=str[pos];str[pos]=str[min];str[min]=temp;
            }
        }
    }
    void string_print(char *str[],int n)
    {
        int pos;
        for(pos=0;pos<n;pos++)
            puts(str[pos]);
    }
```

【程序结果】
未排序学生姓名：
王启帆
徐浩然
田展旭
李紫怡
周俊廷
排序后学生姓名：
李紫怡
田展旭
王启帆
徐浩然
周俊廷
请按任意键继续. . .

【程序说明】

当用字符指针数组作为函数参数时，程序中黑体的部分有相应的变化。

（1）void stringsort(**char *name[]**,int n)。函数声明中参数由二维数组形式变为一维指针数组形式。

（2）相应的定义一维指针数组 **char *name[5]={"王启帆""徐浩然""田展旭""李紫怡""周俊廷"}**。

（3）**char *temp;**中间变量也有一维数组 temp 变为字符指针 temp。

（4）语句 **temp=str[pos];str[pos]=str[min];str[min]=temp;**是最为重要的改变。当二维

数组作为参数时，实际上我们是把各字符串通过中间数组 temp 进行复制交换。而利用指针数组作为参数时，我们只修改指针指向，即将下标为 0 的指针指向最小的字符串（依此类推），而并没有实际地交换字符串的存储位置，如图 9.13 所示。

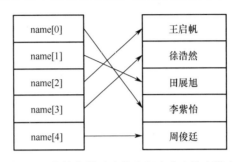

图 9.13　字符指针改为指向相应大小的字符串

习题 9

一、选择题。

1. s1 和 s2 已正确定义并分别指向两个字符串。若要求当 s1 所指字符串大于 s2 所指字符串时，执行语句 "S"，则以下选项中正确的是（　　　）。

A. if(s1>s2) S;　　　　　　　　　　B. if(strcmp(s1,s2)) S;

C. if(strcmp(s2,s1)>0) S;　　　　　D. if(strcmp(s1,s2)>0) S;

2. 有以下程序，程序运行后的输出结果是（　　　）。

```
main()
{
int p[]={'a','b','c' }, q[]="abc";
printf("%d  %d\n",sizeof(p), sizeof(q));
}
```

A. 4 4　　　　　B. 3 3　　　　　C. 3 4　　　　　D. 4 3

3. 有以下程序，程序运行后的输出结果是（　　　）。

```
main()
{
char a[7]="a0\0a0\0";
int  i,j;
i=sizeof(a);  j=strlen(a);
printf("%d  %d\n",i,j);
}
```

A. 2 2　　　　　B. 7 6　　　　　C. 7 2　　　　　D. 6 2

4. 以下程序段的输出结果是（　　　）。

```
char s[]="\\141\141abc\t";
printf("%d\n",strlen(s));
```

A. 9　　　　　B. 12　　　　　C. 13　　　　　D. 14

5. 以下程序的输出结果是（　　　）。

```
main()
{
    char ch[3][5]={"AAAA","BBB","CC"};
    printf("\"%s\"\n",ch[1]);
}
```

A. AAAA   B. BBB   C. BBBCC   D. CC

6. 以下程序的输出结果是（   ）。

```
main()
{
    char  a[]={'a','b','c','d','e','f','g','h','0'};
    int  i, j;
    i=sizeof(a);  j=strlen(a);
    printf("%d,%d\n",i,j);}
```

A. 9,9   B. 8,9   C. 1,8   D. 9,8

7. 设有以下定义和语句：

```
char  str[20]="program",*p;p=str;
```

则以下叙述中正确的是（   ）。

A. *p 与 str[0]中的值相等

B. str 与 p 的类型完全相同

C. str 数组长度与 p 所指向的字符串长度相等

D. 数组 str 中存放的内容与指针变量 p 中存放的内容相同

8. 以下语句或语句组中，能正确进行字符串赋值的是（   ）。

A. char s="right!";   B. char s[10]; s="right!"

C. char s[10]; *s="right!";   D. char *sp="right!";

9. 有以下定义：

```
#include <stdio.h>
char a[10],*b=a;
```

不能给数组 a 输入字符串的语句是（   ）。

A. gets(a)   B. gets(a[0])   C. gets(&a[0]);   D. gets(b);

10. 有以下程序：

```
# include <string.h>
void f(char *s,char *t)
{
    char k;
    k=*s; *s=*t;*t=k;
    s++; t--;
    if(*s)
        f(s,t);
}
main()
{
    char str[10]="abcdefg",*p;
```

```
    p=str+strlen(str)/2+1;
    f(p,p-2);
    printf("%s\n",str);
}
```

程序运行后的输出结果是（   ）。

A．abcdefg   B．gfedcba   C．gbcdefa   D．abedcfg

11．有以下程序，执行后的输出结果是（   ）。

```
main()
{
    char *p[ ]={"3697","2584"};
    int i,j; long num=0;
    for(i=0;i<2;i++)
    {
        j=0;
        while(p[i][j]!='\0')
        {
            if ((p[i][j]-'0')%2)
                num=10*num+p[i][j]-'0';
            j+=2;
        }
    }
    printf("%d\n",num);
}
```

A．35   B．37   C．39   D．3975

12．若有语句 char   *line[5]；则以下叙述中正确的是（   ）。

A．定义 line 是一个数组，每个数字元素都是一个基类为 char 型的指针变量

B．定义 line 是一个指针变量，该变量可以指向一个长度为 5 的字符型数组

C．定义 line 是一个指针数组，语句中的* 称为间址运算符

D．定义 line 是一个指向字符型函数的指针

14．若有说明 int   n=2,*p=&n,*q=p;，则以下非法的赋值语句是（   ）。

A．p=q   B．*p=*q   C．n=*q   D．p=n

二、阅读程序，分析程序运行结果或补充填空。

1．以下 fun 函数的功能是返回 str 所指字符串中以形参 c 中的字符开头的后续字符串的首地址，例如，str 所指字符串为 Hello，c 中的字符串是 e，则函数返回字符串"Hello"的首地址。若 str 所指字符串为空串或不包含 c 中的字符，则函数返回 NULL。请填空。

```
char *fun(char *str, char  c)
{
    int n=0; char *p=str;
    if(p!=NULL)
        while(p[n]!=c&&p[n]!='\0')
            n++;
    if(p[n]= ='\0')
```

```
        return  NULL;
    return              ;
}
main()
{
    char *p, str[10]="abcdefgh";
    char c='f';
    p=fun(str,c);
    printf("%s\n",p);
}
```

2. 以下程序运行后的输出结果是_____。

```
#include <string.h>
#include <stdio.h>
char *ss(char *s)
{
    char *p,t;
    p=s+1;t=*s;
    while(*p)
    {
        *(p-1)=*p;
        p++;
    }
    *(p-1)=t;
    return s;
}
main()
{
    char *p, str[10]="abcdefgh";
    p=ss(str);
    printf("%s\n",p);
}
```

3. 以下程序的功能是_____。

```
#include <stdio.h>
#include <string.h>

int fun(int low, int high, char *str, int length)
{
    if (length == 0 || length == 1)              //当字符串长度为1或0时，返回1
        return 1;
    if (str[low] != str[high])                   //当首尾字符不相同时，直接返回0
        return 0;
    return fun(low + 1, high - 1, str, length - 2);          //递归调用
}
```

```
int main()
{
    int length = 0;
    char ch, str[50];
    printf("Please input a string:\n");
    while ((ch = getchar()) != '\n')            //若输入'\n'，则终止输入
    {
        str[length] = ch;
        length++;                                //字符串长度用 length 累加
    }

    if (fun(0, length - 1, str, length) == 1)
        printf("YES!\n");
    else
        printf("NO!\n");
    return 0;
}
```

三、程序设计题。

1. 从键盘上输入多个字符，编程统计其中字母、空格、数字及其他字符的个数。

2. 输入一个字符串，删除字符串中的空格字符后再输出。

3. 编写一个函数实现两个字符串的连接（不使用库函数 strcat()）。

    例如，分别输入下面两个字符串：

SunWukong is

the most famous monkey.

    程序输出：

SunWukong is the most famous monkey.

4. 编写一个函数 fun(char *s)把字符串中的内容逆置。例如，字符串中原有的内容为 abcdef，则调用该函数后，字符串中的内容为 fedcba。

5. 编写一个通用的英文月份名显示函数 void display(int month)。要求使用指针数组实现。

*6. 编写一个字符串匹配函数，读入两个字符串 s1 和 s2，判断 s1 是否为 s2 的子串。若是，则输出 s1 在 s2 中出现的次数（大于等于 1）；若不是，则输出 0。

第 **10** 章

编译预处理和动态分配

10.1 编译预处理（include、define）

编译预处理是 C 语言编译程序的一部分，用于解释处理程序中的各种预处理指令，除文件包含指令（include）外，还有宏定义指令（define）和条件编译。

1. 文件包含

C 程序中常见如下代码：

```
#include<stdio.h>
```

以符号"#"开头表示这是一个预处理指令，在编译代码之前执行#include 表示"包含"，意思是将文件 stdio.h 包含到指令所在的程序文件中。这是在预处理阶段执行的指令（不是 C 语句），当程序编译、链接时，系统把文件 stdio.h 链接生成可执行代码。

文件包含的格式如下：

```
#include<文件名> 或 #include"文件名"
```

被包含的文件除了可以是头文件.h（标准库或用户自定义），还可以是其他程序文件.c，用在多文件模块程序中。两种形式的区别是<文件名>形式，在系统默认 include 目录中查找文件,"文件名"形式首先在当前目录中查找文件,若找不到则再去系统默认目录中查找。在较大的程序中，通过#include 指令把所有声明捆绑在一起，保证所有的源文件都具有相同的定义与变量声明。当某个包含文件的内容发生变化时，所有包含该文件的源文件都必须重新编译。

2. 宏替换

宏定义指令的无参格式如下：

```
#define 宏名 字符串
```

例如，

```
#define  PRICE   19.99
```

表示在源程序文件中可用指定的宏名 PRICE 来代替字符串"19.99"，在编译预处理时，将程序中在该指令以后出现的所有的 PRICE 都用"19.99"代替。

例 10.1 宏定义指令 define 的用法。

【程序代码】

```
#include<stdio.h>
#define  PRICE  19.99
int main()
{
```

```
    int quantity;          //数量
    double total;          //总价
    printf("请输入产品数量：");
    scanf("%d",&quantity);
    total=PRICE*quantity;
    printf("这些产品总价为：%lf\n",total);
    return 0;
}
```

【运行结果】

请输入产品数量：20
这些产品总价为：399.800000
Press any key to continue

【程序说明】

宏定义可以用一个简单的名字代替一个长的字符串，如#define PI 3.1415926；也可以在商品单价改变时（一改全改），即只对#define PRICE 20.99 一处进行修改。

默认宏定义的作用域是从宏定义指令开始到源程序结束，也可以使用#undef 指令提前终止其作用域。两者都必须写在函数之外的地方。

带参数的宏定义可以实现简单的函数功能，如例 10.2 所示。

例 10.2 实现简单函数功能的有参宏定义。

【程序代码】

```
#include<stdio.h>
#define  MAX(a,b)  a>b?a:b
int main()
{
    int num1,num2;
    scanf("%d %d",&num1,&num2);
    int max=MAX(num1,num2);
    printf("%d 和%d 中%d 最大\n",num1,num2,max);
    return 0;
}
```

【运行结果】

12 34
12和34中34最大
Press any key to continue

【程序说明】

宏定义#define MAX(a,b) a>b?a:b 在预处理阶段用变量名 num1 和 num2 分别替换 a 和 b，然后用替换后的表达式代替 MAX(num1,num2)。编译结束后，程序如下：

```
int main()
{
    int num1,num2;
    scanf("%d %d",&num1,&num2);
    int max=num1>num2?num1:num2;
    printf("%d 和%d 中%d 最大\n",num1,num2,max);
    return 0;
```

```
}
```

带参数的宏定义可以实现简单的函数功能，但它与函数有很大区别，具体区别如下。

首先，宏定义的执行是在编译预处理阶段进行的，而函数的执行是在程序运行过程中进行的。

其次，宏定义中表达式只替换参数，不做运算。如有宏定义#define F(x+y) x+y 和语句 z=3*F(x+y)。编译预处理后，变为 z=3*x+y；而不是 z=3*(x+y)。

这种通过宏实现函数功能的做法比较常见，如头文件<stdio.h>中的 getchar 函数与 putchar 函数、头文件<ctype.h>中的函数，常常被定义为宏，这样可以避免调用函数所需的运行开销。在必要时，也可以通过#undef 指令取消名字的宏定义。例如

```
#define x 3
#define f(a) f(x * (a))
#undef x
```

3. 条件编译

条件编译的本质是用条件语句对预处理进行控制。预处理器根据条件编译指令计算所得的条件值，选择包含不同代码（执行相应的操作）。也可以防止宏替换内容（文件等）的重复包含。常见的条件编译指令如表 10.1 所示。

表 10.1　常见的条件编译指令

条件编译指令	功能说明
#if	若条件为真，则执行相应操作
#elif	若前面条件为假，而该条件为真，则执行相应操作，类似于 else if
#else	若前面条件均为假，则执行相应操作
#endif	结束相应的条件编译指令
#ifdef	若该宏已定义，则执行相应操作
#ifndef	若该宏没有定义，则执行相应操作

形式 1：

 # if constant-expression new-line group$_{opt}$
 # elif constant-expression new-line group$_{opt}$

#if 语句对其中的常量整型表达式（其中不能包含 sizeof、类型转换运算符或枚举常量）求值，若该表达式的值为真（非 0），则包含其后各行，直至遇到#endif、#elif 或#else 语句为止。

形式 2：

 # ifdef identifier new-line group$_{opt}$
 # ifndef identifier new-line group$_{opt}$

检测标识符当前是否是一个有效的宏名称。此处的条件分别等价于**#if defined** identifier 和**#if !defined** identifier。

补充说明：

defined identifier

或

defined (identifier)

这里把 defined 看成一个"一元操作符"，若标识符（identifier）当前是一个有效的宏

名称（也就是说，若标识符被预先定义或标识符曾被预处理指令#define 定义且中间不曾被 #undef 指令取消定义），则上述一元表达式的结果为 1，否则为 0。

用法 1：测试某个名称是否已经定义，保证文件内容只被包含一次。

```
#ifndef  NUM
#define  NUM
/* num.h 文件的内容*/
#endif
```

用法 2：测试 VERSION 值，根据其值确定包含哪个版本的头文件。

```
#if VERSION = = 1
#define INCFILE "vers1.h"
#elif VERSION = = 2
#define INCFILE "vers2.h" /* 以此类推 */
#else
#define INCFILE "versN.h"
#endif
#include INCFILE
```

10.2　动态分配

　　C 程序中用各种变量（指存储类别、数据类型不同）保存数据和状态信息，变量遵循先定义再使用的原则，系统在程序编译时给定义过的变量分配存储空间（内存起始地址和存储单元大小），该存储空间的大小是静态确定的，其内存空间在变量生存期间是一直存在的。在使用数组时，有些情况事先不太容易确定数组长度。如计算学生的平均成绩，事先不能确定要处理多少名学生的平均成绩，若先定义数组再存放学生成绩，则就必须定义一个很大的数组，以保证足够容纳学生数据；若数组长度定义过大，则浪费内存空间；若定义数组长度小了，则不够用，还可能下标越界，引起严重的后果。因此，遇到这类问题时，静态内存分配就不太合适，而应使用动态内存分配。

　　在程序运行时，系统根据运行的要求进行内存分配，这种方法称为动态内存分配。动态内存分配所分配的空间在堆区（Heap），即动态存储区。

　　动态分配内存所分配的内存空间在程序运行不再需要时，需要主动释放这些空间。即**使用时申请，使用完释放**。这样，系统可以对堆区剩余空间进行再分配，反复使用。

1. malloc 函数

　　在程序运行时分配内存可以使用 C 语言标准库函数 malloc()。注意，使用 malloc 函数需在程序中包含头文件 **stdlib.h**。

　　函数原型：void *malloc(unsigned int size);，其作用是在内存的动态存储区中分配一个长度为 size 的连续空间。其参数是一个无符号整型数，返回值是一个指向所分配的连续存储域的起始地址的指针。还有一点必须注意，当函数未能成功分配存储空间（如内存不足）时，会返回一个 NULL 指针。所以在调用该函数时，应该检测返回值是否为 NULL 并执行相应的操作。

该函数的用法举例如下：

```
int *p=(int *)malloc(100); //申请分配100字节的内存，并把该内存地址赋给指针p
```

需要说明的是：

（1）动态分配内存必须使用指针。malloc 函数以需要分配的字节数作为参数，函数返回所分配内存的第一个字节的地址，只有指针变量才能保存这个地址。

（2）(int *)是强制类型转换，将 malloc 函数的返回值转换为 int 型，然后赋给 int 型的指针变量。malloc 函数本身可以为任何类型的数据分配内存，返回的是一个 void 类型的指针，因此常常显式类型转换为赋值符号左边的指针类型。

（3）100 是指申请分配 100 字节的空间，可以用于存储 25 个 int 型数据。显然，这样说并不准确，因为并不是所有情况下 int 型数据都是以 4 字节存储的，因此以下定义语句更合适：

```
int *p=(int *)malloc(25*sizeof(int));
```

malloc 函数申请分配 size 大小的内存空间，不是每次都能成功，不成功的原因可能是计算机中可用内存空间不足。若只申请而不去检查请求是否已分配就直接使用，则会造成严重的后果。因此，在 malloc 函数之后，使用这些请求分配的存储空间之前，还需要检查是否成功分配内存空间。语句如下：

```
int *p=(int *)malloc(25*sizeof(int));
if(!p)
{
    printf("Fail to allocate memory.\n");
    exit(1);
}
```

当 malloc 函数不能分配申请的内存时，会返回一个 NULL 指针，其值为 0。通过判断指针值是否为 0 可以检查分配是否成功。

2. free 函数

动态分配内存相对于静态分配内存，除了可以根据实际需要分配合适的内存空间，还有一个优势就是可以在不需要这些内存时释放它们。静态分配内存则需要在函数调用结束后才会能释放内存。

释放动态分配内存的函数原型为：void free(void *p)，其用法举例如下：

```
free(p);            //释放指针p所指向内存块
p=NULL;             //将指针值设为NULL
```

将要释放的内存块地址作为 free 函数参数，会释放之前所分配的由该指针所指向的内存块。释放内存后，应将指针置为 NULL。

3. calloc 函数

若需要开辟空间建立数组，则需要申请分配空间存放若干个类型相同、长度相等的数据。calloc 函数的原型为：void *calloc(unsigned int n,unsigned int size);。其作用是动态分配 n 个长度为 size 的连续空间，用来存放数组。例如

```
p=calloc(10,4);        //开辟40字节的连续空间，起始地址存入指针变量p中
```

函数返回值是开辟内存空间的起始地址，若分配不成功，则返回 NULL。

4. realloc 函数

若动态分配内存空间的大小需要修改，则可以使用 realloc 函数进行调整。realloc 函数的原型如下：

```
void *realloc(void *p,unsigned int size);
```

其作用是将指针 p 指向的内存段修改为 size 大小。例如

```
realloc(p,20);        //指针 p 指向的动态空间大小变为 20
```

在使用以上函数进行动态内存分配或释放时，请注意避免出现以下错误：

（1）不检查从 malloc 函数返回的指针是否为 NULL，即动态分配是否成功；

（2）访问动态分配的内存之外的区域，即越界；

（3）向 free 函数传递一个并非由 malloc 函数返回的指针；

（4）在动态内存被释放后，再访问该内存。

习题 10

1. 完成以下宏定义：

    ISLOWER(c)，判断字符 c 是否为小写英文字母；

    ISLEAP(year)，判断 year 是否为闰年；

    MIN(x,y)，求 x 和 y 的最小值。

2. 定义一个带参的宏，使两个参数的值互换，并写出程序，输入两个数作为使用宏时的实参。输出交换后的两个值。

3. 编写一个函数 mynew(unsigned int n)，开辟可以存储 n 个字符的连续存储空间，函数返回值为该内存空间的起始地址 p。

4. 编写一个函数 myfree(*p)，释放 p 指向的内存空间。（接上题）

第 11 章
结构体和共用体

经过前面的学习，我们已经知道如何声明不同类型的变量以适应不同数据的存储需求。然而，有时这些基本数据类型仍然不能满足用户的需求。例如，每名学生有姓名、年龄、性别、家庭住址等属性，在程序设计时，希望将这些相互关联（同属一名学生）的不同类型数据保存在一起，试想使用数组解决该类问题是否可行。数组的确可以保存一组数据，但必须是相同类型的数据，姓名和年龄显然不能用同类型数据表示。

C 语言允许用户自己建立数据类型，包括结构体类型、共用体类型、枚举类型、类类型等，统称为用户自定义类型。

11.1 结构体

我们可以把结构体理解为一种复杂或复合数据类型，由不同类型的数据项组合在一起，构成可以体现实体各方面属性的有机整体。结构体内各组合项不是相互独立的，而是有关联的。

11.1.1 定义结构体

声明结构体类型的一般形式如下：

```
struct  结构体名
    {成员表列};
```

以下是一个简单的结构体声明的例子：

```
struct  Monkey
{
    int age;
    int height;
};
```

定义 Monkey 类型，由 age 和 height 两个成员进行描述。

【注意】

（1）这里声明的不是一个变量，而是一个类型。类型名不是 Monkey，而是 struct Monkey。

（2）花括号中的 age、height 是该类型的成员，即属性，成员声明和一般类型变量的声明相同。

（3）成员可以是基本数据类型变量，也可以是结构体类型变量。（现在也许很难理解）

（4）在结构体类型声明中，声明成员的形式类似变量定义，但并不实际地为该成员分配内存。总体来说，声明结构体类型相当于抽象了一种实体模型。例如，抽象出学生实体共有的属性：学号、姓名、性别、成绩等。

（5）结构体类型的声明一般在文件开头，在所有函数定义之前，以便函数定义该类型变量。

再看一个比较复杂的结构体声明的例子：

```
struct Monkey
{
    int age;
    int height;
    char name[20];
    char fathername[20];
    char mothername[20];
};
```

定义 Monkey 类型，成员为 age，height，name，fathername，mothername。

11.1.2　定义结构体类型变量

声明结构体类型并不实际分配内存单元存放相应数据，只有定义结构体类型变量，才能在其中存放具体数据。以下语句定义结构体变量：

```
struct  Monkey  qtds;
```

其中，struct Monkey 是结构体类型名，qtds 是变量名。

回想基本类型变量的定义形式为 int x;，其中 int 是类型名，x 是变量名。从形式上看，结构体类型变量的定义与基本类型变量的定义没有区别。

定义结构体变量后，系统为其分配内存单元，包含 age 和 height 两个成员的 Monkey 类型变量在内存占 4+4=8 字节。

也可以把结构体类型声明和结构体变量定义合在一起，例如

```
struct Monkey
{
    int age;
    int height;
    char name[20];
    char father[20];
    char mother[20];
}qtds;
```

相比前面学习的基本数据类型名称，结构体类型名中包含 struct，使初学者不太习惯。可以用 typedef 定义，就可以在声明变量时去掉 struct。例如

```
typedef  struct  Monkey  Monkey;
```
　　　①　　　　②　　　　③

其中①是类型定义关键字，②是结构体类型名，③用于替代②的类型名称。在这之后，就可以用新的类型名 Monkey 定义 struct Monkey 类型变量。例如

```
Monkey qtds; 等价于 struct Monkey qtds;
```

有些情况下，结构体类型比较复杂，结构体类型的成员是另一个结构体类型变量，

例如

```
struct  Date                   //定义日期型 Date，由 year，month，day 三个成员组成
{
    int year;
    int month;
    int day;
};
struct Monkey
{
    struct Date birthday;   //日期型成员 birthday
    int height;
    char name[20];
    char fathername[20];
    char mothername[20];
};
```

以上 Monkey 类型的成员 birthday 是 Date 类型的，Date 是结构体类型。结构体类型 Monkey 的成员结构如图 11.1 所示。

图 11.1 结构体类型 Monkey 的成员结构

11.1.3 结构体变量赋值和访问

（1）结构体变量的赋值。与基本类型变量一样，结构体变量可以在定义的同时初始化，例如

```
struct Monkey qtds={2600,133,"sun wu kong","stone","stone"};
```

等价于定义后逐个初始化成员，例如

```
struct Monkey qtds;
qtds.age=2600;
qtds.height=133;
qtds.name="sun wu kong";     //错误语句，数组名是地址常量，不能作为左值
scanf("%s",qtds.name);       //正确语句，键盘输入字符串，存到数组 name 中
```

也可以将一个结构体变量的值赋给另一个同类型的结构体变量。例如

```
struct Monkey m=qtds;
```

（2）结构体变量及成员的引用。结构体变量不能整体输入或输出，只能逐个输出结构体变量每个成员的值。以下语句是错误的：

```
printf("%s",qtds);          //错误语句。试图通过输出结构体变量名来输出其所有成员的值
```

成员的引用方式为结构体变量名.成员名，如 qtds.age。圆点'.'是成员运算符，可以将其理解为"的"，即 qtds 的 age 成员，qtds 的 height 成员，qtds 的 name 成员等。

用以下语句输出变量 qtds 各成员的值：

```
    printf("%d,%d,%s",qtds.age,qtds.height,qtds.name);
```
　　若成员本身也是结构体变量，则需要一级一级地利用成员运算符直至访问到最低一级成员。如 Monkey 类型定义中的 birthday 成员，不能用以下方式引用：qtds.birthday，而应该逐级访问：qtds.birthday.year。

　　注意：对于字符数组成员的赋值，不可直接整体赋值。考虑一下，若定义字符指针，则赋值会简单些。例如：

```
char *name;        //替代结构体声明中的 char name[20]
name="sun wu kong";
```

例 11.1 结构体类型实例。

【程序代码】

```
#include<stdio.h>
struct Monkey
{
    int age;
    int height;
    char name[20];
    char fathername[20];
    char mothername[20];
};

int  main()
{
    typedef struct Monkey Monkey;
    Monkey qtds;
    printf("Please input age,height(Comma Separated),name,father and mother
of the monkey\n");
    scanf("%d,%d",&qtds.age,&qtds.height);
    scanf("%s%s%s",qtds.name,qtds.fathername,qtds.mothername);
    printf("\n%s and %s gives birth to
%s",qtds.fathername,qtds.mothername,qtds.name);
    printf(",a %d years old ,%d centimeters tall
monkey.\n",qtds.age,qtds.height);
    return 0;
}
```

【运行结果】

```
Please input age,height(Comma Separated),name,father and mother of the monkey
2600,133
sunwukong
stone
stone

stone and stone gives birth to sunwukong,a 2600 years old ,133 centimeters tall monkey.
请按任意键继续. . .
```

【程序说明】

　　定义结构体类型 struct Monkey，用一个简短的类型名 Monkey 表示该类型，即 typedef struct Monkey Monkey 的。定义结构体变量 qtds，输入该变量的各成员的值，注意字符数组的赋值是使用%s 格式符合 scanf 函数，此时输入的字符串中应不包含空格，否则会出现接收不全的情况。

11.1.4 结构体数组

一维结构体数组的定义与基本类型数组的定义类似，即

```
struct Monkey hz[10];
```

其中，hz 是数组名，数组中包含 10 个 Monkey 类型的结构体变量。数组元素分别是 hz[0]，hz[1], hz[2],…, hz[9]。数组名 hz 也表示数组的首地址，即元素 hz[0] 的地址，故 hz 与 &hz[0] 是等值的。

另外，也可以根据需求定义二维甚至多维结构体数组，定义方式与基本类型数组无区别。

11.1.5 结构体指针

结构体指针的定义形式如下：

```
struct 结构体名 *指针变量名;
```

例如

```
struct Monkey qtds;
struct Monkey *sp;
sp=&qtds;
```

通过结构体指针访问结构体变量成员的语句形式为(*结构体指针名).成员名。如利用指针访问 qtds 的成员(*sp).age、(*sp).height、(*sp).name。注意，(*sp).age 中的括号不能省略。

除了成员运算符，C 语言还提供了"->"表示"指向"，如以上成员的引用形式还可以写成 sp->age、sp->height 和 sp->name，分别表示指针 sp 指向的结构体变量的 age 成员、height 成员和 name 成员。

分析以下语句：

```
sp->age          引用指针指向对象的 age 成员
sp->age++        指针指向对象的 age 成员值加 1（类似 i++）
++sp->age        指针指向对象的 age 成员值加 1（类似 ++i）
```

11.2 静态链表、动态链表

链表是一种物理存储单元上非连续、非顺序的存储结构，数据元素的逻辑顺序是通过链表中的指针连接次序实现的。链表由一系列节点（链表中的每个元素都称为节点）组成，节点包括两个成员：数据成员、指针成员。

当用数组存储数据时，数组的长度必须在定义时就确定，所有数组元素顺序存放，占据内存连续的存储单元。这种存储方式对于数据元素个数不确定的情况（如不同班级的学生人数不同）就必须以最大可能性的数据元素个数来定义数组元素个数，这样会造成内存空间的浪费。

这种情况用链表存储数据更合适，链表可以根据需要开辟内存单元，各内存单元不需要连续（物理位置），因此链表可以更合理、有效地使用内存空间。

图 11.2 表示的是一种静态链表结构（单链表）。可以看到，链表中有一个头指针变量 HEAD，用于存放地址。HEAD 中的内容是它所指向元素的地址，并形象地用箭头表示。第一个元素（节点）是由数据成员 A 和指针成员 1356 构成的。指针成员 1356 表示一个地址，实质是下一个节点的地址，即每个元素中包含实际数据和下一个节点的地址两个信息。就像幼儿园小朋友手拉手过马路，老师带头（HEAD），拉着第一个小朋友，第一个小朋友拉着第二个小朋友，依次关联，直至最后一个小朋友。

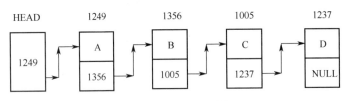

图 11.2　静态链表结构

链表中数据元素的存储可以不连续，即各元素的物理位置不一定是相邻的。因此需要有指针成员指明下一个节点的地址，通过这些指向下一个节点的指针，将若干数据元素连接起来，这是非常形象的链表结构。

可以用结构体变量建立链表，如定义 Monkey 类型的链表：

```
struct Monkey
{
    int age;
    char name[10];
    struct Monkey *next;
};
```

其中，数据成员：age 和 name。指针成员：next。

11.2.1　静态链表

静态链表是指链表的长度已经事先确定，并且节点在程序中定义，存放在静态存储区中的链表。例 11.2 说明了如何建立一个简单的静态链表。

例 11.2　建立一个简单的静态链表，并输出链表中节点的数据。

【程序代码】

```
#include<stdio.h>
typedef struct Monkey
{
    int age;
    char *name;
    struct Monkey *next;
}Monkey;
int main()
```

```
{
    Monkey m1,m2,m3,*head,*sp;
    m1.age=2600;m1.name="sunwukong";
    m2.age=1;m2.name="YOYO";
    m3.age=15;m3.name="Tetra";
    head=&m1;
    m1.next=&m2;
    m2.next=&m3;
    m3.next=NULL;
    sp=head;
    do
    {   printf("%s is %d years old.\n",sp->name,sp->age);
        sp=sp->next;
    }while(sp!=NULL);
    return 0;
}
```

【运行结果】

```
sunwukong is 2600 years old.
YOYO is 1 years old.
Tetra is 15 years old.
请按任意键继续. . .
```

【程序说明】

程序建立了一个由三个节点构成的链表,如图 11.3 所示。

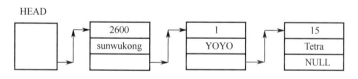

图 11.3　由三个节点构成的链表

程序初始化了 3 个 Monkey 类型的节点,定义了同类型的指针变量 head 充当"头指针"指向链表中第一个节点(保存链表第一个节点的地址)。之后首先建立头指针 head 与节点 m1 的关系:head=&m1,head 指向 m1;然后建立节点 m1 与 m2 的关系:m1.next=&m2,m1 的指针成员 next 指针指向 m1 的下一个节点 m2;节点 m2 与节点 m3 相邻关系的形成:m2.next=&m3,m2 的指针成员 next 指向 m2 的下一个节点 m3;m3 已经是链表中的最后一个元素了,因此 m3.next=NULL 表示链表的结束。

链表中节点数据的输出是根据节点指针域的值是否为 NULL 进行控制的,即当 sp!=NULL 时,输出节点的数据域。指针随着数据域的输出,要改变为指向当前节点的下一个节点(后继相邻节点):sp=sp->next,如此反复。

静态链表的特点是链表中节点的个数在程序中已经事先固定,节点在程序中定义,而不是临时开辟的。

11.2.2　动态链表

动态链表的特点是链表是在程序运行过程中建立的。所谓动态，是指节点的初始化是在程序运行过程中，使用动态内存分配命令临时生成的，使用后要释放其空间。

回忆一下，动态生成对象的 malloc 函数，以下是初始化一个 Monkey 节点的语句：

```
struct Monkey p;
p=(struct Monkey *) malloc(sizeof(struct Monkey);
```

malloc 函数动态创建对象，返回的是对象内存存储单元的地址，因此返回值需要用指针保存。另外，sizeof 函数返回参数类型所占字节数。该语句的意思是，生成一个 Monkey 类型的节点，将节点内存地址保存在指针变量 p 中。

下面就以例 11.3 说明如何动态建立一个单链表。

例 11.3　动态建立单链表。

【程序代码】

```c
#include<stdio.h>
#include<stdlib.h>
#include<string.h>
typedef struct Monkey
{
    int age;
    char name[20];
    struct Monkey *next;
}Monkey;

int main()
{
    Monkey *head,*newp,*oldp;
    int num=0;                    //记录节点数目
    newp=(struct Monkey *) malloc(sizeof(struct Monkey));
                                  //初始化 Monkey 类型节点，用指针 newp 指向它
    oldp=newp;
    head=NULL;
    newp->age=2600;
    strcpy(newp->name,"sunwukong");
    while(newp->age!=-1)
    {num++;
    if(num==1)
        head=newp;
    else
        oldp->next=newp;
    oldp=newp;
    newp=( Monkey *) malloc(sizeof( Monkey));
    scanf("%d,%s",&newp->age,newp->name);
```

```
    }
    oldp->next=NULL;
    return 0;
}
```

【运行结果】
```
1,YOYO
15,Tetra
-1,-1
请按任意键继续...
```

【程序说明】

　　程序中定义了 3 个 Monkey 类型的指针：head、newp 和 oldp。初始化 Monkey 类型节点，用指针 newp 指向该节点。程序运行至循环语句时，各指针的指向如图 11.4 所示。

图 11.4　各指针的指向

　　指针 newp 和 oldp 都指向新节点。num 表示链表中的节点个数，初值为 0。循环语句执行第一次时，num 增加变为 1，指针的指向发生变化，初始化一个节点加入链表指针指向示意图如图 11.5 所示。

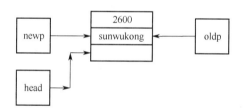

图 11.5　初始化一个节点加入链表指针指向示意图

　　当输入节点的年龄不是-1 时，进入循环，即首先 num 增加 1，判断当前 num 是否等于 1（第一个节点），若是，则将头指针 head 指向新节点，指针 oldp 也指向刚刚初始化的新节点（马上就会变成旧节点）。然后再初始化一个新的 Monkey 类型节点，用指针 newp 指向它。初始化两个节点指针指向变化示意图如图 11.6 所示。

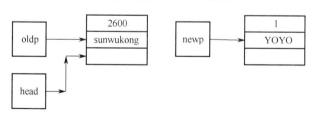

图 11.6　初始化两个节点指针指向变化示意图

　　在第二次循环入口处，检查刚刚初始化的新节点的 age 数据是否为-1（以 age 为-1 作为信号，不再创建新节点加入链表），若不是-1 且 num 不是 1，则将指针 oldp 指向节点的 next 指向新节点（指针 newp 指向的节点），初始化三个节点指针指向示意图如图 11.7 所示。

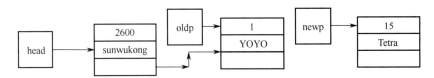

图 11.7　初始化三个节点指针指向示意图

最后，输入-1，结束链表，并在末尾节点的 next 域填入 NULL：oldp-next=NULL。初
始化链表结束时指针指向示意图如图 11.8 所示。

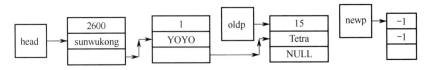

图 11.8　初始化链表结束时指针指向示意图

例 11.3 只有创建链表，无链表中节点数据值的输出，在例 11.3 创建链表的基础上，增
加输出链表节点数据成员的语句，如例 11.4 所示。

例 11.4　创建简单链表，并输出链表中节点的数据。

【程序代码】

```c
#include<stdio.h>
#include<stdlib.h>
#include<string.h>
typedef struct Monkey
{
    int age;
    char name[20];
    struct Monkey *next;
}Monkey;

int main()
{
    Monkey *head,*newp,*oldp;
    int num=0;                  //记录节点数目
//初始化 Monkey 类型节点，用指针 newp 指向它
    newp=(struct Monkey *) malloc(sizeof(struct Monkey));
    oldp=newp;
    head=NULL;
    newp->age=2600;             //给第一个节点的数据成员赋值
    strcpy(newp->name,"sunwukong");
    while(newp->age!=-1)
    {num++;
    if(num==1)
        head=newp;
    else
        oldp->next=newp;
```

```
        oldp=newp;
        newp=( Monkey *) malloc(sizeof( Monkey));
        scanf("%d,%s",&newp->age,newp->name);
    }
    oldp->next=NULL;
//依次输出链表中各节点的数据成员
    Monkey *p=head;
    while(p!=NULL)
    {
        printf("%s is %d years old.\n",p->name,p->age);
        p=p->next;
    }
    return 0;
}
```

【运行结果】

```
1,YOYO
15,Tetra
-1,-1
sunwukong is 2600 years old.
YOYO is 1 years old.
Tetra is 15 years old.
请按任意键继续. . .
```

【程序说明】

在输出链表的过程中，头指针作用显著。只有通过头指针才能找到链表的第一个节点，直至最后一个节点。因此，链表的构造不能没有头指针 head。

进一步改进例 11.4，将链表节点的初始化变得更随机，所有节点的初始化都在程序运行过程中出键盘输入，若将例 11.4 中的语句：

```
newp->age=2600;
strcpy(newp->name,"sunwukong");
```

替换为

```
scanf("%d,%s",&newp->age,newp->name);
```

则运行结果如下：

```
2600,sunwukong
1,YOYO
15,Tetra
-1,-1
sunwukong is 2600 years old.
YOYO is 1 years old.
Tetra is 15 years old.
请按任意键继续. . .
```

思考 1：使用函数实现链表的创建，函数返回指向所建立链表的头指针。

【程序代码】

```
#include<stdio.h>
#include<stdlib.h>
#include<string.h>
```

```c
typedef struct Monkey
{
    int age;
    char name[20];
    struct Monkey *next;
}Monkey;

Monkey *init()                  //函数 init 创建链表
{
Monkey *head,*newp,*oldp;
    int num=0;                  //记录节点数目
    newp=(struct Monkey *) malloc(sizeof(struct Monkey));
//初始化 Monkey 类型节点，用指针 newp 指向它
    oldp=newp;
    head=NULL;
    scanf("%d,%s",&newp->age,newp->name);
    while(newp->age!=-1)
    {num++;
    if(num==1)
        head=newp;
    else
        oldp->next=newp;
    oldp=newp;
    newp=( Monkey *) malloc(sizeof( Monkey));
    scanf("%d,%s",&newp->age,newp->name);
    }
    oldp->next=NULL;
    return head;                //返回指向所建立链表的头指针
}

void prin(Monkey *head)
//函数 prin 输出链表，需要一个参数 head 用来接收指向链表第一个节点的头指针的值
{
Monkey *p=head;
    while(p!=NULL)
    {
        printf("%s is %d years old.\n",p->name,p->age);
        p=p->next;
    }
}
int main()
{
    Monkey *head=init();
    prin(head);
```

```
        return 0;
    }
```

【运行结果】
2600, sunwukong
1, YOYO
15, Tetra
-1, -1
sunwukong is 2600 years old.
YOYO is 1 years old.
Tetra is 15 years old.
请按任意键继续. . .

思考 2：链表的插入与删除。

图 11.9 是链表中插入节点的过程。

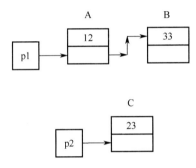

图 11.9　链表中插入节点的过程

在节点 A 与 B 之间插入节点 C 的语句为

```
p2-next=p1->next>next;
p1->next=p2;
```

其他语句请读者自行补充。

11.3　共用体

共用体是一种用户自定义类型，可以使不同类型的变量共享同一段内存单元，定义共用体的一般形式如下：

```
union 共用体名
{
成员表列
};
```

例如：

```
union Stu
{int num;
 char sex;
 float score;
};
```

共用体类型变量定义的一般形式如下：

```
union 共用体名 变量名
```
例如：
```
union Stu a;
```
定义后，共用体变量 a 中各成员的存储状态如图 11.10 所示。

图 11.10　共用体变量 a 中各成员的存储状态

不同类型的成员共享同一段内存单元，num、sex、score 都是从内存 2000 地址开始保存的。看起来这是很奇怪的事情，如果都从 2000 开始保存数据，那么这些成员之间不就互相覆盖了吗？的确，共用体变量中起作用的成员是最后一次被赋值的成员，最后一次赋值会覆盖原来该段内存中存储的数据，其他成员的值相应发生变化。例如
```
a.sex='M';
a.score=93.5;
a.num=2015;
```
执行以上赋值语句后，存储单元中存放的内容由字符'M'变为浮点数"93.5"，最终变成整数"2015"。

事实上，看起来 union 是多个成员共用内存段，但实际上在同一时刻只能保存一个成员的值，因此在对共用体变量初始化时，初始化表中只能有一个常量。例如
```
union Stu
{int num;
 char sex;
 float score;
}a={2015,'M',93.5};          //错误，不能初始化 3 个成员
```
正确的语句为
```
union Stu a={2015};          //正确，初始化 1 个成员
```
共用体变量不能整体赋值（除了定义变量的同时初始化），例如
```
a=2015;                      //错误，不知道 2015 是赋值给哪个成员
```
例 11.5　共用体与结构体的对比。

【程序代码】
```
#include<stdio.h>
#include<stdlib.h>
#include<string.h>

union Stu
{
    int num;
    char sex;
```

```
        float score;
    };

    struct Student
    {
        int num;
        char sex;
        float score;
    };

    int main ( )
    {
        union Stu s1;
        struct Student s2;
        s1.num=2015; s1.sex='M';s1.score=93.5;
        s2.num=2015; s2.sex='M';s2.score=93.5;
        printf(" size of  s1: %d, size of  s2: %d\n ",sizeof(s1),sizeof(s2));
        printf("共用体变量s1 的成员 s1.num: %d, s1.sex: %c, s1.score: %f\n
",s1.num,s1.sex,s1.score);
        printf("结构体变量s2 的成员 s2.num: %d, s2.sex: %c, s2.score: %f\n
",s2.num,s2.sex,s2.score);
        return 0;
    }
```

【运行结果】

```
size of  s1: 4, size of  s2: 12
共用体变量s1的成员s1.num: 1119551488, s1.sex:  , s1.score: 93.500000
结构体变量s2的成员s2.num: 2015, s2.sex: M, s2.score: 93.500000
Press any key to continue
```

【程序说明】

（1）共用体变量 s1 与结构体变量 s2 的成员是一样的，但是由于共用体成员共享内存的特性，s1 只占用 4 字节，s2 则占用 4+1+4=9 字节。因为在实际分配内存单元时，是以字为单位的，一个字（word）一般包括 4 字节，因此，s2 实际占用 12 字节。

（2）成员 s1 的值 s1.num 最后输出结果与初始化时赋的值不同。这是因为共用体成员最后一次的赋值会覆盖之前的赋值，最后一次赋值是 s1.score=93.5，因此内存中该存储单元就会保存浮点值 93.5，其他成员的值也发生相应变化。

既然共用体成员的值会互相覆盖，那什么情况下需要使用共用体类型呢？

首先，从例 11.5 可知，相对于结构体，使用共用体类型更节省内存空间，在内存空间不是很充裕时，可以考虑使用共用体类型。另外，共用体类型可以实现一些特殊的功能。首先介绍以下两个概念：

大端模式（Big-Endian）是指数据的低位保存在内存的高地址中，而数据的高位保存在内存的低地址中，地址由低向高，而数据从高位向低位存放。

小端模式（Little-Endian）是指数据的低位保存在内存的低地址中，而数据的高位保存在内存的高地址中，这种存储模式将地址的高低与位权的大小有效地结合起来，高地址部分权值大，低地址部分权值小，与我们的逻辑习惯一致。

在计算机系统中，除了字符型 char 只有 1 字节，其他很多数据类型都多于 1 字节（int 型有 4 字节，float 型有 4 字节等），在安排该类型的数据存储在对应字节数（>1）的空间中时，必然会按照地址高低，将数据从低位向高位存放或从高位向低位存放。以下例子说明了如何利用共用体类型变量进行大小端模式的测试。

例 11.6　CPU 大小端模式的测试。

【程序代码】

```c
#include <stdio.h>
union BigorLittle
{
    int i;
    char c;
};

int main()
{
    union BigorLittle b;
    b.i =1;
    if(b.c == 1)
    {
        printf("小端模式\n");
    }
    else
    {
        printf("大端模式\n");
    }
    return 0;
}
```

【运行结果】

小端模式
Press any key to continue

【程序说明】

定义共用体变量 b，它的成员 i 和 a 共用内存。有赋值语句 b.i=1，4 字节表示数值 1，即 00000000 00000000 00000000 00000001。若是小端模式，则低地址位保存的是数据的低位，其存储状态如图 11.11 所示。此时，字符型成员 c 的值从共用体变量的起始地址 4001 开始取 1 字节，c 的值为 1。

4001	00000001		4001	00000000
4002	00000000		4002	00000000
4003	00000000		4003	00000000
4004	00000000		4004	00000001

图 11.11　小端模式的数据存储状态　　　图 11.12　大端模式的数据存储状态

若是大端模式，则低地址位保存的是数据的高位，其存储状态如图 11.12 所示。此时，字符型成员 c 的值从共用体变量的起始地址 4001 开始取 1 字节，c 的值为 0。因此，通过判断 b.c 是否为 1 就可以知道 CPU 是否为小端模式。

习题 11

1. 定义一个日期结构变量（由年、月、日 3 个整型数据组成），计算某个日期是该年度的第几日。
2. 有 5 名学生，每名学生的信息包括学号、姓名和成绩。要求从键盘上输入他们的信息，并求出平均成绩和获得最高成绩学生的相关信息。
3. 编写一个函数 insert，用来向动态链表中插入一个节点。
4. 编写一个函数 del，用来删除动态链表中一个指定的节点。
5. 分别用函数实现链表的建立、输出、插入、删除。在主程序中调用这些函数。完成动态链表的各种操作。

第12章

文　件

12.1　C 语言中文件的概念

C 语言中的文件主要指存放在外存储器上的一组相关信息的集合。若文件中存放的是数据，则这种文件称为数据文件；若文件中存放的是源程序清单或编译、链接后生成的可执行程序，则这种文件称为程序文件。

12.1.1　文件的概念

文件是操作系统管理数据的基本单位，文件是指存储在外部介质上数据的集合。一个文件需要有唯一确定的文件标识，以便用户根据文件标识找到唯一确定的文件，方便用户对文件进行识别和引用。文件标识包含三个部分，分别为文件路径、文件名主干和文件后缀。图 12.1 为一个文件的完整标识，根据该标识可以找到 D:\cc1\ch12 文件夹下扩展名为.dat，文件名为 examp01 的二进制文件。

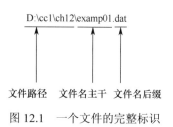

图 12.1　一个文件的完整标识

操作系统是以文件为单位对数据进行管理的，若想找到存放在外部介质上的数据，则必须先按文件名找到指定的文件，然后从文件中读取数据。C 语言中的输入和输出都是与文件相关的，即程序从文件中输入（读取）数据，程序向文件中输出（写入）数据，把输入和输出设备都看成文件。通常把显示器称为标准输出文件，printf()就是向这个文件中输出数据；把键盘称为标准输入文件，scanf()就是从这个文件中读取数据。

12.1.2　计算机中的流

C 语言将通过输入/输出设备之间进行传递的数据抽象为"流"。例如，当在一段程序中调用函数 scanf()时，会有数据经过键盘流入存储器；当调用函数 printf()时，会有数据从存储器流向屏幕。流实际上就是一个字节序列，输入函数的字节序列称为输入流，输出函数的字节序列称为输出流。输入流和输出流如图 12.2 所示。

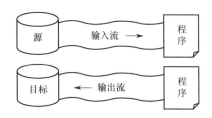

图 12.2　输入流和输出流

　　根据数据形式，输入流和输出流可以被细分为文本流（字符流）和二进制流。文本流和二进制流之间的主要差异是，在文本流中输入/输出的数据是字符或字符串，可以被修改，而在二进制流中输入/输出的是一系列的二进制数 0、1，不能以任何方式对其修改。

12.1.3　文件分类

　　根据文件中数据的组织形式的不同，可以把文件分为文本文件和二进制文件。

　　文本文件又称 ASCII 文件，该文件中一个字符占用一字节，存储单元中存放单个字符对应的 ASCII 码。假设当前需要存储一个整型数据 100000，则该数据在磁盘上存放的形式如图 12.3 所示，一字节放一个字符的 ASCII 码。

'1'(49)	'0'(48)	'0'(48)	'0'(48)	'0'(48)	'0'(48)
00110001	00110000	00110000	00110000	00110000	00110000

图 12.3　文本文件存储形式

　　由图 12.3 可知，文本文件中的每个字符都要占用一字节的存储空间，并且在存储时需要进行二进制数和 ASCII 码之间的转换，因此使用这种方式既消耗空间，又浪费时间。

　　数据在内存中是以二进制形式存储的，若不加转换地将数据输出到外存，则输出文件就是一个二进制文件。二进制文件是存储在内存中的数据的映像，也称为映像文件。如使用二进制文件存储整数 100000，则该数据首先被转换为二进制的整数，转换后的二进制的整数为 11000011010100000，此时该数据在磁盘上的存储形式如图 12.4 所示，C 编译系统通常规定整数用 4 字节存储。

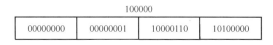

100000

00000000	00000001	10000110	10100000

图 12.4　二进制文件存储形式

　　对比图 12.3 和图 12.4 可以发现，使用二进制文件存放数据只需要 4 字节的存储空间，并且不需要对数据进行转换，这样既节省时间，又节省空间。但是这种存放方法不够直观，需要经过转换后才能看到存放的信息。

12.1.4　文件的缓冲区

　　目前，C 语言使用的文件系统分为缓冲文件系统（标准 I/O）和非缓冲文件系统（系统

I/O），ANSI C 标准采用缓冲文件系统处理文件。

所谓缓冲文件系统是指系统自动在内存中为正在处理的文件划分出了一部分内存作为缓冲区。当从磁盘读入数据时，要先把数据送到输入文件缓冲区，再从缓冲区逐个把数据传送给程序中的变量；当从内存向磁盘输出数据时，必须先把数据装入输出文件缓冲区，装满之后，才能将数据从缓冲区写到磁盘中。

使用文件缓冲区可以减少磁盘的读/写次数，提高读/写效率。通过文件缓冲区读/写文件的过程如图 12.5 所示。

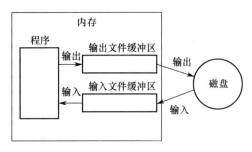

图 12.5　通过文件缓冲区读/写文件的过程

12.1.5　文件指针

在 C 语言中，所有的文件操作都必须依靠指针来完成，因此在对文件操作之前，必须先使指针与文件建立关联。

文件指针的定义格式如下：

`FILE  *指针变量名;`

其中，FILE 应为大写，指针变量指向文件的文件信息区（它是系统定义的一个结构体变量，该结构中包含文件名、文件状态和文件当前位置等信息），通过该文件信息区中的信息就能够访问该文件。也就是说，通过文件指针变量能够找到与它关联的文件。

假设定义一个名为 fp1 的文件指针，则其语句格式为 FILE *fp1；其中 fp1 为一个指向 FILE 类型数据的指针变量，但该指针尚未与文件建立联系，通常使用函数 fopen()为文件指针变量赋值。

一个文件指针变量只能指向一个文件，若有 n 个文件，则应设 n 个指针变量，分别指向 n 个文件信息区，以实现对 n 个文件的访问，如图 12.6 所示。

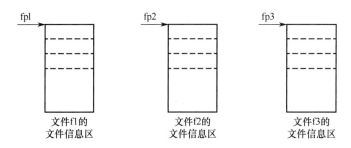

图 12.6　三个文件指针分别指向三个文件

12.2　文件的打开与关闭

对文件读/写之前，需要先打开文件，在读/写结束后，要及时关闭文件。所谓打开文件，是指程序与文件建立连接的过程，打开文件后，程序可以得到文件的相关信息，如数据大小、数据类型、权限、创建者、更新时间等。在后续读/写文件过程中，程序还可以记录当前读/写到了哪个位置，下次可以在此基础上继续操作。

在编写程序时，在打开文件的同时，一般都指定一个指针变量指向该文件，也就是建立起指针变量与文件之间的联系，这样就可以通过该指针变量对文件进行读/写了。所谓关闭文件，是指撤销文件信息区和文件缓冲区，使文件指针变量不再指向该文件，显然就无法对文件进行读/写了。

12.2.1　文件的打开

C 语言中提供了一个专门用于打开文件的函数 fopen()，该函数调用的一般形式如下：

```
文件指针名 = fopen（文件名，文件打开方式）；
```

其中，"文件指针名"必须是用 FILE 类型定义的指针变量；"文件名"是被打开文件的文件名；"文件打开方式"是指文件的类型和操作要求。当文件正常打开时，函数返回指向该文件的文件指针；当文件打开失败时，函数返回 NULL。一般在调用该函数之后，为了保证程序的健壮性，会进行一次判空操作。文件调用的方式如下：

```
FILE *fp1;                          //定义一个指向文件的指针变量 fp1
fp1=fopen("D:\\file1.txt","r")      //将 fopen 函数的返回值赋给指针变量 fp1
if (fp1==NULL)                      //若指针变量的值为空，则表示文件打开失败
{
 printf("File open error!\n");      //输出文件出错信息
     exit(0);                       //终止程序的执行
}
```

书写"文件名"时，常常要描述文件路径，若要打开一个 D:\vc 目录中文件名为 k.txt 的文本文件，并对其进行读操作，则可写成

```
fopen ("D:\\vc\\k.txt", "r");
```

其中，反斜杠必须用"\\"（见转义字符说明）表示。若文件名前省略了文件路径，则表示该文件和程序文件在同一个文件夹中。

12.2.2　文件的打开方式

不同的操作需要不同的文件权限。例如，若只想读取文件中的数据，则只需要具有只读权限；若既想读取又想写入数据，则必须具有读/写权限。另外，文件按照数据的存储方式分为二进制文件和文本文件，它们的操作细节是不同的。在调用函数 fopen() 时，这些信息都必须提供，称为文件打开模式。常用的文件打开模式如表 12.1 所示。

表 12.1　文件打开模式

打开模式	名称	描述
r/rb	只读模式	以只读的形式打开一个文本文件/二进制文件，若文件不存在或无法找到，则函数 fopen() 调用失败，返回 NULL
w/wb	只写模式	以只写的形式创建一个文本文件/二进制文件，若文件已存在，则重写文件
a/ab	追加模式	以只写的形式打开一个文本文件/二进制文件，只允许在该文件末尾追加数据，若文件不存在，则创建新文件
r+/rb+	读取/更新模式	以读/写的形式打开一个文本文件/二进制文件，若文件不存在，则函数 fopen() 调用失败，返回 NULL
w+/wb+	写入/更新模式	以读/写的形式创建一个文本文件/二进制文件，若文件已存在，则重写文件
a+/ab+	追加/更新模式	打开一个文本/二进制文件，允许进行读取操作，但只允许在文件末尾添加数据，若文件不存在，则创建新文件

12.2.3　文件的关闭

文件一旦使用完毕，应使用函数 fclose() 将把文件关闭，以释放相关资源，避免数据丢失。若不关闭打开的文件，则将会慢慢耗尽系统资源。

关闭文件用 fclose 函数实现。调用 fopen 函数的语法格式如下：

```
fclose(文件指针变量);
```

例如

```
fclose(fp1);
```

关闭文件的功能是通知系统将此指针指向的文件关闭，并释放相应的文件信息区。这样，原来的指针变量不再指向该文件，以后也就不可能通过此指针变量来访问该文件了。若关闭的是写操作的文件，则系统在关闭该文件之前先将输出文件缓冲区的内容全部输出给文件，然后关闭文件。若不关闭文件而直接使程序停止运行，则会丢失缓冲区中还未写入文件的部分信息。

因此必须注意，文件使用完毕后必须将其关闭。若关闭文件操作正确，则 fclose 函数返回 0；否则返回 EOF（-1）。

12.3　读/写文件常用函数

在 C 语言中，读/写文件比较灵活，既可以每次读/写一个字符，又可以读/写一个字符串，甚至是任意字节的数据（数据块）。由于读/写文件分为文本文件和二进制文件，并且它们的存放形式不同，所以读/写文件的方法也不一样。

12.3.1　以字符形式读/写文件

以字符形式读/写文件时，每次可以从文件中读取一个字符，或者向文件中写入一个字符。这里主要使用两个函数，分别是 fgetc() 和 fputc()。

字符写入函数 fputc 的作用是将一个字符写入文本文件中，其调用形式如下：

```
fputc(ch,fp);
```

其中，ch 表示要写入的字符，fp 表示待写入文件的指针。假设将字符'a'写入文件指针 fp1
所指向的文件中，则使用函数 fputc()写入字符的语句表示如下：

```
fputc('a',fp1);
```

写入文件有可能会失败，那么怎么才能知道是否成功写入文件了呢？这时就需要查看
fputc 函数的返回值，若 fputc 函数成功地将字符写入文件，则其返回值就是写入的那个字
符，若写入失败，则返回 EOF（−1）。

字符读取函数 fgetc 用于从文件中读取一个字符，其调用形式如下：

```
ch=fgetc(fp1);
```

其中，ch 为字符型变量，当 fgetc 成功从文件中读取字符后，ch 就是读取到的字符，若读
取失败，则 ch=EOF（−1）。

12.3.2　以字符串的形式读/写文件

C 语言允许通过函数 fgets()和函数 fputs()一次读/写一个字符串。使用函数 fputs()可以向文
本文件中写入一个字符串（不自动写入字符串结束标记符'\0'），成功写入一个字符串后，文件
位置指针会自动后移，函数返回值为非负整数，否则返回 EOF。使用函数 fputs()的方式如下：

```
fputs(str,fp);
```

其作用是将字符数组 str 中的字符串输出到文件指针 fp 所指向的文件中。如有：

```
char buf[30]="张三";
fputs(buf,fp1);
```

上面两行代码表示将字符数组 buf 保存的字符串写入文件指针 fp1 所指向的文件中。

从磁盘文件中读取一个字符串的 fgets 函数形式如下：

```
fgets(str,n,fp);
```

该函数的功能是从文件指针 fp 所指向的文件中读入一个长度为(n−1)的字符串，并在最后加
一个'\0'字符，然后把这 n 个字符存放到字符数组 str 中。若在读入(n−1)个字符之前遇到换
行符'\n'或文件结束符 EOF，则结束读入，但将遇到的换行符'\n'也作为一个字符存放到字符
数组 str 中。函数返回值为字符数组 str 的首地址，若遇到文件结束或出错，则返回 NULL。
需要说明的是，无论 n 的值多大，函数 fgets()每次最多只能从文件中读取一行内容，若要
读取文件中的多行字符，则需要多次调用函数 fgets()。

12.3.3　以数据块的形式读/写文件

在程序中，常常需要一次输入或输出一组数据（如数组或结构体变量的值），C 语言允
许使用函数 fread()从文件中读一个数据块，使用函数 fwrite()向文件写一个数据块。所谓数
据块，是指若干字节的数据，既可以是一个字符，又可以是一个字符串，还可以是多行数
据，并没有什么限制。在读/写数据时，是以二进制形式进行的，在向磁盘文件写数据时，
直接将内存中的一组数据原封不动、不加转换地复制到磁盘文件中，在读入时也是将磁盘
文件中若干字节的内容同时读入内存。函数 fwrite()与函数 fread()的一般调用形式如下：

```
fwrite(buffer,size,count,fp);
fread(buffer,size,count,fp);
```

其中，buffer 是一个地址，对 fread 函数来说，它用来存放从文件中读入的数据的存储区的起始地址。对 fwrite 函数来说，是要把此起始地址开始的存储区中的数据向文件输出。size 表示每个数据块的字节数，count 表示要读/写的数据块的块数（每个数据项长度均为 size），fp 是 FILE 类型指针。fwrite 函数运行时，屏幕上并没有输出任何信息，只是将从键盘输入的数据送到磁盘文件中。

函数 fread()和函数 fwrite()用于二进制文件的输入/输出，因为它们是按数据块的长度来处理输入/输出的，而不出现字符转换。需要注意的是，二进制文件的读/写是在内存和二进制文件之间传送二进制形式的数据，文本模式下具有特殊意义的字符（如'\n'、'\0'）在二进制模式下没有意义。

12.3.4　格式化读/写文件

很多时候我们在需要写入数据到文件中时会觉得很困扰，因为格式乱七八糟，可读性太差，有没有什么函数可以格式化地从文件中输入和输出数据呢？fprintf 函数就是向一个文件中格式化写入数据的函数，fscanf 函数用于从文件中格式化地读取数据，遇到空格或回车就停止读取。

格式化输出函数的形式如下：

```
fprintf(文件指针，格式字符串，输出表列);
```

fprintf 函数按格式将内存中的数据转换成对应的字符，并以 ASCII 码的形式输出到文本文件中。例如，若文件指针 fp 指向一个已打开的文本文件，x、y 分别为整型变量，则以下语句将 x 和 y 两个整型变量中的整数按%d 格式输出到 fp 所指的文件中，即 fprintf(fp, "%d %d", x, y);。注意，为了便于读入，两个数之间应当用空格隔开，并且最好不要输出附加的其他字符串。语句 fprintf(stdout, "%d %d", x, y);。等价于 printf("%d %d", x, y);，这是因为文件名 stdout 表示终端屏幕。

格式化输入函数的形式如下：

```
fscanf(文件指针，格式字符串，输入表列);
```

例如，若文件指针 fp 已指向一个已打开的文本文件，a、b 分别为整型变量，则以下语句从 fp 所指的文件中读取两个整数放入变量 a 和 b 中，即 fscanf(fp, "%d%d",&a,&b);。注意，文件中的两个整数之间用空格（或跳格符、回车符）隔开。语句 fscanf(stdin, "%d%d", &a,&b);。等价于 scanf("%d%d",&a,&b);，这是因为文件名 stdin 表示终端键盘。

若 fprintf()调用成功，则返回写入的字符的个数；否则返回负数。若 fscanf()调用成功，则返回输入的参数的个数；否则返回 EOF。

函数 fprintf()和 fscanf()可以对磁盘文件进行读/写，并且使用方便，但由于在输入时要将 ASCII 码转换为二进制形式，在输出时又要将二进制形式转换为字符，花费时间较长。因此，在内存与磁盘频繁交换数据的情况下，最好不用函数 fprinf()和 fscanf()，而使用函数 fread()和 fwrite()。

12.3.5　随机读/写文件

在文件内部有一个位置指针，用来指向当前读/写到的位置，也就是读/写到第几字节。在文件打开时，该指针总是指向文件的第一字节。在使用函数 fgetc()后，该指针会向后移动一字节，所以可以连续多次使用函数 fgetc()读取多个字符。注意，这个文件内部的位置指针与 C 语言中的指针不是一回事。位置指针仅仅是一个标志，表示文件读/写到的位置，也就是读/写到第几字节，它不表示地址。文件每读/写一次，位置指针就会移动一次，它不需要在程序中定义和赋值，而是由系统自动设置，对用户是隐藏的。

前面介绍的文件读/写函数都是顺序读/写的，即读/写文件只能从头开始，依次读/写各个数据。但在实际开发中经常需要读/写文件的中间部分，要解决这个问题，就需要先移动文件内部的位置指针，再对其进行读/写。这种读/写方式称为随机读/写，也就是从文件的任意位置开始读/写。实现随机读/写的关键是要按要求移动位置指针，这称为文件的定位。C 程序中常使用函数 rewind()、fseek()移动文件读/写位置指针，使用函数 ftell()获取当前文件读/写位置指针。

（1）函数 rewind()。函数 rewind()可以将文件位置指针移动到文件的开头，其调用形式如下：

```
rewind(fp);
```

其中，fp 是指向文件的指针，此函数没有返回值。

（2）函数 fseek()。函数 fseek()的功能是将文件位置指针移动到指定位置。其调用形式如下：

```
fseek(文件指针, 位移量, 起始点)
```

其中，起始点是指用数字表示将何处作为基准进行移动。0,1,2 分别表示文件的开头、当前位置和文件末尾位置。位移量是指以起始点为基点，向前或向后移动的字节数。位移量应该为 long 型数据，这样即使文件长度很长，但位移量仍在 long 型数据的表示范围内。如 fseek(fp,20L,0);，将位置指针移动到离文件开始处 20 字节的地方。若函数调用成功，则返回 0；否则返回−1。

（3）函数 ftell()。函数 ftell()的功能是获取文件位置指针当前指向的位置，其调用形式如下：

```
ftell(fp);
```

由于文件中的文件位置指针经常移动，人们往往不知道其当前位置，所以常用 ftell 函数得到当前位置，用相对于文件开头的位移量来表示。若调用函数时出错（如不存在 fp 指向的文件），则 ftell 函数返回值为−1L。例如

```
i=ftell(fp);      //变量 i 存放文件当前位置
if(i==-1L) printf("error\n");    //若调用函数时出错, 则输出"error"
```

12.3.6　文件操作的出错检测

EOF 本来表示文件末尾，意味着读取结束，但是很多函数在读取出错时也返回 EOF，那么当返回 EOF 时，到底是文件读取结束还是读取出错？我们可以借助文件 stdio.h 中的两个函数来判断，分别是函数 feof()和函数 ferror()。

函数 feof()用来判断文件内部指针是否指向了文件末尾，其调用形式如下：

```
feof(fp);
```

其中，fp 是指向文件的指针，当其指向文件末尾时，函数返回非零值；否则返回零值。

函数 ferror()用来判断文件操作是否出错，其调用形式如下：

```
ferror(fp);
```

其中，fp 是指向文件的指针，当文件调用出错时，返回非零值；否则返回零值。需要说明的是，文件出错是非常少见的情况，如果追求完美，也可以加上以下判断并给出提示：

```
if(ferror(fp))
    {    puts("读取出错");    }
else
    {    puts("读取成功");    }
```

这样，不管是出错还是正常读取，用户都能够做到心中有数。

12.4 文件操作应用示例

12.4.1 文本文件操作

例 12.1 将学生的学号、姓名、性别和年龄写入文本文件 file1.txt 中。

【程序代码】

```
#include <stdio.h>
int main()
{
    FILE *fp1;                          //定义文件指针
    int no = 1001;                      //变量定义与赋值
    char name[20] = "张三";
    int age = 18;
    char sex[5] = "男";
    fp1=fopen("file1.txt", "w");        //以只写的形式创建一个文本文件
    if (fp1==NULL)
    {
        printf("不能打开文件 file1.txt\n");
        return -1;
    }
    fputs(name, fp1);                   //写入字符串
    fputc('\n', fp1);                   //写入字符
    fprintf(fp1, "%d %s %d %s\n", no, name, age, sex); //格式化写入 4 个变量的值
    fclose(fp1);                        //关闭文件 file1
    return 0;
}
```

【程序分析】

程序中先定义一个文件指针，并定义 4 个变量，并对其赋予学生信息表中对应的信息，用函数 fopen()的只写方式创建一个文本文件，用函数 fputs()向文件中写入姓名，用函数 fputc()向文件中写入一个回车符，用函数 fprintf()向文件中格式化地写入学生信息的学号、姓名、性别和年龄，最后用函数 fclose()关闭文件。

程序运行结束后，将会在程序文件所在的文件中生成文件 file1.txt，文本文件可使用系统自带的记事本打开，文件 file1 中的内容如图 12.7 所示。

图 12.7　文件 file1.txt 中的内容

例 12.2　用文件操作命令读取例 12.1 中的文件信息，并输出到屏幕上。

【程序代码】

```
#include <stdio.h>
int main()
{
    FILE *fp1;                            //定义文件指针
    int no, age;                          //定义 4 个变量
    char name[20];
    char sex[5];
    fp1=fopen("file1.txt", "r");          //以只读形式打开文本文件 file1
    if(fp1==NULL)
    {
        printf("文件 1 打开失败！");
        return -1;
    }
    printf("文本文件:\n");
    fgets(name, 10, fp1);                 //读取指定长度的字符串
    printf("第 行\n%s\n", name);
    fscanf(fp1, "%d%s%d%s", &no, name, &age, &sex);   //格式化读取数据
    printf("第二行:\n%-5d%-5s%-5d%-5s\n", no, name, age, sex);
    fclose(fp1);                          //关闭文件 file1
    return 0;
}
```

【运行结果】

```
文本文件:
第一行
张三

第二行:
1001 张三 18    男
Press any key to continue
```

【程序分析】

　　读取文件之前应保证文件已经存在，本例的实现基于例 12.1 中已存在的文件。在对文件进行操作之前需要先打开文件，然后才能逐一读取文件中的内容。文件打开后，使用函数 fgets()从文件中读取 10 个长度的字符串到变量 name 中，再用函数 printf()输出 name 的值。使用函数 fscanf()从文件中格式化地读取数据，根据对应格式分别读入数据到变量 no、 name、age、sex 中，其中 name 为数组名，再用函数 printf()输出 4 个变量的值。最后用函数 fclose()关闭文件。

12.4.2　二进制文件操作

例 12.3　将学生信息的学号、姓名、性别和年龄写入二进制文件 file2.dat 中。
【程序代码】

```
#include <stdio.h>
#include <string.h>
typedef struct Student                   //定义学生结构体
{
    int  sno;                            //学号
    char name[20];                       //姓名
    int  age;                            //年龄
    char sex[5];                         //性别
}Stu;
int main()
{
    FILE  *fp2;                          //定义文件指针
    Stu stu;                             //定义一个学生结构体变量
    fp2 = fopen("file2.dat", "wb");      //以只写的形式创建一个二进制文件 file2
    if (fp2 == NULL)
    {
        printf("不能打开文件 file2.dat\n");
        return -2;
    }
    stu.sno = 1001;                      //对结构体变量 Stu 赋值
    strcpy(stu.name, "张三");
    stu.age = 20;
    strcpy(stu.sex, "男");
    fwrite(&stu, sizeof(Stu), 1, fp2);   //写入数据块
    fclose(fp2);                         //关闭文件 2
    return 0;
}
```

【程序分析】
本程序中，先定义了一个学生结构体 Stu，用来表示学生表中的学生信息，然后定义了一个学生结构体变量，又以只写的形式创建一个二进制文件 file2.dat，并定义了文件指针 fp2 指向这个二进制文件，对学生结构体变量的 4 个元素赋值，用函数 fwrite()按结构体变量的长度向二进制文件写入数据，即将结构体变量 Stu 的值写入文件 file2.dat 中，最后用函数 fclose()关闭文件。

程序运行后生成一个二进制文件，其中存放了一条学生信息，由于是二进制文件，因此不能像例 12.1 那样用系统自带的记事本打开，只能用文件操作函数读取数据，如例 12.4 所示。用程序建立文件，由于建立文件的方式不同，文件的存放形式也不同，因此在打开

时需要使用不同的打开模式。

例 12.4 读取二进制文件 file2.dat 中的内容并显示。

【程序代码】

```
#include <stdio.h>
typedef struct Student                    //定义学生结构体
{
    int sno;
    char name[20];
    int age;
    char sex[5];
}Stu;
int main()
{
    FILE  *fp2;                           //定义文件指针
    Stu s1;                               //定义一个学生结构体变量
    fp2=fopen("file2.dat", "rb");         //以只读的形式打开二进制文件 file2
    if(fp2==NULL)
    {
        printf("文件 2 打开失败！\n");
        return -2;
    }
    fread(&s1,sizeof(Stu),1,fp2);         //从文件中读取一个数据块
    printf("二进制文件:\n");
    printf("%d %s %d %s\n", s.sno, s.name, s.age, s.sex);
    fclose(fp2);
    return 0;
}
```

【运行结果】

```
二进制文件:
1001 张三 20 男
Press any key to continue
```

【程序分析】

读取文件之前应保证文件已经存在，本例的实现基于例 12.3 中已存在的文件。在对文件进行操作之前，需要先打开文件，之后才能逐一读取文件中的内容。文件打开后，使用函数 fread()读取二进制文件中的数据，因为 fp2 指向的二进制文件中存储的是一个学生结构体，所以参数 s1 指向学生结构体的首部，本次读取的数据长度为一个 Stu 结构体的长度，即读取一个数据块，用函数 printf()输出 s1 结构体变量 4 个元素的值。最后用函数 fclose()关闭文件。

12.4.3 学生成绩的存储和删除

例 12.5 编程实现学生成绩的存储和删除。①根据输入的路径和文件名创建或打开文件，通过键盘输入多条学生信息，将输入的学生信息保存到磁盘文件中；②根据用户输入

的学生姓名，删除成绩表中对应的记录。

【算法分析】

首先，实现学生信息的写入和存储，本例中需要实现的是存储多条信息到文件中，在打开和关闭文件之间将会进行多次读/写操作。

（1）构造学生结构体，结构体中包含学生姓名和成绩。

（2）定义一个学生结构体变量数组，保存写入的每条学生信息。

（3）使用追加方式打开/新建一个二进制文件，将结构体数组中的数据逐条写入文件中。

其次，按以下步骤删除学生信息。

（1）由用户输入一个学生姓名。

（2）以只读的方式打开已经存在的文件，将文件中的信息存储到学生结构体变量数组中，并关闭文件。

（3）检测数组中是否包含要删除的信息，若有则删除。在此之前设置一个标志位，用来记录本次操作是否找到了学生信息并执行了删除操作。

（4）若找到了学生信息，则使记录学生信息数量的变量减 1；若没有找到学生信息，则使用户重新输入。

（5）以重写的方式打开文件，将数组中的信息写入文件，最后关闭文件。

【程序代码】

```c
#include <stdio.h>
#include <string.h>
struct student                          //学生结构体
{
    char sname[20];
    int  sco;
}Stu,stu[20];
int main()
{
    FILE *fp1, *fp2;
    int i, j, n, flag;
    char name[10],filename[50];          //定义字符型数组，存放学生姓名和文件名
    printf("请输入文件名:\n");
    scanf("%s", filename);               //输入文件路径及文件名
    printf("请输入学生人数:");
    scanf("%d", &n);                     //输入要录入信息的学生数量
    printf("请输入学生姓名和成绩：\n");
    for(i=0; i<n;i++)
    {
        printf("NO%d:\n", i + 1);
        scanf("%s%d", stu[i].sname, &stu[i].sco);   //输入学生姓名和成绩
    }
    if((fp1=fopen(filename, "ab"))==NULL)    //以追加的方式打开指定的二进制文件
    {
        printf("无法打开文件.");
```

```
        return -1;
}
for(i=0; i<n; i++)
{
    if(fwrite(&stu[i], sizeof(Stu),1,fp1)!=1) //将输入的信息写入磁盘文件中
        printf("error\n");
}
fclose(fp1);
if((fp2=fopen(filename, "rb"))==NULL)
{
    printf("无法打开文件.");
    return -1;
}
printf("\n 初始数据表");
//将磁盘中的数据读到 stu[]数组中
for(i=0; fread(&stu[i], sizeof(Stu),1,fp2)!=0; i++)
    printf("\n%8s%7d", stu[i].sname, stu[i].sco);
n= i;
fclose(fp2);
start:
printf("\n 请输入要删除的学生名: ");
scanf("%s", name);
for(flag=1, i=0; flag&&i<n;i++)            //在数组中找到对应学生信息并删除
{
    if(strcmp(name, stu[i].sname)==0)   //找到学生信息
    {
        for(j=i;j<n-1;j++)              //移动学生信息
        {
            strcpy(stu[j].sname, stu[j+1].sname);
            stu[j].sco = stu[j+1].sco;
        }
        flag= 0;
    }
}
//判断是否成功删除
if (!flag)
    n=n-1;
else
{
    printf("\n 学生信息未找到! ");
    goto start;
}
printf("\n 当前数据表");
fp2=fopen(filename, "wb");                  //以只写模式打开文件
for(i=0;i<n; i++)                           //将数组中的信息写入文件中
```

```
        fwrite(&stu[i], sizeof(Stu),1,fp2);
    fclose(fp2);                                //关闭文件
    fp2=fopen(filename, "rb");                  //以只读模式打开文件
    for(i=0;fread(&stu[i],sizeof(Stu),1,fp2)!= 0;i++)   //输出读到的数据
        printf("\n%8s%7d", stu[i].sname, stu[i].sco);
    fclose(fp2);
    printf("\n");
    return 0;
}
```

【运行结果】
请输入文件名:
test1
请输入学生人数:5
请输入学生姓名和成绩:
NO1:
1001   85
NO2:
1002   92
NO3:
1003   90
NO4:
1004   78
NO5:
1005   85

    初始数据表
        1001   85
        1002   92
        1003   90
        1004   78
        1005   85
请输入要删除的学生名: 1004

    当前数据表
        1001   85
        1002   92
        1003   90
        1005   85
Press any key to continue

习题 12

一、选择题

（1）若执行 fopen 函数时发生错误，则函数的返回值是（　　）。

A. 地址值　　　　　　B. NULL　　　　　　C. 1　　　　　　D. EOF

（2）若要用 fopen 函数打开一个新的二进制文件，该文件要既能读也能写，则文件的打开方式是（　　）。

A. "ab+"　　　　　B. "wb+"　　　　　　C. "rb+"　　　　D. "ab"

（3）fscanf 函数的正确调用形式是（　　）。

A. fscanf(文件指针, 格式字符串, 输出表列);

B. fscanf(格式字符串, 输出表列, fp);

C．fscanf(格式字符串，文件指针，输出表列);

D．fscanf(文件指针，格式字符串，输入表列);

（4）在 C 语言中，将数据从计算机内存写入文件中，称为（　　）。

A．输入　　　　　　　　　B．输出　　　　　　C．修改　　　　D．删除

（5）C 语言可以处理的文件类型是（　　）。

A．文本文件和数据文件　　　　　　　　B．文本文件和二进制文件

C．数据文件和二进制文件　　　　　　　D．以上答案都不正确

（6）下列关于文件的结论中正确的是（　　）。

A．对文件操作必须先关闭文件　　　　　B．对文件操作必须先打开文件

C．对文件操作顺序没有统一规定　　　　D．以上三种答案都不完全正确

二、编程题

（1）编写将"Visual C++"和"Python"写入文件 LX1.txt 中的程序。

（2）编写将（1）中的两个字符串从文件 LX1.txt 中读出的程序。

（3）将整数 100、200、300 写入 LX2.txt 中，要求每个数据写完换行。

（4）读出（3）中 LX2.txt 文件中的数据并求和。

（5）编写一个简单的学生成绩管理系统，包含信息录入、信息打印、信息查询和信息修改等功能。

附录 A　标准 ASCII 码字符集

二进制数	十进制数	字符	二进制数	十进制数	字符	二进制数	十进制数	字符	二进制数	十进制数	字符
00000000	0	NUL	00100000	32	SP	01000000	64	@	01100000	96	'
00000001	1	SOH	00100001	33	!	01000001	65	A	01100001	97	a
00000010	2	STX	00100010	34	"	01000010	66	B	01100010	98	b
00000011	3	ETX	00100011	35	#	01000011	67	C	01100011	99	c
00000100	4	EOT	00100100	36	$	01000100	68	D	01100100	100	d
00000101	5	ENQ	00100101	37	%	01000101	69	E	01100101	101	e
00000110	6	ACK	00100110	38	&	01000110	70	F	01100110	102	f
00000111	7	BEL	00100111	39	'	01000111	71	G	01100111	103	g
00001000	8	BS	00101000	40	(	01001000	72	H	01101000	104	h
00001001	9	HT	00101001	41	)	01001001	73	I	01101001	105	i
00001010	10	LF	00101010	42	*	01001010	74	J	01101010	106	j
00001011	11	VT	00101011	43	+	01001011	75	K	01101011	107	k
00001100	12	FF	00101100	44		01001100	76	L	01101100	108	l
00001101	13	CR	00101101	45	-	01001101	77	M	01101101	109	m
00001110	14	SO	00101110	46	.	01001110	78	N	01101110	110	n
00001111	15	SI	00101111	47	/	01001111	79	O	01101111	111	o
00010000	16	DLE	00110000	48	0	01010000	80	P	01110000	112	p
00010001	17	DC1	00110001	49	1	01010001	81	Q	01110001	113	q
00010010	18	DC2	00110010	50	2	01010010	82	R	01110010	114	r
00010011	19	DC3	00110011	51	3	01010011	83	S	01110011	115	s
00010100	20	DC4	00110100	52	4	01010100	84	T	01110100	116	t
00010101	21	NAK	00110101	53	5	01010101	85	U	01110101	117	u
00010110	22	SYN	00110110	54	6	01010110	86	V	01110110	118	v
00010111	23	ETB	00110111	55	7	01010111	87	W	01110111	119	w
00011000	24	CAN	00111000	56	8	01011000	88	X	01111000	120	x
00011001	25	EM	00111001	57	9	01011001	89	Y	01111001	121	y
00011010	26	SUB	00111010	58	:	01011010	90	Z	01111010	122	z
00011011	27	ESC	00111011	59	;	01011011	91	]	01111011	123	{
00011100	28	FS	00111100	60	<	01011100	92	\	01111100	124		
00011101	29	GS	00111101	61	=	01011101	93	[	01111101	125	}
00011110	30	RS	00111110	62	>	01011110	94	^	01111110	126	~
00011111	31	US	00111111	63	?	01011111	95	_	01111111	127	DEL

附录 B　运算符和结合性

优先级	运算符	含义	要求运算对象的个数	结合方法
1	() [] -> .	圆括号 下标运算标 指向结构体成员运算符 结构体成员运算符		自左至右
2	! ~ ++ －－ － （类型） * & sizeof	逻辑非运算符 按位取反运算符 自增运算符 自减运算符 负号运算符 类型转换运算符 指针运算符 地址与运算符 长度运算符	1 （单目运算符）	自右至左
3	* / %	乘法运算符 除法运算符 求余运算符	2 （双目运算符）	自左至右
4	｜ －	加法运算符 减法运算符	2 （双目运算符）	自左至右
5	<< >>	左移运算符 右移运算符	2 （双目运算符）	自左至右
6	<　<=　>　>=	关系运算符	2 （双目运算符）	自左至右
7	== !=	等于运算符 不等于运算符	2 （双目运算符）	自左至右
8	&	按位与运算符	2 （双目运算符）	自左至右
9	^	按位异或运算符	2 （双目运算符）	自左至右
10	|	按位或运算符	2 （双目运算符）	自左至右
11	&&	逻辑与运算符	2 （双目运算符）	自左至右
12	||	逻辑或运算符	2 （双目运算符）	自左至右

（续表）

优先级	运算符	含义	要求运算对象的个数	结合方法
13	?:	条件运算符	3 （三目运算符）	自右至左
14	= += -= *= /= %= >>= <<= &= ^= |=	赋值运算符	2 （双目运算符）	自右至左
15	,	逗号运算符 （顺序求职运算符）		自左至右

说明：

（1）同一优先级的运算符优先级别相同，运算次序由结合方向决定。例如，*与/具有相同的优先级别，其结合方向为自左至右，因此，3*5/4的运算次序是先乘后除。－－和++为同一优先级，结合方向为自右至左，因此-i++相当于－－(i++)。

（2）不同的运算符要求有不同的运算对象个数，如+（加）和-（减）为双目运算符，要求在运算符两侧各有一个运算对象（如3+5、8-3 等）。而++和－－（负号）运算符是一元运算符，只能在运算符的一侧出现一个运算对象（如-a、i++、－－i、(float)i、sizeof(int)、*p 等）。条件运算符是C语言中唯一的一个三目运算符，如 x?a:b。

（3）从上述表中可以大致归纳出各类运算符的优先级：

初等运算符( )[ ] -> ·
↓
单目运算符
↓
算术运算符（先乘除，后加减）
↓
关系运算符
↓
逻辑运算符（不包括!）
↓
条件运算符
↓
赋值运算符
↓
逗号运算符

以上优先级别由上到下递减。初等运算符优先级最高，逗号运算符优先级最低。位运算符的优先级比较分散。为了容易记忆，使用位运算符时，可加圆弧号。

附录 C　常用库函数

库函数并不是 C 语言的一部分，它是由编译程序根据一般用户的需要编写并提供用户使用的一组程序。每种 C 编译系统都提供了一批库函数，不同的编译系统所提供的库函数的数目、函数名及函数功能不完全相同。ANSI C 标准提出了一批标准库函数，它包括了目前多数 C 编译系统提供的库函数，但也有一些是某些 C 编译系统未曾实现的。考虑到通用性，本书列出 ANSI C 标准建议提供的、常用的部分库函数。对多数 C 编译系统，可以使用这些函数的绝大部分。由于 C 库函数的种类和数目很多（例如，还有屏幕和图形函数、时间日期函数、与系统有关的函数等，每类函数又包括各种功能的函数），限于篇幅，本附录不能全部介绍，只从教学需要的角度列出最基本的函数。读者在编写 C 程序时可能要用到更多的函数，请查阅所用系统的手册。

（1）数学函数。在使用数学函数时，应该在源文件中使用以下命令：

```
#include"math.h"
```

函数名	函数原型	功　能	返回值
acos	double acos(double x)	计算 $\cos^{-1}(x)$ 的值 $-1<=x<=1$	计算结果
asin	double asin(double x)	计算 $\sin^{-1}(x)$ 的值 $-1<=x<=1$	计算结果
atan	double atan(double x)	计算 $\tan^{-1}(x)$ 的值	计算结果
atan2	double atan2(double x, double y)	计算 $\tan^{-1}(x/y)$ 的值	计算结果
cos	double cos(double x)	计算 $\cos(x)$ 的值 x 的单位为弧度	计算结果
cosh	double cosh(double x)	计算 x 的双曲余弦 $\cosh(x)$ 的值	计算结果
exp	double exp(double x)	求 e^x 的值	计算结果
fabs	double fabs(double x)	求 x 的绝对值	计算结果
floor	double floor(double x)	求出不大于 x 的最大整数	该整数的双精度实数
fmod	double fmod(double x, double y)	求整数 x/y 的余数	返回余数的双精度实数
frexp	Double frexp(double val, int *eptr)	把双精度数 val 分解成数字部分（尾数）和以 2 为底的指数，即 $val=x*2^n$，n 存放在 eptr 指向的变量中	数字部分 x $0.5<=x<1$
log	double log(double x)	求 $\log_e x$ 即 lnx	计算结果
log10	double log10(double x)	求 $\log_{10} x$	计算结果
modf	double modf(double val, int *iptr)	把双精度数 val 分解成数字部分和小数部分，把整数部分存放在 iptr 指向的单元中	val 的小数部分

（续表）

函数名	函数原型	功　能	返回值
pow	double pow(double x, double y)	求 x^y 的值	计算结果
sin	double sin(double x)	求 sin(x)的值 x 的单位为弧度	计算结果
sinh	double sinh(double x)	计算 x 的双曲正弦函数 sinh(x)的值	计算结果
sqrt	double sqrt (double x)	计算 $\sqrt{x}$，$x \geq 0$	计算结果
tan	double tan(double x)	计算 tan(x)的值 x 的单位为弧度	计算结果
tanh	double tanh(double x)	计算 x 的双曲正切函数 tanh(x)的值	计算结果

（2）字符函数。在使用字符函数时，应该在源文件中使用以下命令：

```
#include"ctype.h"
```

函数名	函数和形参类型	功能	返回值
isalnum	int isalnum(int ch)	检查 ch 是否为英文字母或数字	若是英文字母或数字，则返回 1；否则返回 0
isalpha	int isalpha(int ch)	检查 ch 是否为英文字母	若是英文字母，则返回 1；否则返回 0
iscntrl	int iscntrl(int ch)	检查 ch 是否为控制字符（其 ASCII 码在 0 和 0xlF 之间）	若是控制字符，则返回 1；否则返回 0
isdigit	int isdigit(int ch)	检查 ch 是否为数字	若是数字，则返回 1；否则返回 0
isgraph	int isgraph(int ch)	检查 ch 是否为可打印字符（其 ASCII 码在 0x21 和 0x7e 之间），不包括空格	若是可打印字符，则返回 1；否则返回 0
islower	int islower(int ch)	检查 ch 是否为小写英文字母(a～z)	若是小写英文字母，则返回 1；否则返回 0
isprint	int isprint(int ch)	检查 ch 是否为可打印字符（其 ASCII 码在 0x21 和 0x7e 之间），不包括空格	若是可打印字符，则返回 1；否则返回 0
ispunct	int ispunct(int ch)	检查 ch 是否为标点字符(不包括空格)即除字母、数字和空格外的所有可打印字符	若是标点，则返回 1；否则返回 0
isspace	int isspace(int ch)	检查 ch 是否为空格、跳格符（制表符）或换行符	若是，则返回 1；否则返回 0
issupper	int isalsupper(int ch)	检查 ch 是否为大写英文字母（A～Z）	若是大写英文字母，则返回 1；否则返回 0
isxdigit	int isxdigit(int ch)	检查 ch 是否为一个十六进制数（即 0～9，或 A 到 F，a～f）	若是，则返回 1；否则返回 0
tolower	int tolower(int ch)	将 ch 字符转换为小写英文字母	返回 ch 对应的小写英文字母
toupper	int touupper(int ch)	将 ch 字符转换为大写英文字母	返回 ch 对应的大写英文字母

（3）字符串函数。在使用字符串函数时，应该在源文件中使用如下命令：

```
#include"string.h"
```

函数名	函数和形参类型	功能	返回值
strcat	char *strcat(char *str1,char *str2)	将字符串 str2 连接到 str1 后面, 取消原来 str1 最后的串结束标记符'\0'	返回 str1
strchr	char *strchr(char *str1,int ch)	找出 str 指向的字符串中第一次出现字符 ch 的位置	返回指向该位置的指针, 若找不到, 则应返回 NULL
strcmp	int *strcmp(char *str1,char *str2)	比较字符串 str1 和 str2	str1<str2, 为负数 str1=str2, 返回 0 str1>str2, 为正数
strcpy	char *strcpy(char *str1,char *str2)	将 str2 指向的字符串复制到 str1 中	返回 str1
strlen	unsigned intstrlen(char *str)	统计字符串 str 中字符的个数(不包括终止符'\0')	返回字符个数
strncat	char *strncat(char *str1,char *str2, unsigned int count)	将字符串 str2 指向的字符串中最多 count 个字符连到串 str1 的后面, 并以 null 结尾	返回 str1
strncmp	int strncmp(char *str1,char *str2, unsigned int count)	比较字符串 str1 和 str2 中最多前 count 个字符	str1<str2, 为负数 str1=str2, 返回 0 str1>str2, 为正数
strncpy	char *strncpy(char *str1,char *str2, unsigned int count)	将 str2 指向的字符串中最多前 count 个字符复制到串 str1 中	返回 str1
strnset	void *setset(char *buf , char ch , unsigned int count)	将字符 ch 复制到 buf 指向的数组前 count 个字符	返回 buf
strset	void *setset(void *buf,char ch)	将 buf 指向的字符串中的全部字符都变为字符 ch	返回 buf
strstr	char *strstr(char *str1,char *str2)	寻找 str2 指向的字符串在 str1 指向的字符串中首次出现的位置	返回 str2 指向的字符串首次出现的地址。否则返回 NULL

（4）输入/输出函数。在使用输入/输出函数时，应该在源文件中使用如下命令：

```
#include"stdio.h"
```

函数名	函数和形参类型	功能	返回值
clearer	void clearer(FILE *fp)	清除文件指针错误指示器	无
close	int close(int fp)	关闭文件（非 ANSI 标准）	若关闭成功, 则返回 0; 否则返回−1
creat	int creat(char *filename, int mode)	以 mode 指定的方式建立文件（非 ANSI 标准）	若成功, 则返回正数; 否则返回−1
eof	int eof(int fp)	判断 fp 指向的文件是否结束	若文件结束, 则返回 1; 否则返回 0
fclose	int fclose(FILE *fp)	关闭 fp 指向的文件,释放文件缓冲区	若关闭成功, 则返回 0; 否则返回非 0
feof	int feof(FILE *fp)	检查文件是否结束	若文件结束, 则返回非 0; 否则返回 0
ferror	int ferror(FILE *fp)	测试 fp 指向的文件是否有错误	若无错, 则返回 0; 否则返回非 0

（续表）

函数名	函数和形参类型	功能	返回值
fflush	int fflush(FILE *fp)	将 fp 指向的文件的全部控制信息和数据存盘	若存盘正确，则返回 0；否则返回非 0
fgets	char *fgets(char *buf, int　n, FILE *fp)	从 fp 指向的文件中读取一个长度为(n-1)的字符串，存入起始地址为 buf 的空间	若返回地址 buf；若遇文件结束或出错，则返回 EOF
fgetc	int fgetc(FILE *fp)	从 fp 指向的文件中取得下一个字符	返回所得到的字符；出错，则返回 EOF
fopen	FILE *fopen(filename,mode) char *filename, *mode	以 mode 指定的方式打开名为 filename 的文件	若成功，则返回一个文件指针；否则返回 0
fprintf	int fprintf(FILE *fp, char *format, args, …)	将 args 的值以 format 指定的格式输出到 fp 指向的文件中	实际输出的字符数
fputc	int fputc(char ch, FILE *fp)	将字符 ch 输出到 fp 指向的文件中	若成功，则返回该字符；若出错，则返回 EOF
fputs	int fputs(char str, FILE *fp)	将 str 指定的字符串输出到 fp 指向的文件中	若成功，则返回 0；若出错，则返回 EOF
fread	int fread(char *pt, unsigned size, unsigned　n；FILE *fp)	从 fp 指向文件中读取长度为 size 的 n 个数据项，存到 pt 所指向的内存区中	返回所读的数据项个数，若文件结束或出错，则返回 0
fscanf	int fscanf(FILE *fp, char *format, args, …)	从 fp 指向的文件中按给定的 format 格式将读入的数据送到 args 所指向的内存变量中（args 是指针）	已输入的数据个数
fseek	int fseek(FILE *fp, long offset, int base)	将 fp 指向的文件的位置指针移到 base 所指出的位置为基准、以 offset 为位移量的位置	返回当前位置；否则，返回-1
ftell	long ftell(FILE *fp)	返回 fp 所指向的文件中的读/写位置	返回文件中的读/写位置；否则，返回 0
fwrite	int fwrite(char *ptr, unsigned size, unsigned n, FILE *fp)	将 ptr 指向的 n*size 字节输出到 fp 所指向的文件中	写到 fp 文件中的数据项的个数
getc	int getc(FILE *fp)	从 fp 指向的文件中读出下一个字符	返回读出的字符；若文件出错或结束，则返回 EOF
getchar	int getchat(void)	从标准输入设备中读取下一个字符	返回字符；若文件出错或结束，则返回-1
gets	char *gets(char *str)	从标准输入设备中读取字符串存入 str 指向的数组中	若成功，则返回 str；否则返回 NULL
open	int open(char *filename, int mode)	以 mode 指定的方式打开已存在的名为 filename 的文件（非 ANSI 标准）	返回文件号（正数）；若打开失败，则返回-1
printf	int printf(char *format, args, …)	在 format 指定的字符串的控制下，将输出列表 args 的指输出到标准设备	输出字符的个数；若出错，则返回负数

（续表）

函数名	函数和形参类型	功能	返回值
putc	int putc(int　ch，FILE *fp)	把一个字符 ch 输出到 fp 所指的文件中	输出字符 ch；若出错，则返回 EOF
putchar	int putchar(char　ch)	把字符 ch 输出到 fp 标准输出设备	返回换行符；若失败，则返回 EOF
puts	int puts(char　*str)	将 str 指向的字符串输出到标准输出设备；将'\0'转换为回车行	返回换行符；若失败，则返回 EOF
putw	int putw(int　w, FILE *fp)	将一个整数 w（即一个字）写到 fp 所指的文件中（非 ANSI 标准）	返回读出的字符；若文件出错或结束，则返回 EOF
read	int read(int fd, char *buf, unsigned int count)	从文件号 fp 所指定文件中读 count 字节到由 buf 指示的缓冲区（非 ANSI 标准）	返回真正读出的字节个数；若文件结束返回 0，出错则返回-1
remove	int remove(char *fname)	删除以 fname 为文件名的文件	若成功，则返回 0；若出错，则返回-1
rename	int remove(char *oname, char *nname)	将 oname 指向的文件名改为由 nname 所指的文件名	若成功，则返回 0；若出错，则返回-1
rewind	void rewind(FILE *fp)	将 fp 指定的文件指针置于文件头，并清除文件结束标志和错误标志	无
scanf	int scanf(char *format, args, …)	从标准输入设备按 format 指示的格式字符串规定的格式，输入数据给 args 指示的单元。args 为指针	读入并赋给 args 数据个数。若文件结束，则返回 EOF；若出错，则返回 0
write	int write(int fd, char *buf, unsigned count)	从 buf 指示的缓冲区输出 count 个字符到 fd 所指的文件中（非 ANSI 标准）	返回实际写入的字节数，若出错，则返回-1

（5）动态存储分配函数。在使用动态存储分配函数时，应该在源文件中使用以下命令：
```
#include"stdlib.h"
```

函数名	函数和形参类型	功能	返回值
callloc	void *calloc(unsigned n, unsigned size)	分配 n 个数据项的内存连续空间，每个数据项的大小为 size	分配内存单元的起始地址。若不成功，则返回 0
free	void free(void *p)	释放 p 指向的内存区	无
malloc	void *malloc(unsigned size)	分配 size 字节的内存区	所分配的内存区地址。若内存不足，则返回 0
realloc	void *reallod(void *p, unsigned size)	将 p 指向的以分配的内存区的大小改为 size。size 可以比原来分配的空间大（或小）	返回指向该内存区的指针。若重新分配失败，则返回 NULL

参考文献

[1] 苏小红等. C 语言程序设计（第 4 版）[M]. 北京：高等教育出版社，2019.

[2] 苏小红等. C 语言程序设计学习指导（第 4 版）[M]. 北京：高等教育出版社，2019.

[3] 布莱恩. W. 克尼汉，丹尼斯. M. 里奇著. C 程序设计语言（第 2 版）[M]. 徐宝文，李志译. 北京：机械工业出版社，2019.

[4] 李国和. 基于搜索策略的问题求解[M]. 北京：电子工业出版社，2019.

[5] 廖湖生，叶乃文. C 语言程序设计案例教程（第 3 版）[M]. 北京：人民邮电出版社，2018.

[6] 谭浩强. C 程序设计（第五版）[M]. 北京：清华大学出版社，2017.

[7] 谭浩强. C 程序设计（第五版）学习辅导[M]. 北京：清华大学出版社，2017.

[8] 吴文虎等. 程序设计基础（第 4 版）[M]. 北京：清华大学出版社，2017.

[9] 卫春芳等. C 语言程序设计[M]. 北京：科学出版社，2016.

[10] 卢红星，徐明亮，霍建同译. C 标准库[M]. 北京：人民邮电出版社，2009.